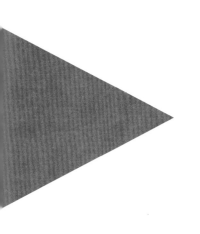

全球史 —人 类 文 明 新 视 野—

CHRISTOPHE LUCAND

LE VIN ET
LA
GUERRE

硝烟中的葡萄酒

纳粹如何抢占法国葡萄园？

Comment les nazis ont
fait main basse sur le
vignoble français

［法］克里斯托弗·吕康／著

陈虹燕　周欣宇／译

中国社会科学出版社

图字：01-2018-1660号

图书在版编目（CIP）数据

硝烟中的葡萄酒：纳粹如何抢占法国葡萄园？ /
（法）克里斯托弗·吕康著；陈虹燕，周欣宇译. —— 北
京：中国社会科学出版社，2020.5
ISBN 978-7-5203-5884-2

Ⅰ．①硝… Ⅱ．①克… ②陈… ③周… Ⅲ．①葡萄酒
—历史—研究—法国—近代 Ⅳ．①TS262.61-095.65

中国版本图书馆CIP数据核字（2019）第295011号

Originally published in France as:

Le vin et la guerre. Comment les nazis ont fait main basse sur le vignoble français

By Christophe LUCAND

©2017 Armand Colin, Malakoff

ARMAND COLIN is a trademark of DUNOD Editeur - 11, rue Paul Bert - 92240
MALAKOFF.

Simplified Chinese language translation rights arranged through Divas International, Paris
巴黎迪法国际版权代理 (www.divas-books.com)

Simplified Chinese translation copyright 2020 by China Social Sciences Press.

出 版 人	赵剑英
项目统筹	侯苗苗
责任编辑	侯苗苗　桑诗慧
责任校对	韩天炜
责任印制	王 超

出　　版	中国社会科学出版社
社　　址	北京鼓楼西大街甲 158 号
邮　　编	100720
网　　址	http://www.csspw.cn
发 行 部	010-84083685
门 市 部	010-84029450
经　　销	新华书店及其他书店

印刷装订	北京君升印刷有限公司
版　　次	2020 年 5 月第 1 版
印　　次	2020 年 5 月第 1 次印刷

开　　本	880×1230　1/32
印　　张	12.75
字　　数	273 千字
定　　价	69.00 元

凡购买中国社会科学出版社图书，如有质量问题请与本社营销中心联系调换
电话：010-84083683

纳粹艺术家麦克斯·埃舍尔为 1939 年 8 月 21 日于德国巴特克罗伊茨纳赫召开的国际葡萄与葡萄酒大会设计的海报。

被任命为"德国农民首领"的纳粹德国农业粮食部部长沃尔特·达里主持在巴特克罗伊茨纳赫召开的国际葡萄与葡萄酒大会开幕式。

F. Doerrer MUNICH I/13
Délégué autorisé par le Reich
pour ACHATS de VINS.

vous adresse ses salutations très distinguées et a l'honneur de vous informer que pendant son congé, éventuellement jusqu'au début de Septembre, il ne peut être donné aucune suite à la correspondance qui lui est adressée.

弗雷德里克·德雷尔的名片。他原来是慕尼黑葡萄酒贸易商，1940年9月，他成为了"勃艮第葡萄酒专属采购商"，另外他还是马孔、博若莱和罗讷河谷山坡地葡萄酒的采购代表。

法国北部，坐在咖啡馆露天座的德国士兵（1940 年 7 月）。

法国北部，具有代表性的德意志国防军摩托车骑手形象（1940 年夏天）。

海因茨·伯默斯和罗杰·德斯卡斯在波尔多。这两个人从 1940 年秋天开始紧密合作，来保障每个法国葡萄园每年向德国交付的定额。

由法国抵抗运动部队发出的征调券，用于获取博若莱葡萄酒。（1944 年 9 月）

一位博讷（科多尔省）贸易商的区域间通行证。

博讷主宫医院葡萄酒的标签，上面用德语标注了"法国勃艮第"。（1942年）

G.H. 玛姆香槟的标签，上面盖着"国防军专属饮品，禁止购买和倒卖"字样。
（1942年）

"蒙彼利埃葡萄酒（德语）"标签，上面盖着"国防军专属饮品，禁止购买和倒卖"字样。（1943 年）

位于蒙特里沙尔的蒙穆索公司的"出口酒"，起泡酒的标签，上面盖着"国防军专属饮品，禁止购买和倒卖"字样。（1942 年）

葡萄酒出口允许申请表，由法国和德国官方在
1941 年春天签署。

1942 年，囤积在波尔多沙特龙站台的酒桶。

德国军官在庆祝巴黎地区接收到香槟葡萄酒的补充库存。（1940年秋）

德国士兵在分享他们在都兰酒窖抢来的战利品。（1940年秋）

1941 年秋天，贝当元帅在海军上将达尔朗的陪同下寻访博若莱（布鲁伊）葡萄园。

:: Envoi des Hospices de Beaune ::
Cuvée des Dames Hospitalières

Monsieur le Maréchal PÉTAIN

Chef de l'Etat

Vichy

这是一张在 1943 年 3 月和博讷主宫医院葡萄酒一起赠送给贝当元帅的卡片。"法国（德语）"的字样是后来由当地的铁路员工用铅笔加上去的，他因此以"侮辱国家元首"之名受到惩罚。

德国士兵站在从昂古莱姆（夏朗德省）当地商人那里抢来的葡萄酒前干杯。（1942 年）

兰斯 L. 尚龙"红色火炬"香槟的标签，上面盖着纳粹鹰的章，以及"专属德国纳粹海军饮品"字样。（1940 年）

邮票集，于 1940 年 3 月 3 日"士兵的热红酒日"二手出售。

1940 年 3 月 3 日，参与募捐的阿尔萨斯女士将一个写着"士兵的热红酒日"字样的纪念品卖给一个叫"Tommy"的英国士兵。

德国军官在写着"尼伊特圣若尔热"的地标前拍照。（1940 年 6 月 22 日）

德国军官和士兵在参观一个酿造博若莱葡萄酒的种植园。（1943 年）

"圣艾蒂安"村博若莱葡萄酒标签，由 A. 勒克莱克酿造，酿造年份是 1939 年。上面写着"Für die Deutsche Wehrmacht"。（供给德国军队）

马勒贝斯公司 1940 年的波尔多葡萄酒标签，上面写着"国防军成员饮品。禁止用于商业用途出售。"

1000 升用于商业出售葡萄酒的采购券，由国务秘书处依据 1941 年 9 月 13 日的法律发放给供给部。

Beaune, le 21 Octobre 1940

Monsieur GERMAIN, Président
du Syndicat du Commerce en Gros des Vins
et Spiritueux de l'Arrondissement de Beaune
à BEAUNE

Monsieur le Président,

Conformément, et comme suite aux pourparlers de ce jour, je vous donne mission, en vertu des pouvoirs dont je suis muni, d'agir conjointement avec les Syndicats de Dijon, de Châlon-sur-Saône et de l'Yonne, en vue d'obtenir du commerce bourguignon la fourniture de vins dont je vous ai donné la liste et aux conditions établies par les autorités compétentes.

Les Syndicats précités sont par la présente habilités pour agir dans le même sens auprès des négociants en vins et détenteurs de licence en Côte d'Or, Saône-et-Loire et Yonne, qui ne feraient pas partie de ces syndicats.

J'espère que les résultats désirables seront obtenus dans un esprit de collaboration professionnelle mutuelle sans que je sois obligé d'avoir recours aux pouvoirs dont je suis muni par les autorités du Reich.

Veuillez agréer, Monsieur le Président, l'expression de mes sentiments distingués.

一封德意志勃艮第葡萄酒采购代表弗雷德里克·德雷尔所写信件的复印件，收信人是博讷地区葡萄酒与烈酒贸易工会主席 P. 吉尔曼。（1940 年 10 月 21 日）

"当历史学家开始研究这段时期，他们会震惊于其中如此之多的阴谋和谎言。的确，这值得令人哭泣。"

——爱德华·巴尔特，国际葡萄与葡萄酒组织主席，1941 年 8 月 15 日

引　言

　　1940 年 5 月 13 日，德意志国防军冲破了法国驻守在色当的脆弱防线。几天之内，德军穿越了默兹省，大部分同盟军也沦为了敌人的俘虏。对法国而言，这是全面的溃败，这场灾难，前所未有。几乎就在九个月前的 13 日，当时的法国总理保罗·雷诺（Paul Reynaud）呼喊着："我们即将取得胜利，因为我们是最强大的。"这场"离奇的失败"掀开了法国历史上无比黑暗的一页，专断独裁的政治体制上台，一场规模浩大且组织严密的掠夺就此展开。

　　这场对法国经济持续了四年多的常规性掠夺并没有赦免葡萄酒的生产和交易，事情恰恰相反。就在进攻法国的几个月前，柏林政府正式将葡萄酒认证为具有高度战略意义的物资。他们认为葡萄酒是德国人民不可或缺的生活用品，在战斗中可以发挥鼓舞士气的关键作用，也是德意志帝国国内上流社会的必备饮品。1940 年 7 月起，法国在经济上的屈从最终给德国创造了机会，后者接连骗取了势力范围内所有葡萄园出产的葡萄酒。之后几年，纳粹发现了葡萄酒的其他价值。葡萄酒在战乱时期占据了国际贸易的中心地位，战争后期还用于生产军队优先关注的替代燃料。

1940年夏天，为了满足纳粹政府庞大且日益增长的葡萄酒需求，德国开始通过一整套部署来对全法国的葡萄酒资源进行巧取豪夺。维希政府在其中扮演着暧昧的中介角色，法国葡萄酒行业内数以万计的专业人士也与掠夺者沆瀣一气。为了协调和监管有计划的大规模掠夺，纳粹政府以"法国葡萄酒进口商"为名，将德国最专业的葡萄酒专家派遣到法国葡萄种植大区。这些被法国人称为"葡萄酒监工"的人手握大权，尤其是他们拥有几乎无限的购买权以便迅速满足柏林的葡萄酒需求。他们能成功完成任务很大一部分原因取决于长期与法国专业人士保持贸易往来，以至于对当地葡萄种植及酿造业有近乎完美的了解。冲突结束之际，按照条约，几千万瓶几十亿升的葡萄酒毫无障碍地运送到了敌人手中。这些条约极大的回报了德国在战争中付出的努力，保障了无数贸易商、葡萄种植者和当地中介的财富，却以直接牺牲法国的经济利益为代价。

刚才简要介绍给你们的这段历史，却从来没能成为一个国家层面的整体研究对象。本书问世之前，虽然有些许涉及标志性葡萄庄园的研究可供参考，但是没有任何科学的相关历史调查。这是一个事实，葡萄酒并没有吸引历史学家的注意力。尽管法国的葡萄酒生产、进出口以及消费水平都排在世界前列，他们仍然没有意识到葡萄酒对于这个国家的重要性。尽管葡萄酒在法国随处可见（1940年，700万法国人已经直接或间接地从事葡萄种植及酿造工作）；尽管当时德国纳粹打算让屈从的法国沦为纯粹的农业原材料供应国，从工业方面对法国葡萄酒进行大规模掠夺，以上种种却从未促使任何人全面地调查过这段历史。

几个原因可以解释这种调查的缺失。长期以来，葡萄种植和葡萄酒酿造的历史被一些歪曲的、想象出来的故事填满，而这些故事吸引了人们的注意力，并为一些顺理成章的被提出的问题提供了预期的答案。长年以来，无论出版与否，关于葡萄酒话题的主流故事演变自大量异想天开、口耳相传的奇闻轶事，我们可以明显察觉到其中缺乏批判精神、缺少有说服力的文献资料作为支撑。批评距离过小以及长期的信息交叉对照不足使某些作者创造出符合期待的"美丽故事"，这是一个有关葡萄酒世界的故事，在这个世界中，面对野蛮、敲诈、不公和掠夺，人们表现出英勇无畏的精神。

在这些几乎所有人信以为真的虚构故事中，每个人都能读到这样的故事：绝大多数的法国葡萄酒酿造商为了保护自己的葡萄酒，愿意放弃唾手可得的经济利益。这些故事得到了一致认可，占据了主流地位，法国葡萄酒领域的专业人士也表示认同，甚至一些当时葡萄酒贸易参与者的后人对此也深信不疑。这些故事往往往体现出法国贸易商和葡萄种植者不可思议的聪明才智，他们用各种奇谲的计谋骗过了侵占者，冠以法国销量最多的葡萄酒之名，将劣质的酸酒给他们送去。贸易商逃过了常规搜刮，勇敢地对抗侵占者的权威，他们将"宝藏"隐藏在地窖的暗墙之后，有时德国军队的高官与这些酒近在咫尺。总之，这些高官总是被描述得严重缺乏洞察力。贸易抵抗侵占者，保护"法国优质葡萄酒"的英雄行为层出不穷，由此我们民族的伟大遗产得以保全。

但事实上，他们远不如故事中描绘得这样勇敢无畏。对比我们手头大量的历史文献，这些最离奇的传闻——有些虚构的情节足以媲美《虎口脱险》中的剧情——不得不让位给一段更粗暴的历史。法国葡萄酒在1940年至1944年——德国纳粹占领法国期间——的这段历史，实际上是一场长期以来人们试图遗忘的悲剧。一系列事件表明这似乎是一种不可逃避的宿命，它揭示了一个民族因为妥协与怯懦而自我放弃，然后走向衰落。由于与20世纪初人们所信奉的道德价值不符，史学家们统计无数奴颜婢膝的妥协、难以置信的贪婪、暗地里斤斤计较的历史事件时可能会感到疲惫不堪。那些令人作呕的背叛者不惜违背良心，甚至危害国家利益，也要寻求迅速、巨大的商业利润。

这种情况并非单单出现在葡萄酒贸易中，其他诸多领域亦是如此。长期以来，一些历史学家表现出模棱两可的态度，尤其是在经济和金融领域（在此我们只谈这一方面），他们立即对这种新秩序的成功表示认可。[1] 从这个意义上来说，人们只记得是那个极其动荡的时代导致了这场公认的失败，即使是经历过那个时代的人也想要封存这段记忆，在这个时代中，最卑贱的人会突然变成英雄，最无可非议的人物有时却被批判是最可耻的懦夫。悲剧在这里发挥了宣泄的作用，但这种宣泄并不在历史学家评判的范围内；然而，既然接受了长期的文明教育，历史学家就有责任告诉人们事实真相并对它做出解释。至于商业逻辑是否可以自然地凌驾在家国情怀之上，我们不作回答。但必须说清楚的是，时局动荡之际，贸然进行利益扩张，即使没有危害到诚恳工作之人的利益，自己的事业有时也会因此垮台，甚至早夭。

于是我们不难理解，第二次世界大战以及"占领时期"竟然会让法国的葡萄种植及酿造业更加繁荣，会让葡萄酒产业处于更加平衡的状态。从历史的眼光来看，在这些条件下，我们不能把这段时期和它之前的时期从逻辑连续性上割裂开来，正是之前的时期让这段时期的出现变为可能，也不能顺带把这段时期的严重性归咎于偶然。然而与之相悖的是，葡萄酒的业内人士以及他们的合伙人几乎不会说起葡萄酒市场上发生的突变、遭受的质疑和销售中断的时刻。

葡萄酒的历史经常是约定俗成的，并且由葡萄酒贸易参与者精心书写。葡萄酒的历史源远流长，有些甚至追溯到远古时期。那些我们和祖先一样尊敬的传统，不容许掺杂危机与战争，这会破坏受人期待的故事的统一性。通常，葡萄种植及酿造业相关人员有一种执念，他们希望葡萄园摆脱一切不测风云，将广受好评的葡萄园在自然、生物和地理等方面书写得井井有条，仿佛不曾经历那些动荡、危机和被质疑的时刻。这样说来，第二次世界大战和德国的占领对法国的影响并没有被完全否认，只是被认为是永久胜利中短暂的、需要经受考验的时刻。对这个特殊时期的研究同时涉及方法问题和中心史学问题。[2] 研究关系到如何定位和分析一段漫长的、被认为是"脱离常规"的历史，这段历史带来的影响可能只有在几十年后才会为人们所理解。这里的研究也可能会有悖于主流话语，并且需要掌握大量必不可少的历史资料。

历史学家在更全面地关注"占领时期"法国的葡萄种植及酿造业时，很快遇到了这个时期特有的限制性。当我们试图跨越被一个时代——这是一个被痛苦萦绕、充满限制的时代——普遍认可了的话语时，困难就出现了。（问题就在于这些痛苦与限制，葡萄酒的生产和贸易完全处在一种被管理的、专制主义的经济中，不断面临管制和匮乏。）然而，当我们开始调查新出台的经济机制的现实效果和已经进行的交易规模时，研究的障碍变得更多了。

第一个困难自然集中在当时葡萄酒贸易的主要参与者对这段时期的阐述，他们编造了一种公认的、讨喜的说法。尽管人们提起"占领时期"的法国的确会觉得悲惨，但它只是短暂性地扰乱了行业组织，并没有深入地影响以往的大平衡。最后，正是一些人的英勇无畏和自我牺牲换取了恢复平衡的可能。[3] 因此，在大多数葡萄园内，似乎长期以来一切运行良好。财富平衡稳定，生产规则有序，专业人士、生产人员和贸易商联合会人员各司其职，这些都证明了葡萄园及其工作者熟知如何在磨难时期保持并提高自己的名声和产品的质量。统制经济时期贸易流通杂乱无章、物资匮乏，敌人对葡萄园巧取豪夺，维希政府新出台的政策也在给葡萄园施压，但这一切似乎并没有影响到葡萄园的整体平衡。总而言之，以上人尽皆知的事，长期以来与事实真相大相径庭。

这种情况下，反对所有人认可的话语，试图研究这段"灰暗"的时期不是件容易的事。与此同时，研究者的兴趣立刻碰到了两个拦路虎。一方面来自部分葡萄酒专业人士的担忧，他们煞费苦心，将葡萄酒的历史描绘得一片和谐，以回应为何早期富足的葡萄酒资源莫名其妙地消失了。因此，现在的葡萄酒专业人士之所以仍然相信那些关于当时葡萄酒交易情形和活动方式的传闻，是因为他们心存恐惧。这种恐惧使一些业内负责人断然拒绝了我们的请求。许多葡萄种植者、中间商和专业机构的领导，不论是否合理，都担心在他们的档案里出现一些片段，证明他们的某个亲友、前辈或者同行有不光彩的过去，这会有损他们的名誉和职业。

更严重的是，一旦这些隐讳的事被揭露，很可能历史学家只能眼睁睁看着所有关于这个时期的历史文献被篡改、被隐藏，甚至会被预防性地销毁。尤其是一些涉及公司账目、销售发票或者是公司通信往来的文件。大部分葡萄酒产业和交易所不再拥有任何记录他们历史活动的文件，那些被大量删减的文件清楚地记载了无数私人资产是如何在这段时期积累起来的。文件缺失的原因是多种多样的：意外地丢失，德国占领时期最后几周被毁，解放时期被偷盗，1944年秋天被司法机构占据。此外，我们可接触到的账簿和记录葡萄酒商贸往来的文件都是精心作假、模糊不清的，包括双重账目、加密发票、收货人信息、数量确认、不同种类的葡萄酒以及寄送货物的价值。这样一个系统运作起来时，那些机构的记账文件就变得毫无用处了。尽管这是不合法的，人们还是经常这样做。然而以公共档案为名所收集的、不公平的信息仍然无法填满这样的空缺。许多经济、税务档案和葡萄酒进出口运输文件的缺损使历史学家对"占领时期"法国葡萄种植及酿造业的研究变得更加棘手。这些珍贵的资料连一张副本都不曾留下来。这种情况下，我们必须求助于其他档案库，有可能它们会有一些文件记录到这段时期法国的葡萄酒贸易。

因此，为了在研究中进行全面的分析，我们收集了四个主要领域的文献档案。首先是由税务局提供的地方税务文件，这些文件中也包含了一些当时正式报备的活动，尤其是交易所的活动。这些文件主要记载了当时原有的和后来增加的税目，包括基本的葡萄酒营业税和葡萄酒大亨每年的销售账目结转。这类资料通常是碎片化的，缴纳的税费因为省份不同也有所区别，不过这个问题可以通过查阅相关公司的私有档案数据解决。

　　私有公司的文献资料也是此次调查的重要信息来源，这些资料通常是由公司内几个专业人士收集和保管。资料包含了大量的记账和税务文件、账本、资产负债表，酒窖的葡萄酒进出明细、税务局的字据，还有大量草稿、信件、贸易往来记录以及相关公司的客户资料。由此可见，商业联合会和大葡萄园提供的海量文献同样可以用来完善"占领时期"法国的葡萄酒历史。这些文献资料有时可以反映出战争期间整体的贸易情况、德军和法国政府对葡萄酒的搜刮机制，以及解放时期在领土划分上的司法界定程序。

　　此外，我们可以研究一下德法经济合作调查档案中的细节，这些档案主要由经济金融档案中心（CAEF）[4]和塞纳省最高法院的资料库提供。这些档案收集了各种公证书的原本，警局、宪兵处的文件，记录了各项决议、调查报告。[5]我们还从国际运输公司收集到一些重要原件（明细账、运输凭证、海关签证、各种政府部门许可证），正是这些运输公司将法国的葡萄酒输送到德国和盟国。[6]

　　当然，除了震惊于如此浩繁的资料外，不要忽视葡萄酒的生产总量和交易总额，这些数据常常是含混不清的，而且往往低于实际数额。有一大批不容忽视的葡萄酒在全法国和全欧洲之间秘密运输，这种贸易游走在法律的边缘，没有商业合同，没有税务

局的许可证件，也没有任何记录运输的文件。很大一部分葡萄酒
通过隐秘的、相似的国际路线运输到黑市，以一个明显高于规定
价格的价格——尤其是以事后补付差额的方式——进行交易，并
且不开发票。这种交易在战争时期大行其道，举例来说，第二次
世界大战时期的摩纳哥就变成了世界上最大的葡萄酒交易国家。

|目　录|

1. 进入战争的葡萄酒

　　胜利之酒。葡萄酒与外交。二战前，最后一届国际葡萄与葡萄酒大会。德法"假战"中的葡萄酒供应。士兵的热红酒运动。

▶ ▷ 一种无处不在又受到控制的饮品

20世纪 30 年代末的法国完全由葡萄酒行业掌控。葡萄酒备受法国人民欢迎，不仅在民族文化和民族记忆中占有一席之地，在国民经济和立法中也发挥了关键作用。

第一次世界大战后，葡萄酒成为典型的爱国饮品，被列入"胜利之酒"的行列。长期以来，无论是在穷人还是富人的餐桌上，都能看到它的踪影。连小孩子喝的水中都会掺入一些葡萄酒，可见葡萄酒广泛地参与了这个"尚酒"民族的日常生活，人们对葡萄酒的消耗量也十分巨大。1920—1939 年，无论老少，每个法国人平均每年饮用 135 升葡萄酒，此外还有啤酒、苹果酒、蒸馏酒以及各种利口酒。当然，高档葡萄酒和低档葡萄酒之间差异巨大：前者是精致的"奢侈品"，1919 年开始标注葡萄酒原产地，其中一些从 1935 年起成为法定产区葡萄酒，它们的价格是大多数消费者难以承受的；后者则更加常见，占法国葡萄酒产量的 80%。

世世代代的法国人都认为任何品质的葡萄酒都是一种天然的、"有益身体健康"的饮品，其中蕴藏着经医学证明过的毋庸置疑的益处。那些受无数作者和记者追捧，由巴黎医学院权威人士研究出来的结论，被各种饮酒指南和成功作品争相引用。著名作品《我的医生：葡萄酒》由菲利浦·贝当（Philippe Pétain）元帅作序，他在书中表达了自己对葡萄酒的"推崇之情"。此书利用大量篇幅证明葡萄酒对于人类的性格养成不可或缺，无论是在精神还是肉体上都让人活力充沛。[7]这些作品能够被普遍认可，离不开蓬勃发展的葡萄种植业和酿酒业在经济、政治领域的影响力。

敌人入侵前夕，法国拥有 1605882 位葡萄种植者，这是一个无可比拟的数字，他们所拥有的葡萄园面积是 1874162 公顷，葡萄酒产量高达 7939779900 升。每年投入葡萄园和酒窖的资金多达 600 多亿法郎，直接或间接地养活了近 700 万人。单从生产角度而言，仅奥兰和埃罗两省每年就能生产 10 亿升葡萄酒，以至于在两次世界大战期间，葡萄酒生产大区之间出现了严重的地区产量不平衡的现象。因此，我们认为地中海沿岸的葡萄园区是法国葡萄酒生产的第一大区，它们包括普罗旺斯地区、朗格多克地区、鲁西永地区直到阿尔及利亚，这些区域 1939 年的葡萄酒产量达到了 57 亿升。法国西南地区产量为 12 亿升，中部 6 亿升，西部 2 亿升，香槟地区和勃艮第地区 5000 万升，还有阿尔萨斯 – 洛林、摩泽尔以及汝拉省，产量大约是 8000 万升。

然而，这些数字掩盖了几十年来法国葡萄种植历史演变的真相。事实上，葡萄园反复历经了多次危机，例如 1848—1856 年肆虐法国葡萄园的白粉病，致使法国葡萄酒产量从 1853 年的 45 亿升直降到 1854 年的 11 亿升，此时葡萄酒价格高至闻所未闻。不过 1856 年发现的解决方案很快令葡萄种植业恢复繁荣，硫黄解决了这次危机。1865 年前后，根瘤病逞凶肆虐，几乎摧毁了法国所有的葡萄园。埃罗省 1869 年的葡萄酒产量是 15 亿升，然而 1885 年的产量却不足 2 亿升。之后人们改用美国葡萄树苗代替法国葡萄树苗，解决了这场灾难，法国葡萄酒产业重拾信心，恢复兴旺。1900 年的危机是走私泛滥和假酒横行的恶果，大量由葡萄干替代鲜葡萄酿造的假酒混迹于法国葡萄酒市场。1905 年制定的法律（于 1907 年补充完整）和对假酒的打击扭转了法国葡萄酒业的危局，同时化解了一场暗流涌动的内战。1919 年，巴黎和会制定的相关法律被纳入全欧洲和平协定的经济条款中，揭开了之后"原产地命名控制"和"司法控制红酒产地注册"的时代序幕。

1930 年葡萄酒产业的危机与之前大不相同，但也是之前事件的余波。此次危机起因于 20 世纪初葡萄酒市场日益严重的供求不平衡。尽管法国在 20 世纪 30 年代时期的葡萄种植面积与 19 世纪末相比缩小很多（大概减少了 25%，同时阿尔及利亚的葡萄种植业正在飞速发展），但是优化种植方式、使用更高产的葡萄树苗、防治葡萄藤病害等措施使葡萄酒产量继续增加，以至于葡萄酒产业出现地方性产能过剩的问题。此外，尽管我们发现每年葡萄的产量相去甚远，但半个世纪以来，在气候相对较好的情况下，葡萄的收成呈持续增长态势。

形成这种局面的重要原因之一是阿尔及利亚葡萄种植业飞速且持续的发展，20 年内该地区的葡萄酒产量增长了四倍多，从 5

亿升到 21 亿升，其中包括突尼斯和摩洛哥的葡萄酒，他们的产量同期增长了三倍，分别达到 1.3 亿升和 62174100 升。按照这个速度，在一个封闭的、基本处于国家边境地区的葡萄种植及酿造业中，供给量远远超出当地每年大约 75 亿升的需求量。阿尔及利亚和其他主要产区的葡萄酒产量一旦超出了最高消耗界限，市场就会严重失衡，就像 1934 年和 1935 年那样，这两年的产量分别高达 100 亿升和 103 亿升。这样一来，葡萄酒价格大幅下跌，葡萄种植者倍感沮丧。葡萄酒的市场价格在每度 2—3 法郎之间来回波动，有时甚至跌至 1.5 法郎，这导致成千上万的小规模葡萄种植者破产，还引发了南部频繁的暴动。

长此以往后果将不堪设想，乃至威胁到整个法国的葡萄酒市场，于是政府出台了相关政策，不再实行自由主义经济，试图规整葡萄酒市场。该政策可以概括为以下几点：保护主义、统制经济和马尔萨斯主义。这项政策催生了一条"葡萄酒法规"（依据1930 年 7 月 30 日制定的法律）：规定了葡萄酒的"社会价格"——由葡萄种植者提出的、可获利的，经由国家批准和控制的价格；成立了葡萄酒和烈酒产地控制委员会（CNAO）；实现了减产补贴和葡萄酒分期销售补贴（依据 1935 年 7 月 30 日制定的法律）。立法的原则如下：减少生产，直到产量与内外市场的需求量大致持平；利用蒸馏消耗过剩的葡萄酒；限定价格或分期销售实现售价正规化；创立原产地命名控制制度，从而提升葡萄酒质量。

之后该葡萄酒法规得到进一步完善，在满足国内市场需求的前提下，政府试图通过平衡葡萄酒的成本与售价来维持葡萄种植的面积和葡萄酒产量。1936 年，相关规定全部被列入"葡萄酒法规"中。几经修改与完善，第二次世界大战前夕，葡萄酒法规被编入 1938 年 7 月 27 日颁布的法令中，1939 年 7 月 29 日颁布的法令是对之前法令的再补充。新法令同时限定了种植面积、葡萄酒质量和流通数量：禁止开发新的葡萄园及雇用葡萄种植者；严格把控市场出售的饮用型葡萄酒纯度，对收益过高者征收加税；严禁葡萄收成过量，对过剩的葡萄酒进行必要的蒸馏。

20 世纪 30 年代末，这些规定的确稳定住了市场，将葡萄酒的市价维持在满足生产者需求的范围内。整顿后的葡萄酒市场以及税负转嫁累积而得的葡萄园土地资本，优先保护小规模葡萄种植者的利益。但是，葡萄酒在各种酒库和酒窖里的存量仍然十分庞大。廉价葡萄酒的生产者依靠高产生存，在新的但尚未成熟的管理条例的夹缝中勉强度日。葡萄酒市场在经济和社会层面的重要讨论涉及政治方面，相关政府对此密切关注。

▶▷ 政治影响下的葡萄酒外交

19 世纪末以来，即使是在统制模式下，法国依然是不断促进且坚持捍卫葡萄种植及酿造业的领导者，它一直试图影响国际葡萄酒法规的制定。从 1919 年起，为了保障葡萄酒行业的经济利益，法国积极采取各种政治措施，起草了战后和平条约，详细罗列了各种经济条款，要求葡萄酒行业遵守葡萄酒的原产地命名控制制度。法国希望向全球推广本国的葡萄酒行业模式（同时葡萄酒市场也必须在国际范围内推动行业和谐化），这推动了国际葡萄酒局[1]的成立（1924 年 11 月 29 日国际协议批准成立）。

这个特殊的官方政府间机构满足了众多国家和专业机构的需求，它们希望出现一个可以对葡萄酒行业进行商讨和反思的场所。从司法角度而言，国际葡萄酒局是一个会议中心、文献中心和研究中心，致力于解决葡萄种植、葡萄商业生产及其副产品（尤其是葡萄酒）生产问题。当时美国和斯堪的纳维亚半岛上的国家严格实施禁酒令，因此葡萄酒生产大国（尤其是地中海沿岸地区的国家）需要同心协力，执行共通的葡萄酒外交政策。

国际葡萄酒局的主要职责是收集、研究和出版能够证明葡萄酒"有益健康"的资料。该机构启动了一个具有"引导性"的项目，即通过新的科学实验证明"葡萄酒蕴藏着有益健康的良好价值，在戒酒方面发挥着重大作用"。所有必要信息收集完毕后（例如学术界、国际大会、其他关于葡萄酒生产及贸易的大会传达的意愿和提出的建议），该机构随即为成员国制定一些"恰当的、保

[1]　1924 年成立，前称国际葡萄酒局（IWO），1958 年改为国际葡萄与葡萄酒局。——译者注

护葡萄酒行业利益、优化国际市场的方案"，并特别为相关政府指出"哪些国际公约能够获利"。国际葡萄酒局给这些政府（国家）提出的建议是"保证生产者和消费者的利益，保护原产地命名控制制度，保障产品的纯度和真实性，减少市场欺诈和不正当竞争"。在符合每个国家法律的前提下，国际葡萄酒局可以采取"任何可行的措施发展葡萄酒贸易"，将"必要的信息和文件传递给私有、国有或国际组织"。[8]

尽管活动经费很少、经济形势不利，但国际葡萄酒局仍努力组织各方会谈，形成统一观点，于是在第二次世界大战前夕，不同国家在葡萄种植及酿造业的立法和具体措施上达成一致。这些法案主要由国际组织（于巴黎召开会议时聚集的）和国际葡萄与葡萄酒大会制定。国际葡萄酒局的宗旨是促使各方同心协力，尤其在改良葡萄种植、实现葡萄园重组和优化葡萄苗选取方面。国际葡萄酒局也是一个致力于对抗葡萄树疾病、提高葡萄酒质量、保证原产地命名控制的国际组织，该组织制定国际公认协议，限定葡萄酒适合饮用的标准。此外，国际葡萄酒局设立了一个国际研究与控制实验室，对葡萄酒进行实验、分析，研究葡萄酒的运输和贸易条件；最后，从科学和医药的角度宣传"全世界都在饮用的葡萄酒的好处"。

国际葡萄酒局的代表们对最后一点表示非常乐观，美国禁酒令的失败案例发挥了积极作用。1935 年和 1938 年，国际医学大会分别在洛桑和里斯本对葡萄和葡萄酒进行科学研究，结果表明葡萄酒对人体健康有积极作用，这一结论推动了葡萄酒消费的增长，尤其在美国反响甚佳，1933 年后，美国葡萄酒的销量大大提升。整体来说，许多国家的葡萄酒供不应求，这是葡萄酒销量将持续增长的好迹象，世界范围内供不应求的现象预示了葡萄酒光明的前景。一些国家在保护原产地命名控制制度、葡萄酒运输方面遇到困难和利益冲突，但只要国际葡萄酒局中来自不同成员国的人才们长期保持联系，这些问题往往可以被解决或者缓解。

法国人爱德华·巴尔特（Édouard Barth）是这个政府间机构——真正的"葡萄酒国际联盟"——的主席，他是国际葡萄酒局的共同创办人、法国葡萄园种植议会组主席、众议院饮品委员会主席、法国原产地命名控制委员会主席和埃罗省议员。此外，还有几个重要的领导人：约瑟夫·卡布斯（Joseph Capus），纪龙德省的参议员，原农业部部长，法国原产地命名控制委员会创始人；莫里斯·多雅（Maurice Doyard），香槟地区葡萄酒酿造联合会主席；费尔南·吉奈斯特（Fernand Ginestet），波尔多葡萄酒产权与贸易联盟主席；莫里斯·萨罗（Maurice Sarraut），参议院葡萄种植组组长和前议员。掌握战略信息对国家利益至关重要，所以他们的使命就是让法国在国际葡萄酒大会中占有一席之地。在 20 世纪 30 年代的讨论中，法国保护小规模葡萄种植者的论调与乡村法西斯主义以及部分成员国支持的行会主义相契合。虽然法国政府和贸易商联合会对于各自在葡萄种植及酿造业中的职责定位说法不同，但双方都对意大利和葡萄牙的相关经验很感兴趣，尤其是对他们的委员会和议员大会饶有兴趣，还进行过多次实地考察。同样，纳粹德国也参与了绝大多数关于葡萄酒组织和结构的辩论。

这里有必要指出的是，国际葡萄酒局的执行机构中有许多崇尚法西斯主义或类似政府的代表们。意大利农业部部长杰赛普·塔西纳里（Giuseppe Tassinari）身边围绕着葡萄牙驻巴黎总领事何塞·路易斯·阿彻（José Luiz Archer）以及西班牙农学院葡萄栽培和酿酒工艺学教授何塞·马尔西亚·阿拉佐拉（José Marcilla Arrazola），他们是国际葡萄酒局的副主席。与其他人相比，塔西纳里的政治色彩更浓厚，他与墨索里尼（Mussolini）来往更亲密，是一个空想理论家，性格强硬，坚决要求法西斯政党在国内葡萄种植及酿造业内推行法西斯行会主义。意大利国民理事路易吉·卡布里·克鲁恰尼（Luigi Capri Cruciani）、国民理事法西斯国家酿酒贸易协会主席乔瓦尼·维奥拉（Giovanni Viola）以及国民理事意大利农民联合会主席马里奥·穆扎里尼（Mario Muzzarini）接了塔西纳里的工作，因此这些人也像塔西纳里一样，将自己的政治亲信安排在身边，其中有德国葡萄种植中心联盟主席埃德蒙·菲利普迪尔（Edmond Philipp Diehl），德国摄政期私人顾问、德国公共卫生办事处成员甘瑟（Gunther）博士，德意志帝国时期德国农民行政办公室下属葡萄栽培部主任威廉·霍伊克曼（Wilhelm Heuckmann）博士，柏林贸易商海因里希·马夸德（Heinrich Marquard），德国摄政期私人顾问、德意志帝国及普鲁士内政部参战海因茨·米利尔（Heinz Melior）以及德意志帝国及普鲁士供给部、农业部参战弗里茨·舒斯特（Fritz Schuster）。这些人曾多次在巴黎组织的会议上露面，但他们更令人印象深刻的是在政治上起到的模范作用。他们的工作极具影响力，获得了来自24个成员国代表们的真诚协助，这24个成员国分别是德国、比利时、保加利亚、智利、丹麦、西班牙、美国、法国、英国、匈牙利、意大利、列支敦士登公国、卢森堡、挪威、荷兰、波兰、葡萄牙、罗马尼亚、斯洛伐克、瑞典、瑞士、土耳其、南非联邦和南斯拉夫。尽管周围专制独裁的国家对法国虎视眈眈，法国仍然试图掌控本国葡萄种植及酿造业的利益。在这种情况下，爱德华·巴尔特同意了威廉·霍伊克曼博士的提议：下一届国际葡萄酒大会在德国召开。

▶ ▷ 巴特克罗伊茨纳赫，最后一届国际葡萄与葡萄酒大会

1939年8月21日，欧洲烽烟四起、如临深渊，国际葡萄与葡萄酒大会在德国的巴特克罗伊茨纳赫召开。对于柏林而言，成为这场盛会的主办方意味着德国在国际葡萄酒局（十五年前创办于巴黎）中的地位得到了全世界的认可。一年前在里斯本大会上，

国际葡萄酒局的代表们已经考虑由德意志帝国举办有史以来规模最大的国际葡萄与葡萄酒大会。长期以来，大部分成员国代表对德国赞誉有加，这个国家的分量、举世瞩目的经济重建、新的政治秩序，以及在欧洲葡萄种植及酿造业中的核心地位无不引起其他国家的仰慕。

于是，德国打算举办一场前所未有的国际葡萄与葡萄酒大会，以巩固其崇高的国际地位。就像三年前在柏林举办夏季奥运会那样，但规模比这次国际葡萄与葡萄酒大会小很多；德国纳粹党打算向世界宣布自己已然重回国际舞台，这次回归是全方位各领域的，其中就包括葡萄种植及酿造业。此次大会的举办工作受到纳粹德国秘密警察的严密监督，大会必须首先传播纳粹主义、巩固希特勒政府崇高的国际地位。从这个角度来看，巴特克罗伊茨纳赫对德国而言是一个理想的大会举办地，这是德国最美丽的葡萄种植城市之一，以其超过一千公顷的葡萄园和著名的白葡萄酒（特别是雷司令和西尔瓦纳）闻名于世。纳粹使用德国浪漫主义的语调宣传这个城市：这座温泉之都坐落在中世纪时期历史遗迹的心脏地带，星罗棋布的酒店和温泉会所向游客们敞开怀抱，没有哪一座城市比巴特克罗伊茨纳赫更适合举办这场葡萄酒盛宴。这座城市见证了近代历史上德国雄厚的军事实力，曾经是威廉二世的皇家指挥部中心，1938 年国际危机加剧以来，这座城市成为柏林至巴黎铁路沿线上重要的军事基地。纳粹当局想要借此盛会向全世界介绍这座历史名城的魅力：果园密布、酒窖飘香、阡陌交通、石桥横斜、汤池温泉、钟楼鸣响、建筑辉煌……

纳粹画家麦克斯·埃舍尔（Max Eschle）为此次大会设计的官方象征物体现了德国的这种意愿。他因替德国政府创作过许多作品而声名大噪，1936年为加尔米施-帕滕基兴冬奥会设计宣传画，同年为柏林奥运会设计了一系列邮票，又被指定为1940年在德国召开的冬季奥运会宣传画的设计师。至于1939年的国际葡萄酒大会，自然也少不了这位官方艺术家。此次新作品发行了几千份，上面印有大会的流程和菜单。最后，一个纪念性的雕塑作品被放在会议室里希特勒的巨幅画像前。这座雕塑由两串果实饱满的并蒂葡萄组成，两片铜制葡萄叶覆盖着一串紫葡萄和一串白葡萄，一条闪闪发光的丝带缠绕在葡萄串上，上面印有成员国的国旗，最前列自然是纳粹的卍字旗。

这个象征物的重要性和大会本身相比有过之而无不及，因为这是人们对此次大会的第一印象。3000余人受邀参加，其中有1500余名专业人士，他们来自世界各地，即德国和其他23个国际葡萄酒局的成员国代表们。其中，来自法国和阿尔及利亚葡萄酒行业的代表人数超过200名。这些法国葡萄酒贸易商联合会的代表们于1939年8月20日星期天晚上抵达巴特克罗伊茨纳赫，入住豪华的疗养宫酒店（Kurhaus Palast），德国政府官员接待了他们，与他们共进晚餐，期间还有身着民族服装的合唱队为他们献歌。

　　法国代表从巴黎火车东站出发，随行人员中有一位杜舍曼－伊克斯品特机构的译员。该机构是柏林政府设立在巴黎的办事处，位于"戏剧大街"。一位德国公务员在萨尔布吕肯接替了陪同工作，告知法国代表们需要遵守的规则。出使德国对这些专家而言已是家常便饭，他们对这些规则了然于心。埃罗省议员、荣誉委员会成员、国际葡萄酒局主席爱德华·巴尔特和他的同事莱昂·杜阿什（Léon Douarche）也是这个官方代表团的成员。德国大使陪同代表团从巴黎出发，直至代表团成员与爱德蒙·迪尔（Edmund Diehl）会面，他是德国的葡萄酒财产管理者，也是德国葡萄种植总协会会长。未在巴黎支付注册费的成员需要在酒店前台支付20马克旅游费。当时德国银行的汇率是1马克等于9.2法郎，这种人为制定的换算汇率仅在德国适用，可见当时德国本币汇率过高。但这无伤大雅，因为理论上来说，没有人是来旅游的，尽管这里的旅游项目极具吸引力。

　　德国极尽所能地展现了它的魅力。国际大会尚未开幕，人们已然领略到此次大会的风采。富丽堂皇的酒店大堂里到处装饰着纳粹军旗，葡萄园的场景重现其中，里面摆放着许多葡萄种植者的蜡像，展现他们的工作场景。葡萄园旁边有一个石头酒库，酒桶堆积如山，还有一个模拟的葡萄种植村，布有马车、柳筐和中世纪的压木工具，一块高高悬挂的匾额上用哥特字体写着"纳粹德国和统治者保护下的欧洲和平"。大堂里秩序井然的宪兵令人印象深刻，他们身着长袍，胸口别有红色徽章，排列在参会者两旁，并与他们保持一定距离。

参会者到场时，会场响起了由卡尔·马利亚·冯·韦伯（Carl Maria von Weber）创作，普法尔茨交响乐团演奏的英雄浪漫主义歌剧《尤瑞安特》（Euryanthe）的开场曲。音乐的开场方式让所有人仿佛置身于19世纪初德国浪漫主义的氛围中。突然，护卫队的号声响起，沃尔特·达里（Walther Darré）出现在主席台上，他是此次大会的主席、纳粹德国农业粮食部部长、德国农民尊其为国家领袖。这位政府代表身着白色衬衫、戴着黑色领带、深色制服上别着纳粹胸章，神情严肃，少言寡语。沃尔特·达里代表因国际形势未能出席的帝国元首、葡萄酒爱好者、国会议长赫尔曼·戈林（Hermann Goering）以及外交部部长约阿希姆·冯·里宾特洛甫（Joachim von Ribbentrop，加入纳粹党之前是德国葡萄酒商人、德国最大的葡萄种植及酿造家族的遗产继承人）向所有来宾、同胞、"党、国家和军队的成员"致意。之后，达里简短地介绍了自己在德国和世界葡萄种植及酿造业中担任的工作，表示自己对委员会讨论的问题很感兴趣，他强调了"和平人民"之间"互相理解"的重要性。这次演讲简洁明了，但是内容无关紧要。

所有出席的人都感受到了这场演讲中显而易见的意识形态。作为德国种族意识形态——"血与土"——的主要理论家、党卫军和中央政治局委员会的高级官员，达里是纳粹党在农村宣传其意识形态的发起人。他认为"种族"和他们耕种的土地之间有着紧密的联系，在一份所谓的报告里，这一理论完美地适用于葡萄种植业。报告表示，一个种族所拥有的动力和他们所耕种的土地的命运密切相关。国际大会常务董事爱德蒙·迪尔（Edmund Diehl）发言时提到了被誉为"德国诗歌王子"的歌德，他引用了后者的话："葡萄酒养育了我们；它让我们成为大师。"然而，没有人在这些低沉的言论中发表过任何好战言论，他们都表现出得体的外交礼仪。尽管如此，"日耳曼势力"想要入侵奥地利和苏台德地区葡萄园的意图依然让和平主义者担忧，其中就有法国人爱德华·巴尔特。

这位国际葡萄酒局的主席是大会开幕式的压轴发言人。作为一位优秀的法学家和一名杰出的外交家，他提醒人们国际葡萄酒市场历经磨难，但我们必须维持其稳定性。他还致意了"将自己的智慧运用于国家中的伟大元首希特勒"，并且表示愿意提供"忠诚且全面的合作，以收获丰硕的成果，忘记所有分歧，只考虑有利于团结的事情"。

交响乐团演奏的舒伯特（Schuber）的芭蕾乐曲《罗莎蒙德》（Rosamunde）结束了，演讲也进入了尾声，接下来是长达十天的工作、会议和讨论。这些工作旨在制定市场法规、讨论植株和葡萄树苗、研究葡萄酒酿造工艺、葡萄酒的口味、产量、病虫害以及葡萄副产品的生产问题。1939 年 8 月 23 日，星期三，市长邀请参会人员乘坐大巴前往威斯巴登欣赏一场盛大的音乐会，这个项目为参会者的妻子（或者伴侣）提供了从美因茨到杜伊斯堡港口的莱茵河豪华游轮行。随处可见披挂黄色丝带的德国陪同人员，他们为受邀者提供服务。国家安全部的官员指挥、监控着现场情况。第二天，完成一上午的工作后，参会人员乘坐大巴前往莱茵河畔的宾根县参观巴特克罗伊茨纳赫地区的葡萄园，然后在"音乐和咖啡"的陪伴下乘船去往圣戈阿尔。参观人员进入葡萄园后兴奋不已。正值八月末，阳光明媚，一串串色彩不一的葡萄挂满了葡萄藤，漫向山坡边缘，这样的景色令摄影爱好者心醉神迷。游客在官方向导的陪同下参观了城区外葡萄园的风光，任何"陈词滥调"的赞美都不足以形容这令人难忘的时刻。主办方原本安排游客参加莱茵费尔斯城堡的晚宴，享受德国葡萄种植中心提供的美酒佳肴，但是傍晚时，紧张不安的组织者突然宣布项目停止了，晚宴也被取消了。大会的第四天，柏林传来指令要求所有外国人在最短的时间内离开德国。一时间，所有人都被紧急送回了巴特克罗伊茨纳赫的酒店。客房电话被切断了，禁止任何人与外部联系。如果这次驱逐是符合规定的，那么原因是什么呢？所有人都很困惑。

　　几天以来，欧洲的国际冲突日益加剧。英法两国正与莫斯科商议着一场军事计划，德国的外交部部长里宾特洛甫突然与苏联签订了互不侵犯条约，希特勒喜出望外。出乎所有人意料，苏德合作如同天空中的一声惊雷，搅乱了欧洲的局势。几年来伦敦和巴黎施行绥靖政策，好心又罪恶地妄图将祸水引向东方，怂恿希特勒的铁蹄东移，然而矛头突然转向了自己。和众多国际观察员一样，莱昂·杜阿什深知西方政坛中绝不允许存在任何轻率和无知的举动。与希特勒勾结是手握大权的法国经济高官们翘首以盼的事情。彼时，这种无条件向德意志帝国妥协的策略是巨大的失败。大会宣布取消的第二天，所有参会者被军队押解至萨尔布吕肯。他们下午抵达边境，一直被德意志军队看守到驱逐出境。几天后，希特勒领导的德国军队突袭波兰。

▶▷ "假战"中的葡萄酒

1939年9月，伦敦和巴黎提倡的"姑息政策"不容置疑地走向了失败。默许希特勒吞并奥地利、割裂捷克斯洛伐克之后，德国继续进攻波兰，英法不得不向德国宣战；对德宣战并非英法的主观意愿，而是这一次必须明确地在政治和外交上反抗德国。出乎所有人意料，战火在西方前线燃起。虽然法国官方尚未宣战，但人们已经开始行动，数千名休假士兵被迅速召回。一旦政府发布作战指令，全体士兵就会开始行动。法国葡萄园里不同阶级的人，种植者、工人、酒窖管理员以及其他雇员都在刚开始收获葡萄时离开了岗位。人们原以为战争会很快结束，希特勒会投降，大家都以为这不过是希特勒在虚张声势，法西斯很快就会失败。老弱妇孺接替了入伍壮丁在葡萄园、酒窖和地窖中的工作，等待他们的归来。

但是，闪电战迅速东移。波兰军队过分集中在边境，立刻被德军包抄，不得不撤退。法国参谋部里可有人察觉到德国的战术？是否料想到这种战术会用来回击西方？那时，众议员纷纷从巴黎撤往图尔，各部门部长也逐渐向西面撤离。在香槟、勃艮第和法国北部地区，人们为学校的孩子准备离开的卡车。大战在即，一场全面的首都撤离计划正在酝酿，法国东部城市的撤离也在筹备之中。在香槟地区的首府兰斯，警报彻夜回响。此后，这里的夜晚都沉寂在黑暗之中，街道安全被托付给数百位消极防御的志愿者。警报器时不时地响起，人们纷纷躲进数不清的城市地窖中避难。所有人都适应了这些信号，并且时刻记得戴上防毒面具。阿尔萨斯、香槟和勃艮第地区的葡萄园掩藏在马奇诺防线之后，据说这里是完美的防御要塞，牢不可破。

对于法国而言，此次冲突是史无前例且自相矛盾的。接下来几周，除了在德法边境出现了几次小规模交火外，两国之间没有发生任何战争。这是一场没有战争的战争，与1914年八九月的大屠杀完全相反，上万名空闲的"前线"士兵倍感无聊与沮丧。在一份专门用于宣传、受到严格审核的报纸里，法国士兵被吹捧为骁勇的战士，脚边放着枪弹，他们嘲笑着恐惧呆滞的希特勒，但事实是敌人占据上风。这场既没有成功又没有失败的战争让法国损失惨重，每天损失将近十亿法郎，而德国对波兰的军事进攻导致柏林放弃了西部边境地区。苏联与芬兰相继进攻波兰，法国作为"代理人"参战[1]，但并不确信哪一天战火会蔓延至法国。当务之急是不惜一切代价鼓舞新兵士气，尽管他们并不指望短期内可以回家。第一次世界大战结束 21 年后，世界处于持续不稳定的氛围中，葡萄酒似乎需要重新发挥作用。

自上次世界大战以来，法国官员认为葡萄酒是一种无与伦比的兴奋剂，具有强身健体的功效，使战场上的士兵更加健康，作战更高效。9 拥有医学院最优秀专家的支持，所有军事专家都承认葡萄酒的这些优点。他们认为葡萄酒具有杀菌的功效，可以治疗绝大多数传染性肠道疾病，还能消灭人们因口渴而误饮的污水中的病菌。因此，军事参谋部认为战争环境有利于推广饮用葡萄酒。如同以往的冲突时期，人们一直认为葡萄酒可以保持士兵的战斗力，鼓舞士气；它能够让人拥有愉悦的心情、顽强的抵抗力和强大的勇气。几十年来，葡萄酒也被视为康复治疗的药物，有着珍贵的滋补功效。此外，葡萄酒对所有人而言都是一种营养品。无数报告宣布了一个不争的事实：葡萄酒给人类带来的好处是无与

---

[1] 指两个敌对国家不直接交战，而是利用外部冲突以某种方式打击另一方的利益或是领地。——译者注

伦比的。

葡萄酒经历了 1918 年的胜利，还拥有强大的葡萄种植及酿造业的支持，成功进入了"胜利之酒"的行列。一部出版于 1935 年的歌颂葡萄酒的作品，转述了菲利浦·贝当元帅回忆葡萄酒给第一次世界大战时期的英勇士兵带来的好处："葡萄酒是一剂有益的兴奋剂，它让士兵振作精神，并且很大程度上协助他们取得胜利。"[10]

从那以后，法国军方高层积极鼓励士兵饮用葡萄酒，第一次世界大战期间官方要求每个士兵每天饮用一升葡萄酒。因此，在 1939—1940 年，法国军方仿照 1914 年的条例，规定所有露营部队必须获得定量的"液体"配给。各个部队的总指挥官还能决定提高物资配给量，例如烘焙咖啡、啤酒、苹果酒、白兰地和葡萄酒，这些物资的原作物收成可观，充分保证了部队的配给量。

1939 年秋天，部分省份出现病虫害（葡萄果蠹蛾和葡萄蛀蛾），一些潮湿地区出现霜霉病和白粉病，造成相应地区的葡萄收成相应减少，各地区产量不均衡，但总体而言全国葡萄的收成十分丰盛。九月的上半月，南部地区晴朗的天气和炎热的气候有助于酿造出高品质的葡萄酒，但酒精度数似乎还有待提高。

不过，即使产能过剩的危机依然严重打击着葡萄酒酿造者，1938 年大丰收积累的库存仍然相当可观。这种背景下，参谋部将驻守前线士兵的葡萄酒饮用量由传统的每日 20 厘升提高到 40 厘升。很快，将保持葡萄酒产量、保证葡萄园的生存与维持前线士兵日常饮酒等问题相结合，政府和军区领导一致决定重启非常规供给机制，这种机制的运行依附于复杂的物流系统，需要2000多节铁路油罐车在混乱的整体环境下不间断地将葡萄酒运往前线。

1939年9月起，政府通过招标或按规定的价格整体购买军队一年内所需的普通葡萄酒。军需处准备以每升0.16法郎的价格购买1938年法国南部地区生产的日常餐酒，以及酒精度数高于9%的葡萄酒。1939年11月15日和1940年1月10日颁布的法令重新规定了1939年生产的葡萄酒价格。酒精度数在8%—8.1%的葡萄酒，价格为每升0.145法郎；度数在8.2%—8.4%的葡萄酒，价格为每升0.1475法郎；度数在9%—9.4%的葡萄酒，每一百升可获得0.25法郎的"高度数奖金"；类似的，度数在9.5%—9.9%的葡萄酒，每一百升可获得0.5法郎奖金；10%—10.9%的葡萄酒，每一百升可获得0.75法郎奖金；对于酒精度达到11%及以上的葡萄酒，每一百升的奖金达到1法郎。这些提价和"奖金"同样适用于1939年阿尔及利亚生产的葡萄酒。顶级葡萄庄园选用优质果苗和特殊的酿造工艺，酿造的"高级葡萄酒"和"特定产区葡萄酒"有着稳定且公认的特殊品质，不属于采购行列。这些酒的价格通常远高于普通葡萄酒。

为了预防和解决争端，尤其是解决取消划分特定产区葡萄酒的问题，各省组织了委员会评定葡萄庄园的等级，即"只生产高级葡萄酒"的庄园（也就是实行原产地命名控制的庄园），"只生产普通葡萄酒"的庄园和"高级葡萄酒与普通葡萄酒混合生产"的庄园。部队只征调这些庄园酿造的普通葡萄酒。委员会在尊重既定葡萄酒庄分级、为葡萄种植者平等发放补贴的前提下，给葡萄庄园做出可靠的评价。省级接待委员会接替了他们的工作，省长任命的三位知名人士组成了这个委员会，他们获得了当地专家的协助。接待委员会负责收购葡萄酒，并安排油罐车运送葡萄酒至装货站。葡萄酒被装在包铅油罐车内，通过铁路运输到集中站，由运站商店对其进行分配。这些工作需要许多机构相互配合：收集、装备、处理，每天给几万人运送定量的酒。拓展与优化设备使运站商店成为真正的工业场所（占地面积广、木桶精良、拥有粉碎车间），这些设备需要被重复使用，运站商店每周接收并运送不计其数的油罐车。每个商店都配有非常重要的设备，用于蒸汽、漂洗、淋湿和酒桶修复。应届退役兵中的专业人员负责酒桶修复工作。葡萄酒部门的官员和工作人员协助军需官与副官安排工作。

运站商店是所有运往一线的葡萄酒的中转站。他们的工作是保存葡萄酒以及检查葡萄酒的储存和处理设备。首要任务是确保在葡萄酒装桶贮藏之前，辨别并处理变质的葡萄酒。葡萄酒通常只在这里存放几天，所以实际上只有极少部分酒被处理。只有港口和边境仓库中的葡萄酒（包括从国外和阿尔及利亚运送来的葡萄酒）存放时间较长，以备不时之需。保证葡萄酒质量的技术条例也规定了葡萄酒储存设备的性能，因为这些设备很容易沾染酸渍，滋生霉菌，使内存物变质。

油罐车抵达目的地时会被去除铅封，然后测量容积，人们在每节车厢里提取一个样本进行分析。德国"第五纵队"的特务持续不断地向法国官员的食物中投毒，但相较于此，法国官员更加警惕这些液体，要求葡萄酒必须通过检测和化学测验。军需处的化学家通过不同的蒸馏过程，判定葡萄酒的酒精含量、挥发酸含量以及每份酒刺激感官的程度。葡萄酒里没有添加溴化物来提升口感和价格，这不同于士兵心中固有的观念。之后，将葡萄酒灌注到大容量木桶中，这种稀有昂贵的木桶经过精心处理，被小心翼翼地搬上铺满麦秸秆的火车，夹在厚厚的木板中间，运往前线。

抵达边境附近的供应站后，葡萄酒由每个部队的供给部长官直接管理，根据部队的需求进行分配。葡萄酒辗转短程火车、卡车、汽车和双轮运货马车，最后被送到移动厨房中，再被装入军用水壶和水桶里，送到绵延700公里的马奇诺防线上的士兵手中。那时起，国家的头等大事就是储存足够的葡萄酒来满足高强度的运送节奏，另外还要考虑后方地区所需的葡萄酒。保持前线上士兵的精神状态十分重要，他们长期无所事事。这就是1939年秋天提出实施"士兵的热红酒"项目的背景，该项目持续了20多年，项目发起人是一个法国人，我们在谈论葡萄种植及酿造问题时无法回避他。

▶▷ "士兵的热红酒"

　　国际葡萄酒局的主席爱德华·巴尔特自 1910 年起担任埃罗省议员，1924 年成为法国议会的总务大臣，他是一位经验丰富的国会议员，在法国和世界范围内都是公认的最优秀的葡萄酒专家之一。作为 1930 年葡萄种植法令的主要起草者，他是国民议会中葡萄种植组的组长和饮品委员会的主席。1924 年，该委员会在他的倡议下创立，此外他还创立了葡萄种植部际委员会、国家碳氢燃料委员会、国家葡萄酒宣传委员会、酒精饮料高级议会、国家液体燃料办事处、葡萄酒控制委员会、全国原产地命名控制委员会。1932 年起，他成为中小型葡萄园种植联盟的荣誉主席。

　　出色的外交能力使他成为诸多矛盾主体之间公认的仲裁人，比如葡萄种植者和北方葡萄园里的制糖者、甜菜种植者之间，香槟冲突时期奥布省和马恩省葡萄种植者之间，中西部和南部葡萄种植者之间，南部和阿尔及利亚葡萄种植者之间，安的列斯朗姆酒制造者和政府之间。正如历史学家让·塞涅（Jean Sagnes）强调的那样，法国第三共和国末期，很少有政客像他一样拥有这般经历和如此庞大的关系网。由于工作原因，他几乎认识所有的参议员、议员、部长和法国农业经济领域的主要代表。尽管他从来没有做过部长，却是一个重要人物。作为葡萄种植及酿造业的专家，灵活、高效、和蔼的总务主任，他深受同僚认可，大家甚至忘记了他是一名政客。

作为葡萄酒不知疲倦的保卫者，爱德华·巴尔特一直以来都支持保护主义和马尔萨斯主义的政策。[11] 法国的葡萄酒产量远超其他国家，处于世界第一，对于"葡萄酒议员"来说，这是恢复第一次世界大战时期促进葡萄酒贸易条例的好机会。他写道："上次战争的经验证明热饮和烈酒对士兵而言必不可少，就像是流感前的预防措施。毫无疑问，热葡萄酒是最令人宽慰的。[……] 热葡萄酒中富含酒精、食物营养、糖分、强身健体和刺激精神的肉桂，是一种能够振奋精神、补充体力、有益健康的优质饮料。"他补充说，"军方领导的来信证明了热葡萄酒可以鼓舞士气"。[12]

10 月 18 日，饮品委员会在爱德华·巴尔特的领导下召开会议并向议会提议："为了保障士兵在严寒季节的健康"，军需部部长需要"决定在冬天的几个月中给士兵提供的热葡萄酒数量"。[13]为使这个项目顺利运行，饮品委员会还设立了士兵热葡萄酒委员会，负责在法国各地开展热烈的宣传活动，鼓励民众捐献实物或金钱，大规模收集葡萄酒。"葡萄酒让我们的士兵变得乐观"，"热葡萄酒能赶走流感"的宣传标语随处可见。

宣传活动同时在比利时展开。比利时葡萄酒之友联盟的主席勒内·贝克尔（René Becker）支持为皇家士兵提供葡萄酒，并且再次表示"葡萄酒为他提供了食物营养价值 […] 适度饮用葡萄酒不会引起任何不良反应","除了对身体有益,葡萄酒还能使人放松精神、缓解紧张的情绪"。他还说:"我们发现葡萄酒在第一次世界大战期间有预防疾病的功效。在法国分配到大量红酒的士兵几乎没有受到细菌感染。因此,葡萄酒似乎提供了一些不同于水的'免疫力'。"他还说,"为了预防细菌性疾病,多喝葡萄酒吧。一滴水中包含无数的细菌,但在一滴参有葡萄酒的水中,几乎所有的细菌都被消灭了"。[14]

另外,英国媒体不停地称赞法国军队的这种做法。伦敦月报《葡萄酒与精神贸易记录》(The Wine & Spirit Trade Record)在2月刊里写道:"我们不能像往常一样轻信那些分发给法国士兵的葡萄酒只是他们的食物补给;因为实际上,葡萄酒富含对士兵而言异常珍贵的维生素B",还写道,"除了拥有士兵自身的优良品质,有思想的法国士兵还非常快乐;在与法国士兵相处的过程中,英国士兵听到了法国士兵在战壕中或者战场后方振奋人心的话语,立刻发现他们口中的'酒'正是葡萄酒;很多前线的小报称之为'兴奋的酒'。[……]看,日常饮用葡萄酒还可以提高士兵的凝聚力"。[15]

在意大利,宣传活动起到了同样的效果。法西斯参议员阿·马雷斯卡尔基(A. Marescalchi)在对比了"饮用适量葡萄酒"的法国士兵和饮茶的英国士兵的表现后,积极鼓励军队饮用葡萄酒。

他认为葡萄酒为第一次世界大战时期的法国士兵创造了"奇迹"，"这种历史悠久的饮料让士兵的身体更强壮，重新激活了他们的神经肌肉系统；这一点也体现在士兵的日常生活中，他们表现得更努力、更英勇"。[16] 为响应阿·马雷斯卡尔基的号召，意大利全国葡萄种植者和葡萄酒酿造者开始同心协力、不遗余力地支持他们的法西斯军队。意大利军事指挥官巴多格里奥（Badoglio）元帅表示每日要给意大利士兵分发定量的葡萄酒。1939 年 10 月，墨索里尼正式决定每天给每个意大利士兵分发 250 毫升葡萄酒。

　　但是，没有哪个国家可以和 1939 年秋天法国启动的动员项目相媲美。11 月，士兵热葡萄酒委员会已经可以给士兵分发 5 亿升的热葡萄酒。政府决定延续这场不可思议的成功，将 1940 年 3 月 3 日这个星期日定为全国葡萄酒日。内政部表示应该在全国葡萄酒日这天实施一些财政手段，来确保更大规模地给法国士兵分发免费热葡萄酒。在整个法国展开的这场活动替士兵的热葡萄酒售出上千枚徽章。这项活动经过了政界和宗教界的高层的批准。[17] 巴黎的大主教维尔迪尔（Verdier）红衣主教写道："生活中有一些事情，其重要性不在于事情本身，而在于它所唤起的情感。当这种情感发自内心时，可以说它是无所不能的。热葡萄酒正是如此，人们希望我为它说两句话。寒冷的冬夜里，我们勇敢的士兵们满心欢喜地迎接热葡萄酒，热葡萄酒不仅温暖了他们冻僵的身体，还重新唤起了他们的爱国主义精神。当然，士兵们随时随地都欢迎热葡萄酒。这是受人景仰的法国葡萄酒，此外，它还塑造了我们的民族性格。它赋予我们复杂的人生态度，让我们热情奔放的同时懂得分寸，欢欣雀跃的同时热爱思考，让我们幽默风趣、通情达理。你们应该也发现了，那些定义法国葡萄酒的词也是描述我们民族个性的词。"[18] 全国葡萄酒日规模巨大，我们在法国各地以及巴黎、南希、梅斯、斯特拉斯堡、兰斯、第戎、马孔、里昂、蒙彼利埃和波尔多圣让的火车站建立了几十个葡萄酒采集和分散中心。我们总共收集到 5 亿升葡萄酒，与此同时，政府正在实施一项食品和酒精消费监管政策。[19]

尽管当时的粮食储备十分丰富，但事实上从 1940 年 2 月起，人们有可能会面临严重的食物匮乏。3 月 1 日，法国人在早报上读到保罗·雷诺的声明后意识到了这一点。为了准备未来的食物配给，政府下令进行人口普查，紧接着出台了一系列限制政策。从那以后，餐馆不再提供每份只包含 150 克面包但售价超过 15 法郎的餐品，购买最便宜套餐的顾客能够获得每餐 300 克的面包。每位顾客只能点两道菜，其中只有一道菜可以包含肉类，餐桌上禁止出现黄油。点心店和糖果店每周都要歇业 3 天——周二、周三和周四，而且在这几天里，饭店、宾馆、咖啡馆，甚至是私人俱乐部和进餐车厢都不能提供点心和糖果。优质巧克力在战争期间完全消失。3 月 10 日，一条法令详细说明了获取粮票的程序。报纸每天都要提醒读者注意新出台的强制性规定。事实上只有周日，人们的生活才可以不受限制。

这种情况下，酒精饮料在每周二、周四和周六是被禁止的，既不能购买也不能在公共场合饮用。但是这项禁令不包括葡萄酒和一些"有益健康"的18°以下的酒精饮品。对于一直处在警戒状态的葡萄种植及酿造业来说，这无疑是一种冲击，提醒着他们可能会出现一场损害他们利益的战争。1940年3月13日，葡萄酒小组向众议院提交了一项议案，强烈反对一周三天禁止饮用以葡萄酒和烈酒为基础的开胃酒，他们表示这是"对法国产品毫无益处的刁难"。葡萄酒小组表示，适度饮用葡萄酒，即"法国本地生产的科涅克白兰地和阿马尼亚克烧酒"，从未被认为是"对种族的威胁"，此外，自从第一次世界大战以来，法国酒精饮料的饮用量已经从1.6亿升降到了8000万升，法国已经不存在酒精中毒者。

议员所强调的危险主要在于假酒和走私酒的危害，但是人们面对这些危害似乎"没有采取任何措施"。对于抗议者而言，此次禁令和所有其他禁酒措施一样，终将"惨淡收场"，就像当初美洲、芬兰和比利时施行的禁酒令那样。葡萄酒小组要求尽快修改法案，葡萄酒曾让"法国产品闻名世界"，应该让它重回"国民饮料"的行列。最后，他们认为政府部门拒绝这个提案会产生严重后果，危害"国家酒类专卖局的平衡"，为财政预算造成"几十亿法郎赤字"。这样还会使"假酒和走私酒泛滥，随之而来的是对酒精饮料的无度滥饮。"[20]

此外，国家葡萄酒联合会主席罗杰·德斯卡斯（Roger Descas）还利用其他观点质询政府首脑。他认为，在公共场所禁酒"就是鼓励在家中饮酒，而这些饮酒者很可能会伤害他们的妻子和孩子"。限制合法的饮酒，也是"鼓励非法售卖，结局就是任由假酒非法买卖"。他还说，"美国禁酒之所以失败是因为它是对非法行为的一种奖励；我们并非想要捍卫个人利益，但是在了解技术人员的问题后，我们发现补救办法有时候比困难本身更糟糕；作为清楚个人职责的公民，我们像过去一样，接受政府在危难时期所做的一切决定，但是政府是否在严格把控酿酒的同时，也在严格把控限制酒精消费所采取的措施，这并不是一种恶意的质问；坚决果断地消灭假酒生产和流通的可能性，同时用你们认为行之有效的方式尽可能地规范和管理我们的产品销售，如此便可同时满足国家与公共道德的利益"。[21]

一些立场更客观的人认为应该利用这些"没有开胃酒"的日子加强对法国葡萄酒的宣传。托马斯·巴克豪森（Th. Barkhausen）写道："法国是世界上最大的葡萄酒生产国，法国人居住于此，应该明白与其喝可能危害身体健康的开胃酒，还不如喝对身体有益的葡萄酒。"[22]

当法国人正对葡萄酒和烈酒的饮用权争论不休时，1940 年 5 月 10 日，在经历了几个月的"假战"后，德军闪击法国西面的国家，大规模进攻荷兰与比利时。3天之后，也就是5月13日，冯·伦德施泰特（von Rundstedt）将军的德国装甲部队穿越了号称无法翻越的阿登山区。对这种意料之外的战略逆转，盟军的反应很快由怀疑变成了惊愕。前线被攻破，军队溃逃、民众流亡，接着便是举国战败。不到一周的时间，法国的命运就此定格。崩溃的冲击波正在向全国各地蔓延，逃亡的政府证实了令人绝望的战争局势，法国内阁请求停战。

2. 葡萄酒热潮

1940 年 5 月 13 日，德国装甲部队穿越了号称无法翻越的阿登山区，法国前线被攻破。短短几天，一切都不复存在，敌人决心抢走一切。德国贸易代表出现后，在维希政府的协助下，混乱的葡萄园得以重组，第一次无计划的掠夺运动就此展开。

▶▷　战败冲击和商业动荡

这场举国惨败的战役在法国历史上前所未有，给法国人民造成了巨大创伤。上百万法国人逃难的情景令人惊愕，百姓面对敌军惊人的速度惊恐万分。香槟地区的人们惧怕第一次世界大战时期杀戮的幽灵重返此地，这个幽灵始终在他们的记忆中萦绕。然而从今往后，新的冲突悄然而至。短短几周，德军控制了法国一半以上的领土，其中包括香槟、勃艮第、科涅克和波尔多等地区最负盛名的葡萄园。对于那一代人而言，这像是一个来自地狱的、不可逆转的旋涡，悠久历史所塑造的一切在几天之内轰然倒塌。很快，恐惧支配着人们的情绪，所有人处于一种怪诞的、被抛弃的状态中，这种令人惊愕的状态摧毁了人们心中所有的确定性。短短几天，一切都不复存在，这个国家曾经拥有的一切都交到了贪婪的敌人手中。不言而喻，他们决心抢走一切。

在占领区，葡萄园里的专业人士、葡萄种植者和贸易商很快意识到他们可以通过迎合国家新主人的意愿来获取利益。1940年夏天，过路的德国军队采购了大量葡萄酒，之后各个部队的后勤部门代表接管了占领区。到1940年秋天，已经无人能阻止这种混乱的、完全不受控制的买卖，而且葡萄酒售价完全超过当时的市价。在香槟和勃艮第，德军给出的价格"匪夷所思"，贸易商和葡萄种植者甚至不敢相信自己的眼睛——他们给出的价格大概是当时市价的 10—20 倍。在异常动荡的局势下，德军挥金如土地收购一切。[1] 夏天的狂热贸易掀起了一场以最快速度实现交易的狂潮。身着灰绿色制服的人买走了大型葡萄园地窖和酒库中的所有酒。成千上万个货箱和酒桶被装入仓促准备的卡车中，然后被搬上火车，运往德国。

葡萄园中几乎没有出现过抢夺。德军直接与葡萄园园主交易，支付的货币是在德国最新印刷的、声称可兑换的马克和法国银行向德国提供的几千万法郎。葡萄酒业内人士在战前紧张时期堆积了数量可观的葡萄酒库存，对他们而言，这是一个意料之外的好机会。葡萄园园主或代表会根据具体情况单独回应德国买家提出的各种紧急需求。

马吕斯·克莱杰（Marius Clerget）和拉乌尔·克莱杰（Raoul Clerget）父子二人是勃艮第地区的大葡萄园园主，他们立刻意识到这是一个绝好的商机。多年以来，他们的葡萄园一直徘徊在"破产的边缘"[2]，父子二人利用这次史无前例的葡萄酒热潮非法地向过路军队兜售葡萄酒。全国的政治统治都处于混乱状态，这些交易逾越了所有规章制度，在没有发票、未经税收申报的情况下进行。每日现金如流水般往来于各个商行，这使商行突然繁荣昌盛起来。勃艮第红葡萄酒商行的会计清楚地表示："德国人付钱之后立即拿走了葡萄酒，但是他们没有税务局的文件，也没有发票。"[3]
几周之内，克莱杰家族出人意料地摆脱了经济危机。当商人发现
自己终于不用再做亏本买卖时，战败对他们而言也变得美好了。
如果德国人像所有人想象的那样还会在法国"至少待十年"，那么
人们还需要通过持久的妥协手段来维持这次"奇迹的经济复苏"。

短短几周内，部分商行发现他们的成交量达到了前所未有的
高度。不受限的机会主义四处蔓延，占据人们的思想。买家在难
以置信的狂热氛围中一掷千金，财运亨通的卖家之间则出现了胶
着的竞争关系。但是，也只有闭目塞听和贪得无厌的商人才不在
意背叛国家和敌人做交易。

据税务管理部门统计，仅是勃艮第地区被占领的葡萄园，在
七八月的几个星期之内，实现的未经批准的交易金额就已经超过
了以往全年的总额。但这还只是保守估计，事实上，统计不计其
数的、混乱的葡萄酒销售量几乎是不可能的。数千位业内人士在
所有德军穿过的葡萄园里竭尽全力地推销他们的产品，从高档酒
到劣质产品，但凡可以出手的，他们全都想卖掉。在这样不稳定
的环境中，葡萄酒市场很快走向了危险的深渊。突然，所有价值
尺度都被打乱了，一些"不可想象"的价格前所未有地出现在市
场上。与柏林指挥中心的计划相反，原来在法国地窖中十分富足
的葡萄酒库存很快被清空了。

在号称"开放之都"的巴黎，四分之三的市民已经撤离，敌

军于 1940 年 6 月 14 日进入巴黎。无休止的机动部队、汽车、装甲车和戴着头盔的士兵，发出震耳欲聋的轰鸣声，涌入城市所有的交通干线。尚未离开巴黎的人都藏了起来，或者躲在家中避难。所有人都受到了动荡局势的冲击，在滚滚浓烟中闻着装甲车散发的令人作呕的机油味。几小时前，德军开始肃清藏在城市水道里的人和交通工具。德军趾高气扬地进入巴黎，他们穿着阅兵时的制服坐在耀眼的战车里，竖起闪闪发光的武器。装有扬声器的卡车在城市中来回巡视，命令民众保持冷静，听从新主人的命令。信息很明确，最高指挥部不会容忍任何敌对行为，任何反抗者或者破坏者都会被处死。人民必须将所有武器上交给德国军队，并在 48 小时内待在室内。

　　几小时后，德国人遍布巴黎的各个角落。大批德国士兵跳下卡车，开始沿街搜寻物资。他们饥肠辘辘，迫切渴望饮酒，而且成功占领巴黎这一历史性时刻也让他们觉得值得举杯庆贺。德国士兵闯入街上极少数还开门的咖啡馆，还威逼其他店铺立刻开门，否则就要处死他们。德国人坐在多摩、园亭、圆顶这几个最著名的咖啡馆的露台上，希望这一刻永垂不朽，好让他们更详细地在书信中向别人吹嘘这个伟大的日子。像夏天占领其他城市后的庆祝方式一样，士兵们会在这几天疯狂饮用香槟、科涅克白兰地和本地葡萄酒。到处都能看到德国士兵举杯庆祝胜利，他们消耗了数千瓶香槟、勃艮第和波尔多地区的高级葡萄酒。

住在巴黎克里荣酒店的总指挥官冯·施图德尼茨（von Studnitz）丝毫不浪费时间，立即行使胜利者的特权。他任命赫尔穆特·拉德马赫（Helmut Rademacher）为巴黎的城市委员，负责征调使用城市酒店和公共建筑的相关事宜，其中包括法国的议会地点，这将作为德国在法国的军事指挥部（Militärbefehlshaber in Frankreich）。住在乔治五世大道上戴高乐王子酒店的拉德马赫还负责清点城市的粮食储备，以及为士兵提供食物和饮料。占领军和他们的行政部门霸占了巴黎各大酒店。德意志国防军驻扎在乔治五世大道上的莫里斯酒店，这里是他们在大巴黎地区的指挥部，也是绍姆堡（Schaumburg）将军指挥的物流运输中心。大陆酒店成为德军在大巴黎地区的军事法庭，丽兹酒店是他们的军事运输指挥部，武装监察机关被安置在阿斯多里亚酒店，纳粹海军参谋部则被设立在匹加勒区的卡尔顿酒店和雅典娜广场酒店。德意志劳工阵线（Deutsche Arbeitsfront Verbindung）的成员占领了香榭丽舍大道上的戛纳卡尔顿酒店，负责保护莱因哈德·海德里希（Reinhard Heydrich）的党卫军头目赫尔穆特·诺钦（Helmut Knochen）和他的行政机构占据了法兰西剧院对面的卢浮宫酒店。德国空军的数十个连队也占领了各个著名酒店，其中包括共和国广场上的现代酒店，此外，该酒店还接待与法国政府交涉的德国指挥官。整个夏天，盖世太保通过占领众多高档酒店对巴黎进行分区控制，其中有赫尔穆特·诺钦管辖的斯克里布酒店，这是德军政府机构中组织掠取法国产品的最大代理机构之一。

德军不同部队之间因抢占高级酒店而关系紧张，还引发了激烈的矛盾，为了各自的利益和声威各方往往都不愿意妥协。拉斐尔酒店与宏伟酒店毗邻，德国军队和纳粹党之间的冲突在这两座酒店附近的克勒贝尔大街上愈演愈烈。在巴黎，自十月起，施密德（Schmid）博士领导的军事管理部门和奥托·冯·施蒂普纳格尔（Otto von Stülpnagel）将军领导的驻法最高军事指挥部（以下简称 MBF）之间的敌意愈发明显。埃尔玛·米歇尔（Elmar Michel）将军领导的经济管理中心位于宏伟酒店内，负责窃取法国的所有财富。然而，自落成之日起，该战略行动指挥中心便开始与驻扎在其他高级酒店内的帝国代表们展开了直接竞争，他们为了抢占一切可能带来巨大利益的物品，肆意夺取同僚中竞争对手的部门选址。

贮藏在豪华酒店和饭店酒窖里的大量精品葡萄酒成为首批争夺物资。在路特西亚（Lutetia）酒店的地窖中，7.5 万瓶特定产区葡萄酒经过精心分类，被排列成蜿蜒曲折的"酒道"，每个"酒道"都有一个响亮的名字，例如"香贝坦街""勃艮第街""马尔戈街""拉菲街""巴尔萨克街"以及"圣于连街"。银塔餐厅、富凯餐厅和马克西姆餐厅（Maxim's）的地窖里也藏有几万瓶葡萄酒。不同于流传至今的各种奇闻，对于试图搜刮所有法国精品葡萄酒的德国高官来说，这些酒不可能逃出他们的魔爪。

路特西亚酒店自然也不例外。海军上将卡纳里斯（Canaris）领导的德国军事情报局——"阿勃维尔"控制了这座酒店，酒店的管理部门无法隐藏地窖里所有葡萄酒，只能零星秘藏一些菜单上最知名的特定产区葡萄酒。然而"阿勃维尔"除了拥有大量人力外，还掌握了先进的调查技术，使其能迅速熟悉受控建筑的内部特征。

与其他被改造为占领当局接待处的机构一样，德国军队安顿下来之后立即在此展开布防，加固隔离墙，建造防空洞，在屋顶装满窃听和侦查天线，他们还查探了酒店的地下室以完善安保措施。没有什么能够逃过德国官兵在高级酒店内的巡查。和其他地方一样，匆忙垒起的暗墙后没有任何隐秘的地窖。相反，最高档的几所酒店的领导还会低首下心地交出他们的葡萄酒，原因不言而喻。藏匿贸易产品显然是危险又不切实际的，这样做毫无意义，因为大部分葡萄酒都是有偿的，并且价格远远超过了当时市价。如果德国士兵想要兑换他们军饷里一沓沓价值起伏不定的马克，德国军队的高层领导也会签字承认他们的临时债务，这是对商业善意的保护。

彼时，毫无疑问，所有被占领的城市里的大商场、高级酒店、重要场所以及葡萄酒产区、城堡和贸易商都需要全新的领导层的保护。

▶▷ "葡萄酒监工"和新秩序的出现

1940 年 7 月开始，在德国与法国签订停战协定和威斯巴登合约之后，纳粹当局决定成立一个大规模的掠夺集团。为了满足作战需求，德军持续掠夺法国，完全不考虑法国人民最基本的生存需求。法国就此沦为德意志帝国的第一大农业供给国。这背后隐藏的是自从俾斯麦掌权以来，德国当局为法国制订的历史计划终于在 1940 年，纳粹占领法国后实现了：使德国在欧洲大陆最大的竞争国——法国——沦落为一个农民的世界，成为德国农业原材料的供应国。

该政治计划显然符合德国当时的需求。德意志帝国深陷战争的泥潭，空战、陆战、海战全面打响，"闪电战"逐渐演变为持久战，战争需要消耗的物资远远超过德国自身的经济承受力。正是在这种情况下，德国一方面需要新的物资维持作战，另一方面还要保证国内民众拥有充足的物资，尤其是食物。法国葡萄酒是纳粹当局关注的中心，葡萄酒代表了德军的战利品，也是关键的战略物资。法定产区葡萄酒和其他"高级葡萄酒"深受德国贵族喜爱[4]，立即成为在国际市场上可以牟利的商品。这些葡萄酒见证了德国上流社会遍布整个欧洲骄奢淫逸、纸醉金迷的社交活动。[5]德方政府一方面必须满足远离战争的国民对日常饮用葡萄酒的高需求量，另一方面还要定期向德军部队运送大量葡萄酒。此外，起泡葡萄酒和高度数的酒（德国烧酒和苦艾酒）也是由高酒精度数的葡萄酒加工而得，而德国本土葡萄园的产量根本无法满足如此庞大的需求量。

然而，1940年盛夏，纳粹制订的掠夺计划在实施过程中遭遇了滑铁卢。德军私自在各大葡萄园购买不计其数的葡萄酒，混乱的交易导致葡萄酒的销量总额难以统计。为避免法国葡萄酒市场彻底崩坏，柏林紧急派遣官方代表前往各大葡萄园，负责集中调配德方购买的葡萄酒总量，德国当局按照划定的葡萄种植区域分派官方代表。目标很明确，即在最短的时间内恢复葡萄酒交易秩序，确保充足的供应，杜绝威胁运送质量的大量假酒。

集中、监管和筹划骗取葡萄酒，使之成为德国的财富，这就是德国官方代表（采购员）的基本任务，完美地配合了德国政府的掠夺计划。[6]理论上来说，在占领者直接控制的葡萄园里，任何交易都必须经由"德意志国葡萄酒交易代表"（进口专员）过目才能实现。

1940年7月起，奥托·冯·克里毕须（Otto von Klaebisch）军长担任兰斯香槟地区特派葡萄酒采购员，负责为驻扎在巴黎宏伟酒店内的MBF供应葡萄酒。[7]当地的葡萄酒业内人士十分了解这位"葡萄酒监工"。他在法国出生，是实力强大的起泡酒公司——马修·米勒公司（Matteus Müller）的总裁，该公司位于威斯巴登。

当时负责签署德法停战协定的两国代表团也位于此地。他的哥哥古斯塔夫（Gustav）被派遣到科涅克，负责采购白兰地。克里毕须是纳粹外交部部长约阿希姆·冯·里宾特洛甫的姐夫，也是"玛姆与伯瑞"（Mumm et Pommery）香槟公司的前代表，是德国"香槟之王"——奥托·亨克尔（Otto Henkel）的女婿。克里毕须在兰斯时一直与弗兰克·米勒–加斯特尔（Frank Müller-Gastell）共事，直到 1941 年，政治原因使他们分道扬镳，米勒被认为过于"亲法"。在另一个香槟之都——埃佩尔奈，爱德华·巴尔特被任命为法国起泡酒的官方采购员。

在更南边的博讷市，来自慕尼黑的葡萄酒贸易商弗雷德里克·德雷尔（Friedrich Doerrer）从 9 月开始被任命为勃艮第产区的葡萄酒采购员，德国政府还委派他采购马孔、博若莱、罗讷河谷区等尚未被德军占领的产区内的葡萄酒。当地的业内人士都认识这位采购员，他们在过去几年与他及其公司的代表建立了紧密的商业联系。1941 年，阿道夫·赛格尼茨（Adolf Segnitz）接任德雷尔的职务，但是他并没有改变德方一贯的作风。这位来自不来梅的葡萄酒商，勃艮第地区极具影响力的新官认识勃艮第产区的所有葡萄酒商，得益于长年积累的实地交易经验，赛格尼茨与当地的酒商以及他们的家庭建立了深厚的友谊。德国葡萄酒贸易商卡尔·克勒泽（Karl Kloesser）被任命为高度数葡萄酒与"黄金酒"的官方采购员，他的同僚卡万（Kaven）、贝克尔（Becker）和奥普费尔曼（Opfermann）被任命为"葡萄醋酒与基础葡萄酒"的官方采购员。

其中，德国贸易商海因茨·伯默斯（Heinz Boemers）是一位不得不提的葡萄酒采购员。他拥有好几家葡萄酒商行（其中包括位于不来梅的赖德迈斯特商行、乌尔里希斯商行）以及二十多个酒候。这位波尔多葡萄酒专家还兼任波尔多代表和纳粹采购总代表职务。伯默斯负责协调掠夺来的法国葡萄酒，这位波尔多的"葡萄酒监工"也是德国商人联合会（Hauptvereinigung der deutschen Weinbauwirtschaft）在法国的代理人，他直接向位于巴黎的 MBF 汇报行动。宏伟酒店内有一个葡萄酒部门，起初由格雷斯基先生（M. Goreski）领导，后来由阿道夫·艾希博士（Dr. Adolf Eich）领导，会聚了莱因哈特（Reinhardt）博士和朔普曼（Schoppmann）博士、施罗克（Schroeckh）上校、高级官员施托勒（Stolle）和格罗思（Grothe），他们都是柏林派往巴黎的杰出专家，负责为纳粹协调所有掠夺的法国葡萄酒、利口酒等酒精饮料。[8] 但伯默斯凭借自己丰富的经验和对葡萄酒的完美了解，成为德国驻巴黎指挥部中决定葡萄酒部门所有行动方向的最高指挥官。[9]

葡萄酒部门的职员中，法国人罗杰·德斯卡斯是伯默斯的童年伙伴，他还是一位波尔多葡萄酒商人，法国葡萄酒、苹果酒、烈酒和利口酒联盟主席，波尔多葡萄酒联合会主席。在巴黎的总军需长卡萨努（Casanoue）将军的监督下，罗杰·德斯卡斯担任国家葡萄酒和烈酒进口与分销小组组长。卡萨努是军需部的代表，从1942年开始，担任饮品供给中央委员会的主席。1940年秋天起，伯默斯和罗杰·德斯卡斯展开密切合作，目的在于保证每年各个葡萄园出售给德国的葡萄酒数额。很快，所有业内人士都关心起将葡萄酒出售给占领军的新安排。

直到1940年9月5日，葡萄种植及贸易代表们才在波尔多聚首，首次在战败之后召开为期两天的国家葡萄酒行业大会，他们表达了各自对此事（将法国葡萄酒出售给德国）的看法。由罗杰·德斯卡斯和葡萄种植者联合会会长贝内先生（M. Bénet）主持的葡萄酒行业大会聚集了一些业内举足轻重的人物，他们来自各个占领区和非占领区。此次大会是一次与受邀出席会议的占领军当局直接对话的机会，通过会议交流，各方达成了一些有益于贸易进展的统一意见。许多法国人的意愿被德国当局采纳，传递到"相关权力部门"，他们强调了"消除限制"的必要性，尤其是在影响贸易的规章管理和运输方面，以及保证必需的葡萄栽培原料的常规供应方面。

在葡萄园中，柏林命令每位官方采购员负责各自葡萄种植区域的采购活动，尽可能提高"真正的合作精神"。9月，商人联合会向贸易商发出的第一份通报告知了他们法国葡萄园的新主人。在博讷，德雷尔在一份面向所有贸易商的公函中写道："作为代表，我（他）的角色是双重的——我（他）要考虑德国的利益，同时要遵守两国政府之间达成的协定，本着真诚合作的精神，辨别出所有破坏双方融洽关系的人和事物。"

1940年秋天起，法国高层与宏伟酒店内的德国葡萄酒部门签订协议，所有有益于德国经济发展的销售必须纳入双方的官方协议中。食品部下属的国家葡萄酒和烈酒进口与分销小组接替了德国中央经济部门在巴黎的工作，即跟踪、监督德法清算协定中的市场执行。清算协定规定了各个葡萄园向德军出售葡萄酒的频率和数量。所有预定的交易必须申报国家饮品采购小组或其中一个相关的行政部门，以便从双边协议规定的数量中扣除每笔交易数额。如此一来，但凡是法德协议框架之外的，再小规模的葡萄酒交易都是被官方禁止的。从这个角度来看，每位德国官方代表都享有在他负责的葡萄园内为德国购买葡萄酒的特权，此外，拥有柏林政府颁发的特殊许可证的官方代表也可以在自己负责的产区之外执行特殊的任务。MBF 在 1941 年 3 月 30 日确定了这个原则，并且发布了一份用法语和德语撰写的通告："为了更好地组织运输、确定价格，禁止生产者（商人和农民）在未经法国军需处授权的情况下运送葡萄酒和烈酒。"[10]

国家葡萄酒贸易联合会在 1941 年 10 月面向法国贸易商发布了声明："为了避免你们和占领当局之间的商贸关系出现任何混淆，我提醒你们，在与他们签订协议的情况下，你们不得向独立的单位——参谋部、军官食堂或军队中的个别部队提供葡萄酒和烈酒。只能满足持有供给部部长和大巴黎指挥官先生签字授权部队的需求。"[11]

国家葡萄酒贸易联合会在1940年10月发布声明，规定了每个葡萄园里德国官方采购员的权力。这份声明直接指出"真诚合作"的条件："交易需要通过联合会在友善的环境下进行；但如果数额不足的话，官方代表有权动用一切手段实现交易数额。"事实上，这些所谓的强制规定从未具体执行过，从一开始，柏林授权的德国采购员就不太可能使用这些规定。德国占领军想要发挥作用完成任务，必须借助于左右逢源的官方采购员，作为中间人，他们既代表了纳粹的权力，又是葡萄酒贸易专家。

当地代表的重要性不言而喻，作为MBF、柏林中央高层和法国公共管理层之间的媒介，这些代表位高权重。他们负责制订采购计划，分发葡萄种植的必备原料（铜器、硫、铁器、玻璃、木栓、木头等），经过他们的多次干预，葡萄酒运输变得更加便捷，也加快废除了出口限制政策，促进了葡萄酒出口许可证的颁发。他们还可以直接反对军队征调葡萄酒，丝毫不给法国政府选择的余地，或者帮助业内人士躲避维希政府的监管、免除强制的税收。

出于以上种种原因，官方代表成为葡萄园内备受尊敬的对话者，葡萄园里的人对他们言听计从，他们的职位也让人垂涎三尺。作为德国经济中负责制定贸易进口限额的中央代理人，他们垄断了利益巨大的葡萄酒贸易。对于所有法国本土葡萄酒行业人士而言，官方采购员给出的报价意味着一次极好的商机，他们应该不惜一切代价抓住机会以获得可观的商业利益。得益于法国向德国支付的巨额战争赔款，每位官方采购员都拥有雄厚的资金，使他们成为葡萄酒市场上唯一真正有支付能力的买家。

对法国葡萄酒的首批掠夺很大程度上是即兴的，没有既定的项目，也没有任何计划。伯默斯、克里毕须、德雷尔和克勒泽在葡萄园内大肆收购葡萄酒，纳入德国经济物资，并从中抽出一部分提供给德国军队。德雷尔收购的第一批日常饮用葡萄酒的数量为4002.4万升。秋天，伯默斯从阿尔及利亚葡萄园购买的3300万升葡萄酒被运送到塞特，之后通过铁路运往德国。这笔交易由伯默斯和位于特雷贝的德雷赛尔商行、位于佩皮尼昂的马蒂商行以及位于贝济埃的贝特利耶商行合作完成。最后，第一批基础葡萄酒交易中还包括官方采购员克勒泽与科多尔省的默尔索葡萄酒贸易商亨利·勒桦（Henri Leroy）达成的2000万升葡萄酒交易。同时，维希政府在德意志国防军的催促下，与克里毕须缔结了为德方运送3960万升普通葡萄酒和"精选葡萄酒"的交易。

从1940—1941年，记录在正式合同中，运往德国的葡萄酒数量估计已经高达132624000升，还不包括香槟酒。但是实际数字远远超过这些。1941年2月起，据法国财政部部长估算，从1940年8月到1941年2月中旬，大约190913000升葡萄酒销往德国。整个掠夺计划中，这个数字达到了3亿升。他补充说，这个数字还不包括在此期间指定提供给占领军部队，预计 8000 万升的葡萄酒。除了这些所谓"合法的"葡萄酒交易之外，还有其他数不胜数的，丝毫不受任何酒候、交易所或餐厅规章监管的葡萄酒在市场上流通，总计大约 5000 万升。

因此，仅仅经历这次毫无计划的掠夺之后，德国已经夺取了大约 4.5 亿升法国葡萄酒，而在战争之前，德国每年从法国进口的葡萄酒总量从未超过 4000 万升。历史上从未出现过别国如此大规模地掠夺法国葡萄酒。首次掠夺期间，法国军队中葡萄酒部门的负责人——格雷文（Grévin）军需长表示，南部地区只剩下蒙彼利埃仓库中的 1000 万升葡萄酒可供出售，远不够伯默斯采购员的需求。他表示，法国士兵在战争期间"每个月消耗了 300 万升葡萄酒"，以至于现在的葡萄酒库存十分紧张。在罗杰·德斯卡斯的命令和伯默斯的要求下，格雷文军需长很快被撤职。尽管出现了这个小插曲，这种"匮乏"似乎并没有让维希政府感到过于震惊，因为法国当时似乎并不缺少葡萄酒。据估计，法国当季可售的葡萄酒约为 110 亿升，其中包括产自法国本土的 60 亿升和产自阿尔及利亚的 20 亿升，此外，法国还有 20 亿升葡萄酒库存，阿尔及利亚还有 10 亿升葡萄酒库存。[12]

1940 年秋天，大型的法国葡萄酒掠夺系统开始运作。实际报价符合官方采购员发布的购买建议，通常由法国当地葡萄酒贸易联盟向法国葡萄酒酿造者传达。德国搜刮大量日常饮用葡萄酒的目的首先在于服务军队和百姓，即满足德意志国防军和德国百姓的葡萄酒需求量。同时，纳粹领导人还要求为显贵、政要、高级官员和德国上层资产阶级劫掠大量优质葡萄酒、利口酒和香槟酒。这些名为"首选葡萄酒"的低产量优质葡萄酒在市场上引发了无数投机行为，是经过认证的、买家永久追踪的商品。无论如何，当地贸易商作为商业中间人扮演着至关重要的角色，他们从无数小规模生产者手中收集普通葡萄酒。他们负责征收、汇集和加工法国产品，然后注入德国商贸流通市场中。

香槟地区的占领军对举世闻名的葡萄园酿造的著名葡萄酒饶有兴趣。负责监管葡萄种植及酿造业的德国办公室设立在兰斯市德索博大道3号，名为"配给中心"。克里毕须与弗兰克·米勒-加斯特尔是这个办公室的领导。这两位军官精通法语，长期以来十分了解香槟贸易圈中的知名人士以及整个兰斯的社会情况。他们的行动时常与爱德华·巴尔特的行动相互关联，后者是德国在另一个香槟之都——埃佩尔奈的起泡酒进口商。配给中心同时会集了数十名军官和士官，他们是主要的执行人员。[13]

1940年夏天，人们开始质疑送往德国的葡萄酒配额。很早就有人在兰斯省会政府的走廊里窃窃私语，人们说这是"1940年停战时签订的秘密条款"之一。无论如何，依靠"部门负责人对兰斯的了解"以及"香槟行会中重要人物的配合"，德国人准确地研究了兰斯酿造和输送葡萄酒的能力。这些重要人物都是香槟商行的主要领导人，来自著名的"联络办公室"，专门负责联系克里毕须。"联络办公室"向克里毕须提供香槟贸易商现有的库存以及年度出货量清单。掌握了这些信息，官方采购员计划第一批葡萄酒收购量为1500万瓶，也就是50周内，每周30万瓶，此外，还要加上提供给"巴黎夜总会"近100万瓶的葡萄酒。最后，300万瓶各式各样、不同配额的起泡葡萄酒（波尔多、勃艮第、索米尔、武夫赖及圣佩赖葡萄酒等）被送往埃佩尔奈，交由采购员爱德华·巴尔特管理。

克里毕须甚至还在"主要配额"中备注了"少量的香槟"，大概"每周2000瓶"，这些酒的"分配"由他决定：首先用来满足"路过官员的需要"，其次提供给反对布尔什维克主义的法国志愿军团以及三禾咖啡股份有限公司的成员及其亲属。这部分酒主要从某些指定的香槟公司征收，其中有凯歌（Veuve Clicquot）、波马利和格雷诺（Pommery & Greno）、王妃（Roederer）、库克（Krug）、岚颂（Lanson）、玛姆（Mumm）、酩悦（Moët & Chandon）、巴黎之花（Perrier-Jouët）和白雪香槟集团（Heidsieck & Cie Monopole）。

除了这些官方掠夺而得的香槟外，德国士兵们还可以在"克里毕须赞助的、某个叫杜维耶（Douvier）的人经营的销售办公室里购买少量的稀有香槟，或者在兰斯市政厅的德国宪兵队的名誉翻译处 [……] 还可以在某个叫比伯（Bieber）的奥地利人那里购买香槟，他的办事处在兰斯的迪奥多尔街上"。其他交易"直接在商家或酿酒商处进行"，德国士兵还可以在类似于黑市的市场上与法国人进行非法交易。[14] 到了交货那一天，所有生产商必须出现。大型酒厂直接向德国仓库供货，德意志国防军组织每月"采集"一次小作坊酿造的葡萄酒。[15]

在波尔多和勃艮第，首批掠夺按照同样的原则进行。没有严格规定的配额，没有采购分配计划，纪龙德葡萄酒贸易联合会集中报价，然后将这些报价递交给伯默斯。官方采购员也可以直接联系葡萄酒库存量能够满足购买计划的业内人士。德雷尔委托博讷的商人联合会在 1940 年秋季通知其成员：德国采购员需要的葡萄酒总量提高到 8000 瓶，每瓶 228 升，"陈年酒"提升到 5 万瓶。联合会的通告指出"清单上只罗列了一部分既定价格"，但"这份清单并非详尽无遗，其他葡萄酒也可以参与报价。[……] 此外，依然有库存可以运往德国的酒厂，也可以提供它们的报价，但是注意要特别标记出来"。[16]

在勃艮第这个葡萄酒贸易之都，德雷尔直接建议贸易商告诉自己他们希望自己购买的葡萄酒类型和数量。[17] 这项提议无一例外地向所有葡萄酒商人开放，官方指定博讷的商人联合会收集所有贸易商的请求。1940 年 11 月起，无数提案纷至沓来。德国官方代表在他的通报中写道："我（他）没有时间回应所有提供给我（他）样品品尝的酒厂，但我（他）都精心品尝了。我（他）衷心地感谢他们的努力，他们明智的选择，使我（他）的工作变得更轻松，感谢他们向我（他）表达的兄弟般的情谊。"[18]

德国买家无须尝试说服仍然不太情愿的当地贸易商，许多人早就主动出击，试图赶在同行前联系上今后真正的大买家。对贸易商来说，德雷尔的提议代表了一个极好的机会：贸易商能够以满意的价格向一个有支付能力的买家出售大量葡萄酒，这个买家（德雷尔）很着急，并不是太在意酒的质量。虽然德雷尔对贸易商的热情感到满意，但他回忆说，作为一名专业人士，他不会被不尊重交易规则的人愚弄，他还说"尽管如此，某些不合理的报价是不宜提出的，而且当有人给我（他）1934 年或 1935 年的葡萄酒样本时，从酒的颜色就可以看出这些酒尚未经过精炼，这无疑是一个错误"。[19]

面对分散且充满竞争性的报价，身为挑选者身份的官方采购员表示自己在选择出口商的同时决定了当时最大市场的准入条件。每个业内人士都明白，得到这个行业最新领导人的青睐就能获得利益。德雷尔提醒那些缺乏理性的酒厂领导："前天会面的时候，我已经询问过你们考虑到目前的市场状况是否已经商量出了一个统一价格。但是我发现自己现在看到的报价十分离谱，与国内市场价格完全不成比例，我想搞清楚这个问题并汇报给我的上级部门。"[20]

"武力"在被占领的葡萄园内毫无用处，得益于几位行业"巨头"和当地葡萄酒联合会积极、完美的配合，柏林的首批掠夺计划在法国如火如荼地展开。波尔多和博讷的葡萄酒业内人士起义反对维希政府强加的税收限制，不过是为了要求简化葡萄酒出口德国的程序。贸易商们向官方采购员反复抱怨维希政府强制征收9%的商业税和1%的出口税。作为回应，德国行政部门向自愿出口的贸易商承诺全额补偿这笔税款，条件是这些公司和庄园必须保证继续接受德国在1941年秋天下发的订单，"数额不少于首批交易的额度"。[21]

面对如此不费之惠，葡萄酒业内人士之间产生了利益冲突，然而国家的利益却被掌握在胜利者（德国）手中。在这种情况下，德国的掠夺机器超负荷运作，与此同时，法国国库是它殷实的资金保证。

▶▷ 母骡与马车夫的合作[22]

葡萄种植及酿造业完美地展现了纳粹在法国实行的大型经济掠夺机制，纳粹意图利用这种机制控制法国的整体经济。进入法国领土后，德国强制大幅提升本国货币马克的价值，该货币由国家银行（Reichskreditkassen）无限量印刷，德国建立了一个利用现代技术对法国展开全面掠夺的制度。1940年6月，德国的第一步行动开始了：迫使法国货币贬值到20法郎兑换1帝国马克。此举立即增强了德国当局的购买力，使占领军捞到不少好处。[23]1940

年夏天起，拥有强大购买力的纳粹士兵们挥金如土，耗尽军饷为家人购买能买到的一切。[24] 然而，柏林最高领导层——希特勒的政府并不满足于这种勉强伪装的"巧取"，纳粹高层正在计划一场范围更广的、覆盖了战败国所有资源的"豪夺"。[25]

为了更好地了解掠夺计划的运作和规模，我们有必要将 1940 年 6 月 22 日在雷通代签订的"停战协定"中的条款[26] 与占领时期德法协商的内容区分开来，后者是德国在签订"协定"之后，对法国在经济和财政上不断强加的无理要求。[27]

事实上，"停战协定"中只规定了德国占领军的维护费用和提高德国马克的价值，除此之外，并没有明确说明德国的经济要求和待执行的财政手段。在雷通代签署的"停战协定"中有两项条款具有决定性意义。第 17 条规定，"法国政府承诺阻止国民进行任何经济财富转移，阻止在非占领区或海外地区转移有待德国军队占领的储备物资"。条款中附加了一句"由于德国政府考虑到自由区人民生活的必要开支，占领区的财物和储备物资也可以供自由区民众使用，但前提是必须经过德国政府同意"。第 18 条规定，"德国占领军在法国领土上的维护费用应由法国政府承担"。

第 17 条规定将法国所有财富交由柏林控制，第 18 条规定狡猾地向法国人民征收巨额日税，这对法国而言完全是毁灭性的。从这个意义上讲，自 1939 年以来，纳粹德国发起战争的首要目标在于对法国乃至欧洲大陆实行全面的经济奴役政策，却以传播纳粹意识形态为幌子，将这个首要目的隐藏其后。然而，若不是数不胜数的中间人（"附敌分子"）与敌方沆瀣一气，这个经济剥削计划也难以成功，他们充当着地方与国家攫取所需利益的中继站，顺便自己也捞些油水。

纳粹政府的全权部长海门（Hemmen）领导了委员会的经济和财政工作四年。这位定居在威斯巴登的纳粹高官亲自组织了一次大规模的掠夺行动，此次掠夺行动是史无前例且冷酷无情的。他在 1944 年 12 月于萨尔茨堡撰写的最后一份报告的序言中辩解说，"停战代表团展开经济活动的出发点 [……] 在于维系随后反抗英国的战争，和之后反抗美国与苏联的战争 [……][这] 迫使德国必须充分利用法国的经济潜力以取得最终胜利"。[28]

向法国征收高额占领费是德国初步收集财富的手段，使德国当局能够支付他们在法国的采购。1940 年 8 月 8 日，德国要求法国每天缴纳高达 4 亿法郎的占领费，"德国军事管理局在法国银行注册了一个信贷账户，以收取占领费的名义每天从法国银行提款"。财政部部长伊夫·布蒂利埃（Yves Bouthillier）指出，保守估计年度占领费接近 1500 亿法郎，超过法国 1939 年（这还是一段军事紧张期）的财政预算。战争时期，平均每位士兵（包括军官领取的军饷）每天的维护费用是 22 法郎，但实际上这笔巨额支出可以养活 1800 万人。法国越是严格（按照协议）向德国缴纳巨额占领费，贸易商和葡萄种植者的葡萄酒交易进行得越是顺利，而这笔缴纳给胜利者的占领费还在不停增加。

正是这些唾手可得的占领费帮助德国掌握了法国的经济命脉，并且勾结当地业内人士迫使法国的经济体系为德国的利益"效劳"。[29] 海门在其报告中说明了 1940 年 6 月 25 日至 1944 年 9 月 5 日期间，法国仅就占领费向德国支付的数额，高达 310.433 亿马克，也就是 6208.66 亿法郎。此外，以"给予意大利人的预付款"的名义，法国继续向德国支付了 5.5 亿马克，即 110 亿法郎。占领期间法国支付的款项共计 315.933 亿马克，即 6318.66 亿法郎，这是战后赔偿咨询委员会确认的数字。[30]

于是，掠夺披上了合法交易的外衣，以至于任何针对贸易商和葡萄种植者的抗议行为变得毫无意义。[31] 德国当局以远远高出战前的价格收购葡萄酒，卖家利用这个机会日进斗金，但买单的却是法国财政部。事实上，这解释了为什么德国军队很少抢劫葡萄园，反而被描述得十分尊重私人财产。偶尔有人说起德军的反例，也总被认为是胡言乱语。

为此，德国还制定了一个德法贸易清算管理机制[32]，规定法国财政部无期限地替柏林政府支付在全法境内购买任何商品的预付款。清算工作由德法清算办公室负责，很快该办公室就成为德国丰富国内供给的重要工具，既合法又免费，显而易见，纳粹当局迅速解决巨额债务将不成问题。这种机制造成的难以承受的负担必然导致法国出现财政和金融危机。与此同时，法国政府还被迫每天交出价值 4 亿法郎的商品。

尽管法国政府急于满足战胜国的要求，但是 1940 年 10 月 4 日，1 德国马克兑换 20 法郎的正式规定还是令人震惊不已。一方面，这意味着法国丧失了货币主权，法郎成为专门服务于德国经济的货币；另一方面，这是对法国货币任意的人为性贬值，然而 1 马克的实际币值不超过 10—12 法郎。毫无疑问，拥有这样的购买力，侵略者将买下整个法国。

作为回应，维希政府试图更加严格地管理对德贸易。因此，商品在被允许出口前，法国贸易商必须完成一些冗长、复杂的行政手续。这些新规则建立在对运往德国的货物征税的基础上，另外，贸易商要向德法清算办公室上交许多证明文件，以获得商品出口的权限。[33]

为了深化监管制度，维希政府根据出口到德国的货物价值对其征收补偿税，巧妙地借此从敌人的结算金额中抽取一部分资金。[34]这项规定直接打击了德法协定中的最大受益者——法国葡萄酒贸易商，但是贸易商立即提高葡萄酒价格以弥补损失。由于补偿税实在不具说服力，最终在 1941 年 4 月 1 日被废除。同时，与帝国有贸易往来的法国贸易公司也必须提交支持他们付款请求的文件，证明支付请求正在处理中。因此，每一个交易商都必须证明提交审查的出口实际上是定期进行的，而且他们的德国客户在柏林已经用马克缴纳了商品出口所需的补偿款。需要提交给德法清算办公室的证明文件十分复杂，但从 1942 年起，法德贸易的结算直接由纳粹金融机构监管，相关程序得到了简化。在葡萄酒贸易中，奥地利经济研究中心（Wifo）、罗格斯、航空银行和军备部门（Heereswaffenamt）发挥了必不可少的作用。这些机构大大加快了葡萄酒的出口速度。[35]

最后，葡萄酒贸易仍然要依赖于德国强加的国家出口条件，并需要维希政府向民众解释。从这个角度来看，法国高层内部矛盾重重，这说明政府内不同团体之间的分歧日益严重。维希政府根据合作的执行进度不断调整政策，一方面不断努力促成法德贸易，另一方面在执行上试图寻找可以证明维系政府掌握行动自主权的余地。

在这种动荡的背景下，随着冲突持续升级，葡萄酒贸易在很大程度上受到越来越严格的监管。然而，葡萄酒业内人士依旧掌握自主权。出于对个人利润的追求，是否将葡萄酒出售给德国仍然由他们自己决定。从这个角度而言，虽然德国驻巴黎中心部门提出的购买要求由维希政府代为传达，但这是在合作政策的框架下强加给维希政府的，并没有强迫任何法国葡萄酒业内人士满足这些要求。在 1942 年 1 月中央饮料供应委员会成立之前，所有葡萄酒的销售和购买仍然是完全自由的。随后，贸易商也可以自由买卖逃过了军需部征调[36]的优质葡萄酒。各个商行只需要提供合法的、双方签订的合同，政府就可以承诺根据他们的要求发放出口许可证。因此，当时的葡萄酒贸易其实是在政治动荡的背景下完成的。

▶ ▷ 葡萄园重组

1940 年夏天，随着法国迅速战败，整个国家沦为德国的奴隶，法国处于一种被遗弃的状态，大多数葡萄园也荒废了。五、六月时，葡萄园里的工人四处流亡，之后德国军队无情地把他们驱赶回来，之前折磨他们的恐惧感变成了对宿命的屈从和绝望。贸易商、葡萄园园主、葡萄种植者和他们的家人返回家园，但却震惊于全国葡萄酒行业令人难以置信的混乱秩序和劳动力的极度匮乏，而后者已经严重影响了葡萄园的工作和葡萄酒贸易。

一些葡萄园在德军入侵期间遭受破坏，比如香槟、阿尔萨斯和勃艮第的葡萄园，不过安茹、都兰、夏朗德或波尔多等地的葡萄园则幸免于难，但是所有葡萄园都严重缺乏劳动力，以至于无人打理葡萄园：修藤、剪枝、拔高藤蔓、摘心、撒硫和用硫酸铜杀菌。无数葡萄种植者、酒商、代理人和雇员死于战乱，此外，还有许多人成为囚犯，被永久剥夺参与葡萄酒经济活动的权利。在勃艮第和香槟，大多数贸易公司失去了半数以上的合格员工，这是一个前所未有的局面，而葡萄种植和葡萄酒贸易需要大量劳动力。这场悲剧贯穿于整个第二次世界大战期间，而后，1943年2月成立的强制性劳务部门（STO）又深化了这场悲剧。只有动员所有男女老少投入葡萄酒的生产中，才能缓解劳动力不足造成的不幸影响。一些大商行或最显赫地区的领导人很早就利用他们的影响力与纳粹当局交涉，希望释放监狱里的葡萄种植者和最有能力的员工，以恢复法国葡萄酒贸易的秩序，这与柏林的利益是一致的。

然而，酿酒商和合格代理商的回归并不能保证葡萄酒贸易活动恢复正常，各地行业人士都遇到了日益严重的原材料短缺问题，这些原材料对葡萄栽培来说是必不可少的。1940年雨季延绵不绝，春天植株病害频发，还出现了几次暴风雨和冰雹这样的恶劣天气，因此这一年收获的葡萄色泽不饱满，成熟度不高，酿造的葡萄酒质量一般，产量也低。如果无法获得对藤蔓栽培而言必不可少的物资，之后的收成可能更加惨不忍睹。

1940年12月20日，在维希举行的第四届葡萄栽培部际委员会会议就原材料短缺这一主题展开了讨论。会议由农业部和供应部部长皮埃尔·卡齐奥（Pierre Caziot）主持，此次会议给了维希政府一个得以研究这个备受瞩目局面的机会。更重要的是，贝当元帅会出席此次会议，会上他向所有人保证"政府将为国家复兴和保护农民的工作提供援助"。部长表示，虽然几个月前葡萄酒市场还不曾出现"可能令人担忧的困难"，但是，从原材料供给的角度来看，如今葡萄栽培正处在令人不安的局面中。化学处理疾病的方式逐渐消失，生物传染病开始侵袭葡萄园，这个挑战更加严峻。

铜（铜粉和硫酸铜）、铁（金属丝）和软木等物品的短缺加剧了葡萄酒行业活动的不稳定性。[37] 自法国领土被入侵以来，法国就成为封锁对象，葡萄栽培必不可少的杀菌剂等产品的进口也被限制。没有了智利的硝酸盐、摩洛哥的磷酸盐和阿尔萨斯的钾肥，法国化学工业也主要用于生产战争武器，因此生产（用于培育葡萄藤的）肥料的原料也发生了改变。

尤其是硫黄和硫酸铜的供应问题最引人注目，更核心的问题在于从哪里寻得这些产品。爱德华·巴尔特建议葡萄酒协会和当地合作社在他们的社区中组织回收旧铜，以增加原材料的资源。鉴于"对硫黄和硫酸铜的需求是刻不容缓的"，当地所有行业人士都加入了寻找硫黄和硫酸铜的队伍。所有地区还都缺乏杀菌剂，这不但"危及葡萄栽培"，葡萄园一旦发生白粉病或霜霉病，极有可能产生"灾难性的后果"。业界代表表示："（问题发生后）当局立即联合实业家推动这些化学品的进口、加工和制造 [……]工厂竭尽全力寻求生产原料 [……] 政府采取了有力、严格的措施打击任何垄断、价格投机的行为，杜绝任何计划外的订单交易。"[38]

铜的供给问题十分严峻，若使藤蔓免遭霜霉病，每公顷葡萄藤需要撒 100 公斤硫酸铜，这就需要 25 公斤金属铜，整个法国拥有 180 万公顷葡萄园，那么每年必须保证生产 5 万吨金属铜。生产硫酸铜的原材料是铜、硫酸和木炭。法国本土没有铜矿资源，战前，珍贵的矿石资源来自加丹加、比属刚果，还有小部分来自西班牙的力拓或者美国。生产硫酸则需要来自西班牙韦尔瓦矿山的黄铁矿。军事冲突与随之而来的封锁使这些金属无法进入法国，然而铜对于军事工业、农业、电力行业以及家庭生活而言，都是必不可少的战略物资，尤其是电力行业对于铜的需求量十分巨大。多年来，所有用其他产品（例如亚甲基蓝、喹啉和石灰乳）替代硫酸铜的尝试均以失败告终，硫酸铜对葡萄栽培的作用不可替代。[39]

硫黄的问题同样严重。德国成为意大利硫黄的主要出口国，法国无法给出令人满意的价格购买硫黄，而德国又控制了所有化学原料，使得法国更加求购无门。

缺少杀菌剂（尤其是硫酸铜）严重影响了法国葡萄园，在德国官方代表的影响下，维希政府获得了大量原材料，业内人士因而极度依赖维希政府。所有生产者还面临着变幻莫测的气候影响，这些因素都可能引发霜霉病。另外，持续干旱天气助长了白粉病的蔓延，尽管这种疾病对葡萄园的危害较小，但也可以在短短几天内摧毁上千公顷葡萄藤。

部际委员会报告称玻璃供应也面临同样的困境。[40]整个法国缺少煤炭，以至于大多数为瓶装葡萄酒贸易商供应玻璃瓶的工厂不得不在 1940 年的秋季减少玻璃瓶产量。然而，与此同时，葡萄酒销售量飞速增长，玻璃制品供不应求。那时起，玻璃工厂获得当地联合会代表的许可并咨询过德国官方代表的意见之后，可以给每家葡萄酒商行出售一定数量的玻璃瓶，但数量需要严格遵守德国向各家商行下发的订单量。最后，各个商行必须定期向玻璃工业和相关商贸组委会提交玻璃瓶需求声明，以确保优先将玻璃瓶用于盛装出售给德国的葡萄酒。

　　玻璃资源紧缺促使各地回收酒桶和葡萄酒瓶，德国政府给予香槟地区的贸易商优先使用葡萄酒瓶的特权，他们的葡萄酒几乎都是装在玻璃瓶里运输的。在香槟地区的葡萄园里，克里毕须"在当地诸多运营商的热情帮助下"组织香槟酒瓶的收集和运输工作。德国人运走的香槟酒瓶按照特殊价位——"国防军价格"支付。"国防军价格"符合香槟地区葡萄酒品牌的价格，并且"与法国官方价格成比例，两者之间的差异在 25%—30% 之间"。[41]

　　向葡萄酒中加糖是波尔多和北部葡萄园里常见的酿酒方法，因此这些地区需要定期供应蔗糖。1940 年夏天起，甜菜和甘蔗提炼的蔗糖数量不断减少。7 月 15 日颁布的一项法令禁止向葡萄酿造品或第二批酿造的葡萄酒里加糖。人们设法往葡萄酒中添加浓缩度为 36°—37° 的葡萄汁来弥补蔗糖的缺失，这样高浓缩度的葡萄汁可以作为甜味剂，甜度几乎达到蔗糖的 80%。但是两种酿造方式的成本价格显然没有可比性。零售商出售甜菜糖的价格大约是每千克6.75法郎，然而每千克浓缩葡萄汁的价格为15—18法郎。除了成本过高、甜味不足之外，生产工艺的不可兼容性使浓缩葡萄汁无法用于酿造起泡酒和香槟酒。显然，用浓缩葡萄汁替代蔗糖并非长久之计。与此同时，鉴于葡萄栽培的紧张局势，人们需要在"葡萄酒酿造法令"中严格记录糖的配额，并根据德国政府代表的建议分配糖量。

最后，葡萄酒的运输和油罐车的分配也是值得关注的问题。通信秘书处的秘书长与油罐车分配专业组的组长关系密切，前者承诺公平公正地为贸易商和葡萄园园主们分配油罐车。葡萄酒行业人士也担忧电力、汽车燃料的资源限制问题。更严重的是，直到1940年秋季，一条完全封闭的分界线[1]仍然横穿法国。42 这条分界线切断了许多葡萄园（例如上勃艮第地区的葡萄园）的传统供货路线。在波尔多，新的分界线切断了利布尔讷、朗贡、巴扎斯这几个葡萄酒庄园的原材料、铁和木桶的供应路线。再往北去，沿海的夏朗德省整体上已被德军占领，但是省内的66个市镇依然属于维希政府管辖。分界线穿过拉罗什富科和沙瑟讷伊，也切断了该区域的商业往来。克涅克的制桶业则一直缺少来自利穆赞的木板和酒桶圈。

---

[1]　分界线指第二次世界大战期间南部自由区与北部占领区之间的界线。——译者注

秩序混乱、资源短缺，每个人都注意到了大环境的这些根本变化，而这些变化将会影响整个葡萄酒行业。法国笼罩在一种狂热的向德国出售葡萄酒的氛围中，葡萄酒产能过剩的危机逐渐演变为产量不足。在维希，财政部、国民经济部和供给部的代表与高官们认为，一方面法国需要大量生产葡萄酒以满足德国政府的要求，另一方面法国人民也需要葡萄酒供给，如果此时按照"葡萄酒法规"执行严格限制生产的政策是荒谬且不合理的。

维希政府颁布了三项决议，我们有必要说清楚这三项决议的内容，因为这与法国半个世纪以来执行的监管方向背道而驰。一方面，多年来法国禁止葡萄酒成为私有财产，这一禁令因为侵犯财产权而饱受批评，维希政府逐渐废除了这一法规。另一方面是命令所有葡萄园面积超过 5 公顷的园主开辟出一部分土地种植其他作物。最后，1940—1941 年期间，难以逾越的运输问题使北非产量过剩的葡萄酒无法进入法国，政府要求阿尔及利亚产区以外的葡萄酒取消蒸馏工序以提高葡萄酒产量。

维希部际委员会颁布的这三项决议是史无前例的，也是法国监管体系上前所未有的倒退。有些人认为，此次葡萄酒法规的修订迈出了该法规瓦解的第一步。对许多葡萄酒贸易商来说，这些决定推开了这个行业逐步走向自由化的大门。于是，批判"旧监管制度"的声音此起彼伏，旧制度被认为是完全过时的。

一场激烈的"战役"在巴黎爆发了，矛头直指造成法国葡萄酒短缺的"罪魁祸首"。有些人认为，爱德华·巴尔特和他的"同谋"负有不可推卸的责任，在"葡萄种植者利己主义"的支持下，他们倾向于制定一个更严格的监督葡萄酒生产的政策，借此抬高葡萄酒市价。[43]1941年春天，巴黎媒体发表了几篇文章，将"葡萄酒法规"谴责为"哄抬价格的机器"。文章上写道"葡萄酒消费尚难以满足，这个时候坚决不能容忍一个注定会破坏部分收成的机构"。

为了解决这个由于混乱和匮乏而不断加剧的历史性争议，维希政府在"行业组织"中看到了一项新政策，貌似可以调和权力中心两派对峙的矛盾。1940年12月2日颁布的法律规定了"行业原则"，事实上，对这些原则的肯定奠定了（贝当元帅发起的）民族革命框架下新农业政策的基石。受法西斯邻国，尤其是意大利和葡萄牙的启发，维希政府实施新政以支持地方、全国工会和部门委员会对葡萄酒行业进行大规模改组。改组的目的是在每个葡萄园树立一个准则，让生产利益与贸易利益紧密相连。

如此一来，香槟葡萄园面临着巨大的压力。占领者依靠大型贸易公司的技术手段、各个部门与规定供应范围内的贸易紧密地联合，对香槟进行了大量无序的掠夺，香槟由此成为占领军入侵最全面的葡萄种植区。1940年夏天以来，克里毕须和香槟主要贸易公司的领导在同一个联络办公室工作。[44]临时负责将各方利益联系在一起的机构是非官方的，而且这个机构忽略了很大一部分葡萄种植者的利益。于是，政府在 1940 年 11 月 20 日颁布的法令中规定设立香槟葡萄酒销售办公室，这个办公室的职能是规范香槟地区的葡萄栽培方式并管理葡萄及葡萄酒贸易，考虑到贸易商和政府自身的利益，还要保证交易价格。[45]

起初，德国政府并不看好这个办公室，但是经过多次谈判和部长的直接介入后，该办公室最终得到了认可。这个办公室位于埃佩尔奈，1940 年 12 月 11 日召开第一次会议，1942 年 5 月 6 日解散。[46] 同时，葡萄酒贸易和葡萄酒生产的领导人在 1940 年年底联合成立了一个跨行业的组织。

几个星期后，即 1941 年 1 月 5 日，基于同样的原则，一条新的法令规定设立白兰地葡萄酒和烈酒办公室。正是这个机构每年为科涅克产区的葡萄酒和烈酒制定最低销售价格。香槟地区的情况也是如此，葡萄酒销售办公室要求生产者和贸易商将大量葡萄酒出售给指定买主，命令他们在葡萄酒销售办公室的监管下销售原有库存，还规定生产者和贸易商必须上报计划酿造葡萄酒的数量，以及现有的葡萄酒数量。总而言之，只要是葡萄酒销售办公室认为有用的经济信息都必须向上级传达。最后，这个葡萄酒销售办公室还宣布了它认为必要的制裁措施。[47] 同年 9 月 11 日，维希政府下令按照上述两个办公室的模式设立阿马尼亚克葡萄酒和烈酒贸易办公室。同时，第一个跨行业葡萄酒委员会在法国诞生。这是一个受行业意识形态影响，用于制定葡萄酒行业纪律的工具，不同于别的机构，面对占领者日益增加的需求，这个委员会选择一味屈从。

1941 年 4 月 12 日，香槟地区的跨行业葡萄酒委员会正式成立。[48]1941 年 7 月 10 日，香槟葡萄种植者联盟的年度大会在埃佩尔奈举办，莫里斯·多雅担任大会主席，并在会上向香槟葡萄栽培的代表们宣布了委员会的成立。出席年会的还有马恩的省长勒内·布斯凯（René Bousquet）、德国政府的官方采购员克里毕须和他的副手弗兰克·米勒–加斯特尔。接下来的几个月，委员会陆续公布了它的组织模式。[49]1942 年 5 月 6 日确定了委员会的下属部门。[50]设立这个委员会得到了贸易商联合会前主席贝特朗·德·蒙（Bertrand de Mun）和勒内·布斯凯的支持，这两个人物在贝当元帅和皮埃尔·赖伐尔（Pierre Laval）身边十分有影响力。

香槟葡萄酒委员会负责将 5 万多名生活在香槟地区，各行各业的人士集中到同一个部门，并且给他们制定共同遵守的法则。几个月内，香槟葡萄酒委员会逐渐成熟，迅速成为法国其他葡萄园的典范。这个委员会纪律严明、团结一致，不可避免地激励了所有期盼市场恢复秩序的人，其中需求最迫切的就是葡萄酒贸易商。在分享葡萄酒增值收益和确保有充足的葡萄酒可供交易之间寻得一个折中点，这是该委员会取得的成就之一。然而香槟地区依赖性较强的贸易商无法和占优势的大贸易商相提并论。资金规模、生产设备和分销渠道是葡萄酒得以"生产"的保证，香槟地区依赖性较强的葡萄酒贸易商反对大规模的中介交易，但是这些商人若想加速解放葡萄酒贸易就不得不依赖于德国官方采购办公室派遣到葡萄园里的中间人，他们人数众多，有些是公开的官方采购员，有些是秘密的地下采购员。

委员会的执行办公室由分别代表贸易商和农民的两位代表领导，由一名政府专员协助。但是政府专员人微言轻，只是一个从不使用否决权，审慎、温顺的公务员，办公室基本由另外两个人领导。1941 年开始，罗伯特·德·佛格（Robert de Voguë）作为贸易商的代表，莫里斯·多雅作为农民的代表，两人是站在香槟葡萄酒行业金字塔顶端的人物，领导着整个香槟地区的葡萄酒行业。

这些人发挥的作用比委员会更重要，他们是香槟地区的代表们和德国采购员克里毕须之间唯一且不可或缺的中间人。1941 年春天开始，每周一次的委员会例会在配给中心召开，出席会议的有埃佩尔奈的酩悦香槟商行主席罗伯特·德·佛格先生、跨行业葡萄酒委员会总代表福尔蒙先生（M. Fourmon），酩悦香槟商行部门经理沙贝先生（M. Sabbe），以及酩悦香槟商行领导杜瑟利尔先生（M. Ducellier）。会议召开过程中，指定的代表会讨论交付给德国的葡萄酒数额、所提供香槟的价值、货币的兑换汇率、葡萄栽培必需的原材料、流通许可证以及葡萄酒贸易的一般行情。在这些会议上，克里毕须从未忘记"通过提出一些不合理的报价来刺激法国供货商的好胜心"。虽然会议的氛围显得非常紧张，但是人们在辩论的时候总是很礼貌，而且法国的葡萄酒行业人士也非常愿意配合，他们总是急于确定"真诚合作"的条件，有争议的是销售价格，而不是销售数量。[51]

作为维希中央权力的中继站，跨行业葡萄酒委员会是政府采取分权措施的工具，目的是确保葡萄酒行业维持最佳的稳定、平衡状态，以满足德国对香槟葡萄酒的巨大需求。但是这个委员会还代表着香槟葡萄酒贸易的力量，它是向纳粹德国交付葡萄酒的唯一真正的保证人，然而当前的任务非常繁重，因为市场已经完全迷失了方向。

▶ ▷ 被管理的市场和黑市

在德国政府的监管下，法国当局对葡萄酒市场进行重组，以应对无法回避的资源短缺问题，并试图遏制日益壮大的黑市。对于生产者和贸易商来说，这是一个前所未有的局面，迄今为止他们依然面临着周期性产能过剩的危机。但各类葡萄酒受影响的方式不尽相同，在此我们需要明确区分普通葡萄酒（日常消费的葡萄酒）市场和享有原产地命名的优质葡萄酒市场：在德国和法国供给部的联合要求下，普通葡萄酒的需求量日益膨胀，而享有原产地命名的优质葡萄酒则因法外之徒的投机行为损失惨重。

关注的焦点在日常消费葡萄酒的控制问题上，这些葡萄酒已被列入食品配额的第一份清单中，并按照 1940 年 7 月 30 日颁布的法令交税。几个月后，也就是 10 月 21 日，政府发布了一份"价格宪章"用以丰富监管条文，其中详细罗列了每种产品的价格和数量。曾经在法国以极低价格销售的日常饮用葡萄酒也变得稀缺昂贵。几周后，只有拥有配给票的顾客才能购买葡萄酒。法国当局打算强行向类似的日常用品征税，借此回应合作伙伴德国的迫切需求。事实上，法国财政部和外汇局对供给部迫切需要养活国内人民的问题熟视无睹，坚持要求供给部履行贸易协定，向德国出售各种日常用品。

1940 年秋天开始，被德国占领的葡萄园损失惨重，每天都有几十辆装满货物的油罐车驶向德国。维希政府的实权在几个权力核心之间游移不定，1941 年 1 月，政府突然下令严格限制出口产品运输凭证的数量。此举是从法国平民利益出发的官方选择。1941 年 7 月 4 日，贸易商联合会发布了一份通告补充表示，由于民众食物供给的困难日益加剧，无限期暂停颁发非法定产区葡萄酒的出口许可证。1941 年 8 月 6 日，政府正式宣布禁止非法定产区葡萄酒出口。

与之相反，在优质的法定产区葡萄酒市场上，产品的贸易是自由的。但这个市场在一个更复杂的监管体制下运行，由行政部门制定贸易的税收和产品的销售价格。自 1940 年秋季以来，政府向所有出售的葡萄酒征收 20% 所得税，在此基础上，出口到国外的葡萄酒还需加征 1%—9% 的出口税。后来，1942 年 4 月 17 日通过的法律规定以 3% 的生产税取代 9% 的出口税。实际上，出口价格中已经包含了德国代理商赚取的 5% 的提成和官方采购员收取的 2% 的手续费。商品标签上必须标记"法国"（Frankreich）和采购员的名字。与此同时，政府要求贸易商提交库存清单，限定了在法国出售葡萄酒的最大商业利润空间。这些"利润空间"构成了行业人士猛烈抨击的监管体制。

在国家及其多个部门代表的共同作用下，监管力度大大加强。此外，政府规定贸易运输必须持有"区域间运输特别许可证"——这是得到当地占领军司令部许可后，由供给部发放、经商会和相关贸易商联合会认证的许可证，这项规定进一步加强了政府的监管力度。此外，国家开始分发"运输凭证"用于分配油罐车。运输凭证由公职人员（法国葡萄酒、苹果酒、烈酒和利口酒的全国贸易商联合会主席以及全国葡萄酒和烈酒进口与分销小组的分支成员）按照前一年各省登记的出口比例发放给地方贸易商联合会，再由地方贸易商联合会发放给葡萄酒业内人士。这些运输凭证必须首先提交到位于巴黎的全国葡萄酒和烈酒进口与分销小组，获得这个机构的许可后下发到油罐车操作专业小组，然后在上面加盖所有葡萄酒运输必需的印章。[52]

因此，维希政府对法国经济的控制似乎主要表现在密切监管葡萄酒行业，尤其是葡萄酒商贸活动上。1941 年 5 月 4 日通过的法令规定葡萄酒贸易必须接受贸易组织总委员会及其下属的"12号委员会"的监督，"12 号委员会"的全名是"原产地命名葡萄酒、烈酒、开胃酒、香槟、起泡酒批发贸易委员会"，该委员会的最高领导人是波尔多的贸易商克鲁斯先生（M. Cruse）。与此同时在巴黎还有一个"12 号委员会乙"，由加布里埃尔·维尔迪耶（Gabriel Verdier）领导，负责批发日常消费的葡萄酒和苹果酒。每个商行都登记在其中一个委员会里，因此它们要向委员会内部的自治财会部门（CARCO）缴纳会费。正是在这种环境下，葡萄酒价格开始飙升，所有非葡萄酒行业的人都对葡萄酒不合理的价格感到惊讶。

《里昂记者报》在 1941 年 8 月这一期上刊登了该报社一名位于维希的记者的话，该记者表示普通葡萄酒已经消失殆尽了，只剩下"45 法郎一瓶的"。这句话"在维希和其他地区的餐馆里"经常听到，反映了当时人们经历的荒谬生活，"要想喝一瓶葡萄酒必须花掉两顿饭的价钱"。这名记者说："让人们感到苦涩的不是葡萄酒本身，而是它的价格，市场上的普通葡萄酒越来越少，葡萄酒的价格也越来越高。"[53]

爱德华·巴尔特认为优质葡萄酒市场上存在着"真正的毫无节制的滥用"。许多酒店的"普通葡萄酒消失"了，它们只提供"密封的酒"，甚至将"葡萄酒装在醒酒瓶中，谎称是法定产区葡萄酒"送上桌。欺诈现象比比皆是，数量多到难以估计。这些葡萄酒的价格是"天文数字"，"有时候越是品质平庸的葡萄酒价格越高"。他还说起自己"曾经在一家餐厅的经历，食物的费用是18法郎，但是一瓶葡萄酒的价格是24法郎"。在另一家餐厅，"一份套餐22法郎，但是最便宜的一瓶葡萄酒卖到40法郎"。最后还有一家餐厅，那里"最便宜的一瓶葡萄酒也要36法郎！"尽管价格如此高昂，葡萄酒的品质却不尽如人意。虽然他承认"其中一个餐馆提供了一瓶货真价实的上乘风车葡萄酒"，但在其他餐馆里，"毋庸置疑，那些所谓的博若莱葡萄酒"只不过是一瓶"最普通的葡萄酒"。"难道要任由这种宰客的行为继续下去？"爱德华·巴尔特质问道，"全国原产地命名控制委员会的委员们难道愿意眼睁睁地看着人们糟践法国葡萄酒吗？没有人发现其中的危机吗？民众将会很高兴获悉相关整肃行动以及所取得的成果，全国宣传委员会为这项行动投入20万法郎，全国原产地命名控制委员会也参与其中，当务之急是结束这场史无前例的丑闻。"[54]

我们看到越来越多的"家酿葡萄酒"和替代性葡萄酒出现在餐桌上。其中一些被称作"24小时葡萄酒"和"一夜葡萄酒"的产品由"淡红色"葡萄酒勾兑而成，这些葡萄酒由各种各样高产量的葡萄酿造而成，比如山坡种植的阿拉蒙、佳丽酿、仙梭、格勒纳什甚至还有一些杂交葡萄。还有好几种将葡萄干、苹果和梨等水果混合在热水中生产的酒，这种新的混合饮料以"葡萄酒"的名义非法出售。

政府担心这种局势会愈演愈烈，遂下令加强管制。同时，还颁布了一项法令，确定一部分法定产区葡萄酒的价格，比如波尔多红葡萄酒和白葡萄酒，科多尔省的桃红葡萄酒和白葡萄酒，都兰山坡地区的白葡萄酒、红葡萄酒和桃红葡萄酒，南特麝香白葡萄酒和罗讷河谷山坡地葡萄酒。但是，系统地给所有法定产区葡萄酒规定价格是不可能的。事实上，这些葡萄酒本质上是"奢侈品"，其品质和价值取决于许多难以估量的因素，而这些因素无法强制监管。唯一可行的办法是准确评估以往法定产区葡萄酒的收成价值以及市场上的售价。只有比对以往的价格，才能确定可能的增长幅度。为此，财政部和农业部决定在各大法定产区葡萄酒的产区成立地区委员会，负责审查法定产区葡萄酒的生产并确定价格。

然而，葡萄园里的酒价仍旧肆意增长。一阵狂风吹过波尔多，把葡萄酒的价格抬到了顶峰。葡萄种植者不再提供各种可选择的产品，"少许卖家对一桶波尔多红葡萄酒或白葡萄酒的要价为2.5万法郎，一桶1940年酿造的圣埃斯泰夫葡萄酒卖到3万法郎"。适用于1941年的税收法将所有葡萄酒纳入收税范围。[55] 按照滴定分析法，1941年10月17日的法令规定每桶900升的波尔多红葡萄酒或白葡萄酒的价格为6100—9900法郎。每桶228升普通勃艮第葡萄酒的价格是 1300—1650 法郎，勃艮第比诺葡萄酒的价格是 3500—4200 法郎。安茹葡萄酒的价格是每百升 500—1440 法郎，都兰山坡地区的白葡萄酒价格是 720—900 法郎每百升，南特麝香白葡萄酒的价格是 700—1350 法郎每百升。罗讷河谷山坡地葡萄酒的价格达到每百升 950 法郎，如果酒精度数超过 10.9°，每增加半度，价格上升 180 法郎。德龙省的红葡萄酒价格是每百升 1100 法郎，阿尔代什省的白葡萄酒价格是每百升 1350 法郎。1941 年 11 月 27 日的法案对上述法令进行了补充，又确定了一批法定产区葡萄酒的价格。

然而事实上，黑市制定了自己的规则。黑市上一瓶不交税的勃艮第红葡萄酒的交易价格超过 150 法郎，1921 年的梧玖庄园葡萄酒和 1923 年的香贝坦葡萄酒的黑市价格为每瓶 180 法郎和 220 法郎。至于香槟，大瓶的 1918 年的朗松葡萄酒和 1911 年的酩悦香槟高达 430 法郎和 500 法郎，一瓶查尔特勒酒的价格高达 1450 法郎。更加闻所未闻的是这些葡萄酒的境外价格，它们在法国的售价已经过高，但是借用中立国家发起的贸易航线将葡萄酒转卖到意大利、德国、甚至英国或美国之后，售价翻了三倍到四倍。[56]

在这种情况下，所有葡萄园主都强烈抵制出售葡萄酒，所有的贸易商都缺酒。在一些法定葡萄酒产区，由于酒精浓度不足，省政府下调了可获得法定产区命名的葡萄酒酒精度数。人们惊讶地发现，尽管这些葡萄酒品质不高，但是征税的价格竟然是前一年的四倍。主要种植区的葡萄酒产量减少到 4.5 亿升，阿尔及利亚产区也只能再提供 5000 万升葡萄酒，由于占领军需求巨大，黑市上的葡萄酒数量呈爆炸式增长，可供全法国消费的葡萄酒数量不足前一年的一半。

为了更好地分配贸易销售，各省贸易商可获得一定份额的"代金券"，这些"代金券"相当于支票，他们可以使用这些代金券收购葡萄酒。但是 1941 年夏季期间，勃艮第和波尔多的许多贸易商很快发现自己的代金券"已经无法以税价收购葡萄酒"。一些贸易商请求地方当局允许他们以"高于税价"的价格购买葡萄酒，这样就可以在"为买家设定的价格"基础上提价。这项提议被否决了，也不能解决根本问题，"部分葡萄酒库存消失了"。但是，每个人都明白，酒还是有的，"人们也知道它们藏在哪里"。[57]

自 1940 年秋季以来，许多行业人士隐藏了他们的葡萄酒。我们在隐蔽的地窖、填平的井里和堆砌的暗墙后找到了葡萄酒。在埃罗、加尔和奥得相邻的山地省份，在香槟、奥布、勃艮第、波尔多和夏朗德省，众所周知，许多葡萄种植者私藏了至少可以供应两年的葡萄酒库存。经销商、酒店经营者、餐馆老板，也都有着类似的库存。

藏匿这些葡萄酒当然不是为了抵抗德国占领军。相反，经历过 1940 年夏天的疯狂销售之后，投机分子为了减少市面上流通的葡萄酒私藏了许多葡萄酒，物以稀为贵，供给越少价格自然越高。贸易商以滴为单位计算，悄悄地将葡萄酒卖给出价最高的人，也就是德国人。买卖双方直接交易，就像 1941 年 10 月 16 日科多尔省圣奈的葡萄种植者和贸易商让·胡（Jean Roux）所做的那样，这种交易对他来说习以为常。他因为经常和当地的德国军官共进晚餐而出名，习惯于出席各种节日晚会，有时是非常奢侈的晚宴，在这类晚宴上，会有被派来陪同德国官员的"小女人"，他们还会饮用大量的烈酒和葡萄酒。得益于这种人际关系，让·胡与一位从第戎来的德国军需处官员谈妥了一笔交易。这笔口头交易在他圣奈的家中谈成，没有发票，也没有书面证明。他们约定分三次交付葡萄酒，交货地点位于第戎伏尔泰大道，德军的随军流动货摊负责接收货物，然后由德意志国防军的卡车运走。首席财务官和中尉哈肯（Haaken）负责现场付款。每次交付的钱款都是"事先绑好的"。第一批货到达时，军需官的反应"表现出了他对法国货币的蔑视"："Also bitte, zählen Sie schnell, dass wir eiligst von diesem ganzen Papierzeug loss werden."（我拜托你们了，快点数吧，这样我们就能尽快摆脱这些废纸——papierzeug 的意思是纸制品，但是是贬义的。）箱子里装满了纸币，他从中掏出了一大堆钞票，这表明这位官员可以随意支配无限量的钱款。傲慢的军需官私吞了让·胡为"这次交易准备的礼物"——12 瓶科涅克和勃艮第葡萄酒。在德意志国防军的保护下，让·胡向法国政府申报的葡萄酒数量微不足道，他自己则花大量的时间来满足德国占领军源源不断的需求。他不再向法国供给部供货，并且利用身边的关系保护自己免受任何形式的监管。正是在这种环境下，类似的交易不断增加，1941—1942 年期间，德国对法国展开了新一轮的劫掠，然而这次掠夺行动经历了前所未有的困难。

3. 大动荡

　　1941 年，新一轮有计划的葡萄酒掠夺运动展开。1942 年，黑市交易占领葡萄酒市场。此时的葡萄酒市场，沉浸在一个开放的贸易"游戏"中，但这个游戏巧妙地隐藏了许多标准和规则，这严重影响了葡萄酒市场的发展。

▶ ▷ 新一轮掠夺行动的困难和禁酒主义的重现

与第一次盲目的掠夺行动相反，1941年春天，新一轮的掠夺由柏林精心准备、策划，然后传达给德国官方采购员。官方为德国经济制定的葡萄酒总采购量为2亿升，其中包括4500万升日常消费葡萄酒，3000万升阿尔及利亚葡萄酒，5000万升用于酿造高度数葡萄酒的基础葡萄酒，3000万升用于酿造起泡酒的基础葡萄酒，1000万升苦艾酒和3500万升"精选葡萄酒"（法定产区葡萄酒与利口酒）。

然而，展开新一轮掠夺行动的历史背景很不理想，收成疲软、运输困难（尤其是运输阿尔及利亚葡萄酒的海上航线）、"看得见"的葡萄酒库存迅速减少，这些情况都让维希政府倍感担忧。在这种情况下，1941年9月13日维希政府颁布了一项新的法律，优先关注大城市的葡萄酒供应。之后，所有在1941年之前以及1941年收获的超过家庭消费需求的葡萄酒（包括商业库存）都"由农业部和国家供给秘书处监管"。

1942年1月2日，政府沿袭上述法案成立了中央饮料供应委员会。该委员会由罗杰·德斯卡斯领导，国家供给秘书处任命他为委员会主席，同时还任命了11名委员会的成员。这个行政机构负责的范围涵盖了日常消费葡萄酒、起泡酒、法定产区葡萄酒、天然甜葡萄酒、开胃酒以及烈酒、利口酒、糖浆、果汁、啤酒和苹果酒的供应问题。它的职能是为制定国家饮品清单和分配计划做准备，并且指导相关技术执行。委员会的权限范围覆盖大都市所有进口的和本国生产的饮料市场以及它们的库存。中央饮料供应委员会还负责给每个省分配代金券，在大都市港口的码头分发采购票用于购买来自北非的葡萄酒。中央饮料供应委员会的决定对所有进口商、生产者、合作社、贸易商、中间人和分销商都具有权威性。这些决定都符合与德国积极合作的精神，目的是满足德国所有的交付要求。

因此，伯默斯负责征集的4500万升日常消费葡萄酒由中间人罗杰·德斯卡斯确认的六个葡萄酒商行提供。这些商行分别是特雷贝的德雷赛尔（Dressayre）、佩皮尼昂的马蒂（Marty）、贝济埃的贝特利耶（Petrier）、尼姆的泰西耶（Teissier）、马尔芒德的索维亚克（Sauviac）和塞特的杜本内（Dubonnet）。在法国南方地区，蒙彼利埃、贝济埃、卡尔卡松、佩皮尼昂的贸易商联合会领导人直接向这些出口商行提供日常消费的葡萄酒。德国进出口购买小组命令伯默斯额外征集3000万升阿尔及利亚葡萄酒。至于酿造高度数的5000万升基础葡萄酒，基本都被运送至夏朗德省，由克勒泽监管，它们由科多尔省默尔索的勒桦商行及其子公司勃艮第酒业公司提供；剩余部分配额由科涅克的库舍涅桔酒（Cusenier & Cie）商行、夏朗德葡萄种植者合作联盟、布朗扎克的韦尔多

（Verdeau）商行、瑟贡扎克的理查德商行、圣特的奥德里（Audry）商行、科涅克的布蒂利耶 – 德洛里耶（Boutillier-Delauriers）商行、内格里尼亚克的高里亚德（Gaudrillaud）商行、科涅克的葡萄园园主—酿造者联盟、圣昂德雷德利东的莫林商行确保提供。官方采购员爱德华·巴尔特、贝克尔（Becker）和奥普费尔曼负责的3000 万升用来酿造起泡酒的基础葡萄酒由蒙特里沙尔的蒙穆索（Monmousseau）商行、昂布瓦斯的福尔茨（Foltz）商行、蓬德内沃的索林（Thorin）商行、皮托的香槟葡萄酒马恩公司、波尔多的科迪亚商行和贝济埃一家名为路易·胡可的儿子们公司提供。伯默斯购买的1000 万升苦艾酒也是这家路易·胡可的儿子们公司承诺提供。最后，伯默斯、赛格尼茨和爱德华·巴尔特负责的3500 万升的"精选葡萄酒"（法定产区葡萄酒和利口酒），由贝济埃的西亚坡（Siapo）商行、利布尔讷的阿诺多尼科（OEnotonique）商行、纪龙德、博若莱、马孔地区葡萄酒联合会、博讷勃艮第葡萄酒联合会及罗讷河谷葡萄酒联合会提供。除了这些民众日常饮用的葡萄酒配额之外，还要加上克里毕须为德国军队购买的葡萄酒；据估计，这笔掠夺数字高达 2685 万升，这还不包括无法量化的黑市里的交易。[1]

　　正是在德国征收葡萄酒的强压下，维希政府决定再次强化反酗酒政策，1939 年法国进入战争之后这项政策已经开始执行。从那时起，葡萄酒和酒精饮品大量减少，很大程度上助推了劣质酒精饮料的增加，有时候这些劣质饮料的成分令人震惊，主要是葡萄的副产品和掺假的酒。维希政府急于维持其已宣布的"国家复兴"政策的论点，反对假酒和酗酒完全符合当时定量配给的困境。

20 世纪 30 年代，法国一直大力开展禁酒运动，禁酒运动早在第一次世界大战期间就经历过一段辉煌的时期，这一决定性事件促使法国重视对"内部敌人"的打击。神圣的禁酒联盟依赖于一张强大的全国性网络，数以百计的社团和地方禁酒运动共同织就了这张网络，他们统一战线与工业酒精展开斗争，和法国高质量葡萄酒相比，这些工业酒精被称作"德国鬼子"的毒药。最具标志性的措施无疑是按照 1915 年 3 月 16 日颁布的法案，禁止在法国酿造、流通和发售苦艾酒以及类似的利口酒。法国葡萄酒的劲敌是一款名为"绿色仙女"的苦艾酒，通常也被称为"死水"，这款酒和"条顿烧酒"十分相似，也正是因此，为了捍卫位于共和国权力中心的强大的葡萄种植和酿酒集团，这种酒的酿造商遭到了各方的联合抵制。这场禁酒运动与大洋彼岸美国的"禁酒令"毫无瓜葛。但是发酵饮料不在受禁范围之内。

德法战争在 1939 年拉开序幕，几个月后，以法国史无前例的失败而告终，法国也迎来了维希政府的独裁时期，恰好此时突然出现有利的禁酒趋势。事实上，极端右翼的代表和支持者认为"人民阵线"采取的"有害措施"已经使"工人的酗酒之势愈演愈烈"，这种局面令人担忧。在 1937 年的国际博览会上，"美食馆"大获成功，大量陈列馆被掌握在葡萄酒和酒精饮料公司的手中，这也证实了这一趋势。[2]战败后贝当元帅承诺"民族革命"誓与这种演变决裂，"法国人民"因为秩序混乱、行为不端而日渐衰弱，"民族革命"的宗旨就是与之做斗争，重建一个"健康的法国"。正是从这个角度出发，维希政府在1940年夏季下令实施一系列激进的禁酒措施。

1940年7月20日，维希政府出台了第一个禁止在家中蒸馏酿酒的法律，家庭酿酒师的特权第一次直接遭到威胁。1940年8月23日出台的法案规定除专门用于"出口"的开胃酒之外，禁止生产、流通和销售"开胃酒"一类的酒精饮料，即酒精含量达到16°及以上的饮料，或是每升含有半克以上酒精的饮料。其他酒精饮料只有在星期二、星期四和星期六时才被允许在公共场合少量饮用，并且禁止向未满20岁的人出售或无偿提供酒精饮料。最后，所有未被禁止的、由生产者或商人批发出售的香槟、天然甜葡萄酒和"开胃酒"需要特别缴纳每升2法郎的税，这些酒的销售量超过了1937—1939年三年的平均销售量。新商行出售的所有酒都必须缴纳过高的税费。法律规定每百升酒需要缴纳4000法郎交易税，之前是每百升2900法郎。所有推广"开胃酒"的广告都被禁止。最后，以往法院在量刑时发现犯人是在醉酒的情况下轻微触犯了法律，可能考虑为犯人减刑，但是政府撤销了这项减刑权利，这在法国还是头一次。

上述法案出台一年后，法国物资普遍短缺，监管制度已经基本过时，但是德国占领军依然大量地掠夺法国葡萄酒和酒精饮料。在这种情况下，1941 年 9 月 24 日出台的法案宣称强调家庭与个人健康是限制酒精饮料消费的新武器。自此，饮料零售店按照各自持有的许可证覆盖范围被分为四类。第四类许可证（许可证Ⅳ）被称为"大许可证"或"全面许可证"，拥有当场销售或允许顾客带走所有法律文件上指定的酒精饮料的授权。

这种严格的规章制度逐渐演变为一整套以极端方式限制酒精和酒精饮料消费的监管措施。从此以后，葡萄酒再也无法逃脱监管，并直接成为监管的目标之一。虽然禁酒是法国监管体制的一个历史转折点，但对德国而言，法国依然是一个充满吸引力、让他们觊觎的地方。

▶▷ 德国人眼中的法国葡萄酒

"快乐，如上帝在法国一般"（Glücklich wie Gott in Frankreich），20 世纪德国人使用的这种表达在莱茵河的另一边比以往任何时候更受欢迎。这种表达在 20 世纪 30 年代频繁出现在德国报刊上，1940 年春夏两季，德意志国防军在法国公路上蜂拥而过时依然呼喊着这句话。从那以后，对战败国家财富的大规模掠夺只不过证实了从前德国人对法国财富的描述。其中，葡萄酒是表达奢华、精致和法国品位的珍品，现在成为德国珍贵的战利品。

从 20 世纪 40 年代起，法国葡萄酒对德国人的吸引从未中断过。1941 年 10 月，德意志帝国采购员伯默斯在美因茨著名的《德国葡萄酒报》上发表过一篇资料翔实的文章，文章中记载了支持其论点的统计数据，概述了法国南部葡萄酒生产的特点和重要性。朗格多克和鲁西永的葡萄酒价格昂贵、产量丰富，被描述为珍贵的琼浆玉液，同时也提高了法国整体葡萄酒的名声，并向德国提供有选择的产品和珍贵的收入来源。[3]

勃艮第官方采购员德雷尔对法国葡萄酒更是赞赏有加，他在位于慕尼黑的办公室里写道，法国葡萄酒是一个"宝藏"，其中最美丽的"葡萄酒珍珠"之一是勃艮第葡萄酒。他写道："巴克斯酒神热爱法国。"在被征服国家的所有财富中，"葡萄酒是最重要的财富之一"，"它为德国带来多重好处"，可以"给我们带来最大的满足"。为了描绘勃艮第的葡萄园，他写道："想象一下，一个大房间里铺着一张大地毯，地毯上有一方展开的镶着花边的丝巾。所有人都对它感兴趣，但并不是每个人都可以拥有它。这方丝巾就是博若莱，而镶在丝巾上的花边就是科多尔省的葡萄园。[……]一本葡萄酒批发商编注的小册子记录了德国采购员需要了解的情况，这些已经能够满足我们的需求。感兴趣的人会收到这本小册子，里面附有一张卡片，可以免费向法国葡萄酒进口项目办公室申请采购，地址是柏林 W. 35，蒂尔加藤大道 37 号。"

　　德雷尔认为采购员需要知道的是，"地理位置优越的葡萄园是四处分散的。采购员可以对比莱茵河地区葡萄园的窖藏条件、库存量、生产商的销售特点，等等"。在一长段关于经济和旅游的描述之后，他介绍了勃艮第葡萄园之都——博讷，"最重要的葡萄酒出口地"。"人们在那里发现了地窖，这些地窖和200年前一模一样，还有其他更现代的地窖，同样在窖藏性能和实用性方面设计精良"。他写道："实际的葡萄酒贸易是极具倾向性的，在法国，葡萄酒贸易更青睐于（酿造）年份久远的葡萄酒。"自然，"这里涉及一种拼接艺术"，"一些酒窖主"和"特别值得尊敬的人"将"典型的原材料""发展到完美的程度"，从而"酿造出一款葡萄酒"。他还补充说，"勃艮第人民一致认为当地酿造的葡萄酒是红葡萄酒之王，但他们也承认如果没有波尔多葡萄酒与之竞争，勃艮第葡萄酒也不会如此引人注目"。德雷尔认为当地业内人士"知道如何发展和改进他们的宣传策略。因此，当时存在一种品酒师兄弟会（亦称'小银碟骑士团'），品酒师抚摸着由粗壮多节的葡萄枝幻化而成的利剑，被授予骑士勋章"。文章中不乏对勃艮第的赞美，尤其是对勃艮第葡萄酒的赞赏。他得出结论，"无论如何，他们的统计数据是真实的，不喝葡萄酒的人平均年龄只有59岁，但喝葡萄酒的人平均年龄至少是63岁。我还认识几个爱喝葡萄酒的人，80岁的时候身体照样硬朗，还有一个人我记不得名字，他应该已经100岁了，他像一位捍卫者一样证实了法国人每天饮用半升葡萄酒的这个数据"。德雷尔认为这些"证实了葡萄酒的好处"——能够滋养"德国人"和"我们在前线的士兵。"[4]

1941 年 12 月 21 日，维也纳发行的报纸《新葡萄酒报》上提到了前线士兵的葡萄酒。报纸摘录了一名德意志国防军下士的笔记，笔记中记录了这种饮品在军队中的重要地位，这是一种很好的宣传方式。士兵描述了他在盼望"珍贵的葡萄酒到来"时急不可耐的心情，葡萄酒供应变得像弹药储备一样重要。葡萄酒"开始移动"，它被运往东面前线上"各处德国士兵等待着的地方"。前线士兵开发了"饮用葡萄酒"的"新技能"，这位士兵写道。"圣诞节那天分发了热葡萄酒。有葡萄酒的时候，这个美丽的节日就会像往常一样充满愉悦"，他补充道。文章还写道，"在葡萄酒的追随者之中，我们意识到，这些同伴里还有戒酒人士和烧酒爱好者。他们和我们一样，认为葡萄酒比任何饮料都更能体现乡情，怀抱葡萄酒仿佛脚踏在祖国的一寸热土上。回荡在夜空中绵绵不绝的德国民谣为士兵们提供了一首首耳熟能详、欢欣愉悦的曲子。在篝火边，苏维埃的地堡里，没有什么比这更美好了。抿一口葡萄酒，士兵们日常生活里的沉闷随之消散，一种安宁的愉悦感在队伍里蔓延开来。""长久以来，质疑向德意志国防军交付葡萄酒的目的性和必要性的声音消失了。葡萄酒在这里毫不夸张地承担起一个国家无法始终正确判断的使命。尽管士兵们经常收到葡萄酒，但他们一直都在热切地欢迎着它。"

　　然而，葡萄酒的实际需求量远远超过了"德国酿造的葡萄酒"，军需部将来自德国和欧洲所有葡萄园的葡萄酒交付作为其优先关注的事项之一。因此，"来自法国的葡萄酒唤醒了一支军队的喜悦"，他们将目光转向了过去的辉煌。法国葡萄酒是"快乐日子里的酒"，经历过漫长的战争，每个人都希望重回那些日子。文章的结尾写道："如果国家有时候因为向士兵分发葡萄酒而感到后悔，那么国家应该放心，这不是一个错误的决定。我们发现这是100%正常的，而且是首要的。"[5]

　　德国政府部门希望本国的葡萄园进一步合理化生产，以得到更多的葡萄酒。整个纳粹葡萄种植机制受到了质疑。由威廉·霍伊克曼博士负责的葡萄种植办公室要求对葡萄种植行业进行深层次改革。根据德意志农业粮食部部长沃尔瑟·达雷（Walther Darré）在1941年9月25日发布的一条法令，现存的区域葡萄种植咨询处需接受葡萄种植办公室的任命，被任命的咨询处并非无足轻重，它们得到了莱茵兰和施蒂里亚的认可，这是少数几个可以保证葡萄酒质量的优质葡萄种植区中的两个。在这些模式下，每个咨询处将指挥、管理约3000公顷的葡萄种植区，以便更好地监督和支持净亏损的葡萄酒生产，尤其是起泡酒的生产。

　　为了深化上述政策的执行，德国中央葡萄种植联盟于1942年1月15日颁布条例承认，以往德国的葡萄种植政策无论是在数量上还是质量上都是失败的。因此，条例修改了德国起泡酒的生产权限。在那之前，至少 40% 的德国葡萄酒必须进入最后的交付。但是葡萄收成不足、德国葡萄园登记的灾难性结果使本土葡萄酒的交付量难以达到这个最低门槛。考虑到从今往后来自法国的救济物资对德国而言是不可或缺的，该条例抹去了所有外国产品在德国葡萄酒生产中做出的最大贡献。[6]

受制于这一政策的沃尔瑟·达雷必须应对困扰希特勒帝国政府的权力斗争。他的农业政策之前由党卫军的农业和种族规划机构制定，现在被戈林的支持者公然驳斥，后者将农业减产和生产力下降——尤其在葡萄种植方面——归咎于沃尔瑟。1941—1942年冬天，严重的粮食危机袭击德国，物价上涨、百姓日需配给减少、葡萄酒和农业酒精匮乏，这一切导致沃尔瑟·达雷迅速失势，受戈林和希姆莱庇护的赫伯特·巴克（Herbert Backe）在同年 4月取代了沃尔瑟·达雷的职务。

纳粹理论家继续宣传的内容与德国葡萄种植的糟糕现状相去甚远，他们宣称"纯种"的优质葡萄品种将保障德国葡萄园的未来。在寻找"抗病性优良""品质更佳"且"产量更高"的新葡萄植株的过程中，德国葡萄栽培技术人员试图开发出自然选种的"完美葡萄品种"。德国媒体称，这不是一项短期工作，而是"一项长期任务，至少要持续 20—25 年"。在此期间，"必须对每次实验获得的纯种葡萄植株进行仔细的跟踪记录"。事实上，"将尚处于实验期的品种迅速投入商业化"是"极大的失策"。这些实验在"几十公顷的葡萄园里展开"。显然，这些研究不仅获得了德国当局的支持，并且在他们的指导下进行。这项工作被认为是"至关重要的"，因为在葡萄酒越来越成为高度战略性饮品的背景下，这项工作将意识形态上的目标与经济发展的必要性联系在一起。在法国开展的第二次葡萄酒供给运动有力地证明了这一点。

▶▷ "葡萄酒法规"迈向终结？

1941年春天，第二次掠夺行动的计划被告知于官方采购员后，他们又通过贸易商联合会通告传达给贸易商。在勃艮第，德雷尔在1941年3月31日发布的通告中要求贸易商更新葡萄酒库存数量，提供第一次掠夺行动期间德国在商行购买的葡萄酒数量。1941年6月17日，每位贸易商都被要求签署一份协议，保证出售的葡萄酒数量"至少与第一次供给量持平"。信件中包括"十万火急"的字样和一份明确的附言，"如果您不准备做出这一承诺，请立即将此信寄回给我，注明'不同意'并且附上您的签名和商行的印章"。[7]

在这些条件下，葡萄酒毫无附加条件且顺风顺水地从勃艮第出口到德国。我们没有看到任何扣押行为，葡萄酒业内人士也没有受到任何直接威胁。然而，1941年6月，就在第二次掠夺行动开始之际，德雷尔突然被柏林政府召回，此事在葡萄酒之都勃艮第引起轩然大波。这位纳粹高官为了自己公司的利益进行了许多私下的交易，并且转移了大量葡萄酒，这一切导致他突然失势。

与此同时，MBF 也关注着无数葡萄园内采购协议的更新。好几家商行和酒候还没有完成交付，似乎也不太可能实现他们曾在资金方面做出的承诺。德国当局改变了语气，交付必须立即执行。出口税的补偿被叫停。从今往后，法国新税法规定的所有额外费用必须直接反映在发票中，并由法德清算部负责。

在勃艮第，德雷尔被免职后，人们等待着一位新的负责人。秋季，当地商人对没有明确的官方采购员公开表示不满。勃艮第"忍受"了 1940 年"德国官方代表迟迟不出现"的困扰[1]，以至于当地葡萄酒交付比其他地区的葡萄园"落后很多"，贸易商担心他们无法再从当地官方采购员那里获益。勃艮第葡萄酒贸易商联合会主席弗朗索瓦·布沙尔（François Bouchard）抗议这项使勃艮第葡萄酒"遭受严重损失"的惩罚。他公开质问波尔多葡萄酒采购员、驻巴黎德意志帝国葡萄酒经济部负责人伯默斯，并向他推荐不来梅葡萄酒贸易商赛格尼茨担任新的负责人，后者在当地备受推崇。1941 年 11 月，在博讷葡萄酒贸易商联合会强烈要求下，此事最终得以有效解决，这位万众期待的不来梅专业人士在博讷被任命为新的官方采购员。德国政府的意思十分明确，就此达成

---

[1] 德雷尔在 1940 年秋天才被任命至勃艮第，1941 年秋天被召回。此处是指，相较于其他地区的官方代表，德雷尔上任的时间已经很晚，之后又被召回。——译者注

的"互相关爱"协定必须促进葡萄酒贸易在一个真诚的环境中顺利增长，这个协定面向所有"坦诚合作"的行业人士。

在法国，新的掠夺行动通过制订购买计划修改先前制定的规则。1941 年 12 月 23 日，法国政府与德意志帝国签订了一份官方协议。协议规定法国需要交付 2.2 亿升葡萄酒，其中包括 3500 万升法定产区葡萄酒和利口酒。法国不同的葡萄酒产区共同分摊这一总配额，其中勃艮第产区必须提供 90 万升法定产区葡萄酒。但是这些配额的计划并没有将法国出口商算在其中。因此，德国的官方代表总是直接或者通过葡萄酒贸易商联合会通知行业人士他们的选择。这些协议在双方你情我愿的情况下口头达成，通常没有正式的见证人。

库存更新问题令贸易商和大商行倍感焦虑。葡萄园里的贸易商担心无法补给葡萄酒。更严重的是，如今许多葡萄种植者似乎可以越过贸易商轻而易举地找到买家。例如在香槟，尽管小生产商在技术上仍然受制于商行，但其中许多人已经直接被要求向德国的官方采购员交付"基础葡萄酒"。结果是葡萄酒到处短缺，这种短缺严重打击了被媒体宣传（尤其是巴黎的媒体）迷惑的群众。爱德华·巴尔特在 1942 年 2 月写道，"我们被告知饥荒是英国封锁造成的！怎么会发生这样的事？法国，一个优秀的葡萄酒生产国如今沦落到葡萄酒稀缺的地步，而英国人最近在向挪威的罗弗敦岛施以援手时发现了 200 万升法国葡萄酒，俄罗斯人在诺金斯克也发现了 100 万升我们的葡萄酒。我们掏空了自己的国家。来看我的巴多－拉克罗兹（Badaud-Lacroze）告诉我，每天晚上，尼斯的库房都会开走几列贴上封条、士兵严守的火车。我们不知道里面装的是什么，但应该就是流失的葡萄酒物资"。[8]

1941 年 12 月 10 日的《葡萄酒导报》曾报道，"消费场所的贸易商抱怨没有收到葡萄酒，他们再也无法通过购买券获得更多葡萄酒。贸易商在 11 月收到的葡萄酒数量还不足购买券的 20%。"无法指出造成这种缺失的真正原因——德国熟练操控的黑市，"缺乏运输工具"便成了"挡箭牌"。"尽管贸易商做出了承诺，但是葡萄酒无法抵达法国北部和巴黎。"数量不足，质量也不佳。"对新酒进行的许多分析"表明，它们的"酒精含量总体达中等水平，固定酸度高，挥发性酸度低，在闷热的环境下接触空气后会迅速变质"。种植方面困难重重，缺乏原材料和劳动力，各地的葡萄藤价格也不断攀升。[9]

更严重的是，"缺乏的不仅仅是当地葡萄酒，阿尔及利亚运来的葡萄酒同样数量不足。许久之前购买的小批量 1940 年的葡萄酒在运输过程中遇到了许多困难。我们现在知道，从阿尔及利亚进口的 1941 年酿造的葡萄酒数量很少，因为这一年的葡萄收成很低，而且大量葡萄酒被蒸馏了，最后只剩大概 3 亿—4 亿升葡萄酒。"[10]至于葡萄酒的种类，白葡萄酒"目前很少受到追捧，经常有人抱怨白葡萄酒的定价相对一些生产者来说太低了。事实上，这些不切实际的价格制定往往是无奈之举。"

该报纸的一位订阅者写道，除了葡萄酒价格外，最令人困

惑的是"卢瓦河畔平庸无奇的葡萄酒的定价，它们的酒精度数为
8.5°，酸度在 7°—8° 之间，定价却高达 900 法郎每百升；但是像
科比埃那样酒精度数为 13.1° 的优质葡萄酒只卖 425—430 法郎每
百升。对于法定产区葡萄酒而言，用相同葡萄品种酿造的相同酒
精度数的红葡萄酒和桃红葡萄酒的定价体系并不相同！"[11]

　　所有葡萄酒业内人士都抱怨生意状况一落千丈，因为他们没
有可供出售的商品。人们抱怨各省省长在各部门制订的计划和定
价上存在差异。这个国家不再有任何平等待遇。每个葡萄酒产区、
各部门、每家公司、每种葡萄酒以及它们的称谓，都有各自的法
律、法规、价格以及运输、销售和出口的条件。这种情况使商业
运作变得非常困难，特别是因为这项规定被认为是"不断变化且
难以理解的"，而且"通常由那些能力不总是被认可的人制定"。
我们感到遗憾的是"没有制定全法国统一的规则和价格，这样能
够简化商贸流程与监管制度。有一个流行的说法：'每个人都身处
漩涡'，商人、中间商、葡萄种植者和检查员。"[12]

　　为了克服生产明显不足的问题，维希政府于 1942 年 3 月 27
日颁布了一条法令，规定了葡萄酒的交付条件。这条姗姗来迟的
法令表达了政府希望平息贸易商怒火的意愿。葡萄种植者不得不
上交他们所有的收成，以满足葡萄酒的消费需求，不过政府允许
他们为自己和葡萄园内的工作人员保留一定数量的葡萄酒。然而，
全国葡萄酒联合会的代表们对不安的局势感到担忧。一份正式的

抗议书被紧急送往法国葡萄酒进出口采购组，再三要求采购组储备"应急的优质葡萄酒，尤其是来自阿尔及利亚的葡萄酒"。

MBF 经济科的领导下令，要求法国政府直接向官方采购员指定的贸易商发行"购买券"。作为回应，维希政府于 1942 年 8 月 13 日宣布了一条法规，规定购买券由中央饮料供应委员会分发。拥有这些购买券，"贸易商在掠夺行动开始时便可以储备足以满足需求的葡萄酒库存"。分发给贸易商的购买券只占上一次掠夺行动期间他们获得数量的 20%。那些最积极参与对德出口的葡萄酒行业人士，能够获得额外的购买券来扩充自己的库存。每个官方代表利用个人账户购买葡萄酒，由贸易商安置、集聚和寄送这些酒，他们能够从中抽取 30% 的佣金。这些交易被称为"向官方采购员收取佣金的销售"，这个机制一直沿用到 1943 年。然而，从一开始就不经任何思考地、对整个行业进行持续不断的改革，造成了更多的混乱和无序。在葡萄酒持续短缺的情况下，这个行业内部和消费市场上产生的混乱现象开始波及政治领域。

越来越多的人诋毁、攻击他们的竞争对手，葡萄酒法规明确遭受质疑。尽管新出台的，最终还是被叫停的法规废除了许多先前出台的法规，但实际上，对葡萄酒的封锁和分级、蒸馏多余葡萄酒，以及拔除藤蔓这些操作依然由法律条文规定执行。说白了，现行的法规只是一种形式特殊并且生命力短暂的法规。

和法国主要葡萄园里的情况一样，巴黎的批发商联合起来指控葡萄酒法规是这场危机的罪魁祸首，这场危机伤害了人民，阻碍了贸易商的生意。雅克·查米纳德（Jacques Chaminade）撰写了一篇专门阐述"葡萄酒稀缺性"的文章，此文被摘录至1941年12月21—28日发行的《葡萄酒导报》中，他表示"11月20日，我们的酿酒师收听了国家电台广播的消息后情绪激动"。文中特别指出"葡萄酒的定量配给引起了群众，尤其是体力劳动者的极大不满，（大家都认为）限制葡萄种植是造成定量配给的重要原因，因为1931年7月4日、1933年7月8日、1934年12月24日颁布的法律都规定限制葡萄种植，1935年7月30日颁布的法令还要求将1.5万公顷的葡萄藤连根拔起"。他还写道："所以人们可以相信 [……] 让超过1.5万公顷的葡萄园突然消失是定量配给的主要原因，这个数字大于奥德省所有葡萄园面积之和。然而，事实并非如此，绝非如此！我们希望电台信息提供者像我们一样关注间接税务总局的统计数字。他们会看到，在过去的10年里，众所周知许多葡萄藤被连根拔起，但葡萄园的总面积却增加了很多。[……] 因此，尽管所有法律条文的指向性都是拔除葡萄藤，但是每年葡萄园的面积起伏不定，法国主要城市的葡萄园面积依然在六年内增加了5万多公顷。所以，这不是导致葡萄酒稀缺的原因。"[13] 当然，作者在指出人力短缺和运输不足这两个主要原因之后停止了他的论述，未能提及纳粹德国在购买过程中"吞没"的海量葡萄酒。没有人发表这样的观点，即废除葡萄酒法规，终止三十年来管理葡萄栽培的规章制度不过是一个附带的损失。

　　在这种背景下，法国的立法开始适应这种现状。1942 年 4 月 17 日颁布的法案被刊登在 1942 年 6 月 10 日的《官方日报》上，法案规定禁止向高回报率产品和重要产品收取佣金。葡萄酒产量超过 10 万升的生产者无须再上报其赚取的财富，同时废除替代性种植限制。之前严禁灌溉葡萄藤蔓，从今往后，所有葡萄园获批进行毫无限制的灌溉。[14] 新法律只是强化了限制葡萄酒提供权限的相关条文。葡萄酒法规又向终结迈进了一步。这是为了执行"数量政策"[15] 而做出的选择。因此，在 1942 年 7 月 2 日星期四的《工业生活》中，马赛尔·旺特纳（Marcel Ventenat）撰写了一篇题为"我们应该增加法国葡萄园的面积吗？"的文章，讨论是否应该维持葡萄酒法规。他指出，"一场运动"正在发起，"这场运动由杜阿尔什（Douarche）先生——这位国际葡萄酒办事处的前主任发起，他的头衔让一些外行人听上去很威风"。作者回顾了葡萄酒法规曾斩获的丰功伟绩，"葡萄酒法规旨在规避生产过剩，使生产尽可能适应消费，以往几次生产过剩对生产者而言都是灾难性的"。然而，"目前葡萄酒的短缺"导致"政府暂时放弃已制定的方案"，对此而言，"没有什么是必然的，一旦情况需要，这些正式储备的方案将会立即重启生效，人们无须坐等新一轮生产过剩的威胁"。因为，"事实上，我们的确不应该抱有幻想。一旦生产方式趋近正常，种植者将竭尽所能生产能够生产的一切，农作物产量将会激增，也就是说，为了尽可能地寻求更高利润，生产者可能不顾葡萄酒的质量，而国内的消费水平必然难以恢复到战前水平"。[16]

以往令人信服的葡萄栽培部际委员会认为，取消葡萄酒法规十分危险。但事实上，要求废除这个法规的人日渐增多。几个月来，他们不断要求此运动的代表人物爱德华·巴尔特做出回应。1941 年 10 月 11 日，这件事得以了结。爱德华·巴尔特在维希火车站被法国警察逮捕。他被押送到巴黎，这位国际葡萄酒办事处主席、酿酒师领袖、编撰法国葡萄酒法规的伟大组织者在 MBF 的大本营（宏伟酒店内）接受审讯。现场，人们和他谈及德国市场。德国当局没有掩饰他们的不满：短缺导致葡萄酒价格上涨，促使生产者进行投机行为。离开宏伟酒店的时候，爱德华·巴尔特说他遇见了维希政府的司法部部长约瑟夫·巴泰勒米（Joseph Barthélémy）。他告诉后者"自己并没有参与这项决定"，并补充表示自己是"为维护酿酒师利益而献身的牺牲品"。他让约瑟夫·巴泰勒米意识到，只要捍卫"酿酒师对价格的不满"，就能"与他们增进感情"。

狠毒的抨击之辞在爱德华·巴尔特倒台一事上发挥了作用，敌人虔诚的合作者皮埃尔·皮舍（Pierre Pucheu）成为维希政府的内政部部长，他与爱德华·巴尔特政见相左，于是皮埃尔·卡齐奥（Pierre Caziot）便将抨击者与皮埃尔·皮舍联系起来。确实，逮捕爱德华·巴尔特不乏政治原因。战前，爱德华·巴尔特曾在冶金工业公会上反复攻击法国的大雇主，这为后事埋下了伏笔。作为一名爱国议员，爱德华·巴尔特在 1919 年强烈质疑众议院，指责法国大型工业雇主在战争期间依然与敌人暗中勾结，秘密地与德国进行贸易。他在同年出版的《叛国的冶金工业公会》一书中论证了自己的观点。因此，法国工业部门对他深恶痛绝，而皮埃尔·皮舍就是工业部门的主要代表之一。"每个人都知道皮舍有着强大的关系网"，爱德华·巴尔特在 1941 年 10 月 21 日写道。[17] 皮埃尔·皮舍先后担任蓬阿穆松公司（Pont-à-Mousson）、法国钢铁冶金银行和雅皮兄弟公司（Japy）的领导，任职期间，他在雅克·多里奥特（Jacques Doriot）领导的法国民众党和德法大工业家之间扮演着高效的中间人角色。1941 年 2 月，皮埃尔·皮舍投身政治，与雅克·巴诺（Jacques Barnaud）和雅克·拜诺伊斯特－梅辛（Jacques Benoist-Méchin）一起掌管"共同政体"[18][1]，这个强大的组织代表了一些大型信托公司，尤其是沃尔姆斯银行，与敌军合作的法国媒体认为这个银行敌视贝当政府。[19] 弗朗索瓦·勒伊德（François Lehideux）、费尔南德·德·布里农 [Fernand de Brinon] 和保罗·马里恩（Paul Marion），还有皮埃尔·皮舍（他是达尔朗（Darlan）政府的核心人物]，他们负责保证法国大雇主利益的同时，完成帝国的共同统治运动（MSE），这些大雇主长期处于

---

[1]　共同（联立）政体，由几个首领分别统治国家的一部分。——译者注

德国的势力范围内。

为了保护南部小型葡萄园园主的利益，保证葡萄酒的"社会价格"，爱德华·巴尔特采取了保护主义和马尔萨斯主义的葡萄酒政策，这成为他被监禁的主要原因。他补充说："正是因为政府的无能，他们既不知道如何组织也没有能力组织葡萄酒供应，我才不断抗议。出于人道的原因我做了所有我能做的，但却被误认为满足葡萄种植者的私欲。人们放过了理应承担责任的罪魁祸首。而此时此地，手无寸铁的我毫无自卫能力。只是因为批判了价格，我就被扔进了监狱。"[20] 他补充说，"在批判方面"他确实"从来没有自我克制。一年来，我停下了很多事情，关于销售的措施，我不停地指出已经发生的事是多么荒谬：更不必说取消葡萄酒法规造成的混乱"。[21] 因此，他写道，"我不停地要求利用所有库存，因为占领当局的抗议，我被逮捕。法国贸易商与占领当局沆瀣一气，继续对法国的葡萄酒库存为所欲为。这就是全部！巴黎贸易在其中发挥着不光彩的作用。[……] 无论如何，应德国当局的要求我被监禁了，我接受这一切并感到荣幸"。[22]

自此以后，爱德华·巴尔特被禁止参与酒类组织举办的任何活动。面对自己花费数十年苦心孤诣建立的葡萄酒保护制度，他显得如此无力。至此，整个法国葡萄酒政策掌握在小部分贸易批发商手中，为德国买家服务。然而，1942 年秋天，战争突然打乱了这种平衡。

▶▷　1942 年秋天的转折点

1942 年 11 月英美盟军登陆北非，震惊了纳粹当局。德国海军实力薄弱，大陆和领空的控制权日渐萎缩，东面与苏联战事吃紧，非洲的军队溃败，在南面的领土，即从法国的地中海沿岸开始也直接受到了威胁。在这一系列事件的逼迫下，德国参谋部不得不入侵法国南部地区。此次入侵行动已经筹备了好几个月。几天后，残余的所谓"自由"的法国被征服了。但是，非洲领土的逐渐丧失不但严重损害了德意志帝国的利益，也损害了臣服于帝国的维希政府的利益。这是一场战争中重大的地缘战略转折点，此后德国当局压力倍增。占领法国南部的德国军队与 1940 年春天获胜的德国军队完全不是一回事了。几个月前，这支德国军队还步伐矫健、举止傲慢，如今召集成的军队却十分不协调——上了年纪的老兵穿着破旧的制服，开着破旧的战车。数以百计的德国轻型车辆和装甲车几乎无法运行，不是被扔在路边就是被拖走了，还有一些车辆缺乏燃料不能使用。队伍中士兵脸上的表情展现出真正的绝望，东部前线艰苦的大型战役在他们的脸上留下了痕迹。

当德国民众越来越因战争感到不堪重负时，战争就被打上了沉重的烙印。此时，德国当局似乎已经无力拯救远离冲突的德国平民了。政治的优先关注点在于加强对被征服领土的掠夺。自

1942 年 4 月 18 日以来，赖伐尔取代达尔朗成为维希政府首脑，卡塔拉（Cathala）继任布蒂利耶（Bouthillier）成为财政部部长，他们的政治路线显然以无条件地加强与德国的联系为基础。由于支付占领费直接威胁甚至摧毁了法国经济，而且法德清算导致了巨大的财政赤字，于是赖伐尔政府选择增加货物交付来尽可能地减少现款支付。尽管供应量已经十分庞大，农业部门依然需要加强开发力度以增加供应，这样一来就加剧了法国的短缺。饥荒的幽灵飘荡在巴黎和大多数法国主要城市的上空。维希当局并不关心法国民众的健康、社会和政治后果，他们将定量配给延伸至水果和蔬菜领域。人们再也找不到土豆、萝卜、菊芋，甚至生菜。人们已经预计到，很快就什么都没有了。几个月前，数量丰富、价格低廉的葡萄酒已经完全消失了。即使是最普通的红葡萄酒也只能用非常昂贵的价格秘密交换。

　　但是对于占领军而言，大量产品总是从德国流失。黑市侵吞的大量葡萄酒被反复倒卖，最后又回到了法国民众手中。因此，当务之急是扩大掠夺范围以占领整个法国的产品，法国也因为失去了北非广阔的葡萄园而损失惨重。实际上，在地中海的另一侧，阿尔及利亚也失去了大量葡萄酒生产区域，尽管当地人民与德军在地中海上进行了艰苦的海战，但依然被迫交付了大量色泽鲜亮、质量上乘的葡萄酒。无数与德国军队代表共谋、以异常低廉的价格秘密购买的葡萄酒所带来的好处突然消失了。自 1940 年以来，扎卡尔（Zaccar）、米利亚纳（Miliana）、玛格丽特（Margueritte）和哈曼－里加（Hamam–Righa）地区酿造的最好的黑皮诺和佳美葡萄酒在赛特码头以 400—450 法郎每百升的价格售卖，与其他葡萄酒产区联合操纵一番后，它们的价格上涨了 10—15 倍；更常见的情况是，在黑市上通过事后补付差额的方式将葡萄酒的价格提升 20—30 倍。这些流程始终得到德国的坚实保护，确保参与其中的人能快速获取财富，并为德国供应高质量的物资。为了弥补这一损失，柏林毫不拖延地下令直接监督法国南部的所有葡萄园，直到被占领区的贸易商的活动也进入德国的贸易轨道。赛格尼茨的权限延伸到普罗旺斯的葡萄园，而伯默斯则加强了对朗格多克和鲁西永葡萄园的直接监管。

根据德国经济的需要，第三次掠夺运动官方确定的民用配额约为 1.78 亿升，其中 7500 万升是供日常消费的葡萄酒，由伯默斯负责征集；3650 万升用于酿造高度数的基础葡萄酒，由克勒泽负责征集；爱德华·巴尔特、贝克尔和奥普费尔曼负责 2600 万升基础酒，用于酿造起泡葡萄酒；伯默斯负责收集 600 万升苦艾酒；卡万负责收集用于酿造红酒醋的 1200 万升基础酒；以及伯默斯和赛格尼茨负责征收的 2300 万升法定产区葡萄酒。除了这些民用配额之外，还要加上 5000 万升运给德意志国防军的日常饮用葡萄酒，由克里毕须负责，另外还有 300 万升法定产区葡萄酒，后更名为"国防军精选葡萄酒"。

　　然而，从行业人士的角度而言，那些曾经有着美好前景的大商行的处境也非常困难。从外界再次进货的困难使他们的销售受阻。从那时起，以官方买家垄断市场为基础的整个掠夺体系结束了。所有的地方，无论是在香槟、勃艮第、波尔多还是在朗格多克，之前行业人士掌握的大量葡萄酒库存不复存在了。勃艮第大商行的葡萄酒库存平均减少了40%—60%，香槟地区平均减少了25%—30%。从葡萄园园主那里征集和采购而来的葡萄酒已经不足以填补商行的酒窖库存。"无法从葡萄园园主那里找到"想要购买的葡萄酒，贸易运行因此变得十分疲软。更加令人不安的情况是，德国的需求还在增加，葡萄酒的价格还在飙升。

　　在这种情况下，贸易公司对官方规定的配额做出了回应。七家法国南部的商行共同承担供日常消费的葡萄酒。其中有特雷贝的德雷赛尔，佩皮尼昂的马蒂，贝济埃的贝特利耶，伊埃雷的乌格斯（Hugues），尼姆的泰西耶，佩皮尼昂的帕姆斯（Pams）和塞特的杜本内。用来酿造高度数的基础葡萄酒配额由默尔索的勒桦商行负责交付，此外，全国白兰地办公室也会交付一部分基础葡萄酒。用于酿造起泡酒的基础葡萄酒由位于皮托的香槟葡萄酒马恩公司、阿维尼翁葡萄酿造公司、位于昂布瓦斯的福尔茨商行、位于默尔索的勒桦商行，以及位于蒙特里沙尔的蒙穆索商行交付。用来酿造苦艾酒的葡萄酒份额由位于贝济埃的路易·胡可的儿子们公司供给。用来制造红酒醋的葡萄酒配

额被贝济埃的贝特利耶商行垄断，另外，法定产区葡萄酒由贝
济埃的西亚坡商行、利布尔讷的阿诺多尼科、马尔芒德的索维
亚克，贝济埃的科米克（comico）公司和纪龙德、博若莱、马
孔博讷的勃艮第葡萄酒联合会供给。专门提供给德意志国防军
的日常饮用葡萄酒由位于贝济埃的路易·胡可的儿子们公司供
给。给德国军队的"国防军精选葡萄酒"由位于圣奈的让·胡
商行、博讷的族长商行、尼伊特圣若尔热的费弗莱（Faiveley）
与迪弗勒尔（Dufouleur）商行、第戎的大酒桶商行、巴黎的
拉普朗什（Laplanche）商行和波尔多的葡萄酒贸易商联合会
提供。[23]

　　然而，与此同时，监管制度也无力遏制愈演愈烈的投机行为，
这些投机分子夺取了所有的葡萄酒，尤其是那些最稀有的葡萄酒。
对于寻求快速利润的投资者而言，葡萄酒拥有无与伦比的交易价
值。越来越多来自各行各业的非法经纪人、临时买家活跃在每个
葡萄园内。他们通常是葡萄酒作坊和德国采买机构的代表，这些
人的共同点是拥有无限的支付能力，他们不惜一切代价购买所有
葡萄酒，这让黑市进入了一段史无前例的繁荣时期。[24]这些人在
占领法国葡萄酒市场的过程中发挥着至关重要的作用。

　　他们中的几位在葡萄种植领域非常出名。在巴黎、波尔多和
勃艮第，埃米尔·拉普朗什（Émile Laplanche）是其中无法绕过
的一个人物。这位 60 岁的商人居住在巴黎的佩雷伊尔大道 188 号

乙，作为一个葡萄酒零售商，他经营着珀欣（Pershing）大道上的"小银碟酒铺"（Le Tastevin）。经德国军需处认可，这家店正式获得葡萄酒采购认证，负责向其他代理商分发订单，控制运营，接收抵达巴黎的葡萄酒，对葡萄酒进行分析、结款以及解决争端。长期以来，拉普朗什深知贸易商手中掌握着大量的优质库存，尤其是波尔多和勃艮第的葡萄酒贸易商，于是他毫不犹豫地向其中一些贸易商施压，甚至以威胁的手段征集他们手中的葡萄酒。在自己代理的葡萄酒交易中，他可以抽取每百升 40—50 法郎不等的佣金。同时，他在德国军需处也能获得一份固定的薪水。在葡萄园里，拉普朗什招募了数十名上门采货的商贩和一大批匿名的掮客。每个人根据各自交付的比例领取薪水，竞争迅速激化，中间商各自寻找越来越稀缺的商品。[25]

个体户和具有竞争力的作坊的增加导致葡萄酒价格持续攀升，每位代理商提供的价格都比前一位更高，他们都试图经由自己的手传递令人垂涎的葡萄酒。因此，在葡萄酒贸易线上，中间商的数量成倍增长，隐秘的利润也在不断滋生。交付葡萄酒之前，腐败现象在葡萄酒专业人士和德国士兵之间普遍存在。这个必然会存在较长时间的新葡萄酒世界中有不择手段的骗子、无耻的线人、游走在葡萄园里的掮客、被收买的中间商和数以千计的贸易商、经销商、葡萄园园主以及被贪恋的欲望占据灵魂的酿酒师。

1942 年秋季，黑市最终占据法国葡萄酒市场，将它变成了真正的"官方地下葡萄酒部门"。赫尔曼·戈林发出的指令使这种演变进一步加快。在贪婪的掠夺欲望的驱使下，希特勒委托纳粹部长们在欧洲大陆协调推进一项新政策，也就是在战争严重威胁德意志帝国之际，收集所有被征服国家的财富。这种大规模的经济掠夺对柏林来说十分重要，因为它可以拯救德国免于战败。

戈林如往常一样激情澎湃地在 1942 年 8 月 5 日和 6 日宣布，德军当务之急是"最大限度地收集"战败国的财富，"来养活德国人民"。至于法国，他说，"法国的土地还没有被最大限度的开垦"。他认为，如果法国能够强迫"农民先生们"进行更多劳作，那么法国的"农业产量会更高"。他补充道："法国人民暴饮暴食，这是一种耻辱"，但这也是"法国人快乐的秘诀。若非如此，他们就不会那么开心"。巴黎至少还保留着一家"特别豪华"的餐厅，在那里人们可以"享用世上最好的食物"。但他"不希望法国人踏足这家饭店"。戈林解释说，"马克西姆餐厅内最好的食物应该只为德国人提供。还有三四家高级餐馆也是为德国官员和战士准备的，这很完美，但什么都不能给法国人。这些人，他们不需要吃这种菜"。他还补充说，"放在过去，这事儿简单多了。过去，人们会抢劫。征服了这个国家的人会抢走这个国家的财富。如今，这事儿变得更人性化。但我，我仍然想抢劫，我还想抢走一切。首先，我会派一批被授予特权的买家去比利时和荷兰，然后去法国；从现在到圣诞节，他们还有充足的时间去购买，购买几乎所有他们能在小商店和漂亮商铺里找到的东西。我会把这些东西全部放在德国商店的橱窗里，在那里德国人可以买到一切想要的东西。我不希望每个法国女人打扮成时髦的母鸡。不久以后，她将什么也买不到。[……] 我要让她明白这意味着什么：捍卫德国政府的利益。"

德国士兵现在必须"变成猎狗，伺机攫取所有对德国人民有用的东西。找到之后，必须迅速拿出存款买下它，到目前为止这不过只是一个小跳跃"。德国士兵必须能够"购买一切他们想要的东西，只要是他们想要的，他们能拖走多少就买多少"。要是能让法国再经历一次通货膨胀，这将是一件好事，因为"法郎不需要比某种特殊用途的纸张更有价值。只有到那时，法国才会像我们所希望的那样真正受到打击"。基于这个目标，戈林补充说，合作毫无意义，"只有阿贝茨先生（M. Abetz）会这样做，我不会。与法国人的合作，我只看到以下的方式：他们提供能提供的一切直到无法提供为止，直到他们不能再提供；如果他们自愿这样做，那么我会说我合作，要是他们自己吃掉了所有东西，那就是他们不合作。法国人必须意识到这一点"。戈林回忆说，他所感兴趣的一切"是我们目前掌握在手中的一切，我们可以利用一切手段，给德国带来需要的一切"。[26]

在葡萄酒领域，戈林仅就 1942 年的葡萄收成制订了 9 亿升的征集计划。这是一个不切实际的数字，与上一年相比翻了 3 倍不止。没有人相信短短几个月内可以完成数量如此庞大的征集，除非利用黑市上的秘密渠道。在这种情况下，问题的关键不再是按照所谓的"法德协定"提交确定的官方配额。迫于各方的压力，法国葡萄酒市场必然崩溃。

没有任何镇压真正落实到无限扩张的黑市上，黑市反倒是越来越被纳粹掌握在手中。盖世太保的确是主要负责镇压法国黑市的部门，但事实上，镇压的作用与"稻草人"无异，不过是将奸商变成受自己保护的中间人，如此一来，这些诈骗之人便可以逍遥法外。因此，精品葡萄酒价格疯涨的狂热程度超出了理性的范围，这也给葡萄酒生产造成了相当大的压力。

在不改变葡萄酒征集系统运作的情况下，官方代表伯默斯从法国政府那里获得了新发行的、需要如期向葡萄园园主兑换葡萄酒的购买券，之后伯默斯将购买券委托给他挑选的贸易商，从而展开 1942—1943 年的葡萄酒掠夺计划。然而，从一开始，葡萄园园主就对官方报价不感兴趣，因为平行市场提供了更丰厚的报酬，那里的交易完全随意且免去了税务申报。往往是同一拨中间人密切关注着葡萄酒的批发交易，他们将关注的焦点越来越多地转向葡萄园园主。因此，最活跃的中间人往往直接秘密联系葡萄酒业内人士，协商需要补付的差额，这样可以有效地绕过传统交易的烦琐流程。[27]

直到 1940 年，葡萄酒的代理商行业才土崩瓦解，当时数以百计的投机者和刁滑的中间人为了简单、快速地致富，搜遍所有葡萄园为强大的德国买家寻找葡萄酒。勃艮第和波尔多的当地贸易商谴责了这种情况并重申了 1939 年 9 月 9 日颁布的法令内容，这条法令一直有效，该法令规定所有工业和商业机构的创建、扩展与转让需经省政府授权。根据省政府的说法，事实上，政府可以拓展这项法令的权限，用以 "保护某些受外来的中间人影响而利益受损的本地行业"。

第戎省总秘书处补充说，"代理商协会主席多次声明，鉴于中间人操纵着 '黑市' 价格，持有职业资格证书的合法代理人无法参与任何买卖。出于同样的原因，一年以来，主席本人对所有交易活动保持缄默"。[28] 当然，根据葡萄酒代理商管理条例，相关利益方提交的申请将被提交给葡萄酒贸易商联合会、区域葡萄酒定价委员会，以征求他们的意见。然而，省政府颁布了一条法令明确表示，从 1941 年开始，只有在 1938—1939 年期间从事代理人职业的人才可以行使葡萄酒代理权。[29] 对于已经执业至少十年的贸易商而言，获得省政府批准后，同时负责开展贸易商和代理人的双重活动是可能的。但显然，省政府颁布的法令从未施行。

博讷的副省长可以证明这一点，他在 1941 年 11 月确认说："根据我（他）掌握的信息，最新一批产自勃艮第的法定产区葡萄酒将成为博讷、第戎地区不知名的伪代理人的囤积目标，他们既没有职业资格证书，也没有专业的营业执照。"

"这些非法商贩从葡萄园园主那里收购葡萄酒，收购价格高于该年份葡萄酒的规定价格，并且完全不在意这些酒是否达到法定产区葡萄酒必要的酒精度数。[……] 这种性质的行为比比皆是，尤其在萨维尼－博讷、默卢瓦塞、默尔索、佩尔南韦尔热莱塞和拉杜瓦赛尔里尼地区。[……] 似乎制止勃艮第沿岸的投机贸易最有意义 [……]。"[30]

　　科多尔省的葡萄酒批发集团代表与博讷市的代理人代表最后补充说，"1940—1941 年的掠夺运动期间，自称为'代理者'或者'代理商'的人对科多尔省的葡萄酒市场造成了异乎寻常的困扰，他们中大部分人完全不了解这个领域，他们的勾当彻底扭曲了葡萄酒的行市。同一批'代理商'再次入侵葡萄园，并大肆购买葡萄酒，他们完全忽视规定原产地命名葡萄酒的等级，及其相应酒精度数的规章制度，也完全无视原产地命名葡萄酒交易的税收制度"。[31]

　　应科多尔省省长的请求，1941 年 12 月 8 日，博讷的专区区长给第戎市市长寄去一份"中间人（伪代理人）"名单，上面写道"近日，这些人因为广泛参与这类非法买卖引起了我的注意：博讷盾牌街上的盖先生，博讷的代理人布列松（香槟商行的前旅行推销员），博讷火车站大道上的皮翁（比修商行的前雇员），博讷阿尔萨斯大道上的特吕费尔（彻罗销售店），马西斯（普瓦洛先生和穆西先生派遣至沃尔奈的前旅行推销员）。"[32]

　　这些额外的且不受控制的掠夺使葡萄酒的价格飞涨。1943 年，一件 228 公升的勃艮第红葡萄酒、沃尔奈葡萄酒、默尔索葡萄酒或者皮利尼 – 蒙哈榭葡萄酒的售价超过规定价格的 50%—100%。1943 年，一件李奇堡园（Richebourg）、罗曼尼 – 圣 – 维望园（Romanée–Saint–Vivant）、塔西园（La Tâche）、邦马儿（Bonnes-Mares）、大依瑟索园（Grands–Échézeaux）以及香牡 – 香贝坦园（Charmes–Chambertin）葡萄酒的实际交易价格在 1.6 万—2 万法郎[33]，如果免去发票再加上补付的差额，交易价格可以上升到 3 万—5 万法郎。[34]

几个月后，第戎市价格管制局的主任表示，自己担心所有葡萄园（尤其是勃艮第海岸线上的葡萄园）内的葡萄酒市场的经济情况。他写道："勃艮第葡萄酒市场的状况十分糟糕；葡萄园园主的贪婪是如此明显，业内的贸易商和批发商拿着购买券找他们兑换葡萄酒时，他们总是爱答不理。"

非法交易比例最高的是品质一般的法定产区葡萄酒："勃艮第超级大区葡萄酒""勃艮第阿里高特白葡萄酒"或"勃艮第葡萄酒"，这是许多消费者要求的额外饮品供给。事实上，鉴于"勃艮第葡萄酒"的实际售价在每瓶 1 万—1.1 万法郎间浮动，政府向葡萄园园主征收的税额为每瓶 4620 法郎（其中包括葡萄酒的陈化税）。一些乡村葡萄园酿造的法定产区葡萄酒，例如勃艮第红葡萄酒、圣·夜乔治葡萄酒、默尔索葡萄酒和热夫雷 – 香贝坦葡萄酒等，它们的价格差异不是那么明显：每瓶勃艮第红葡萄酒的价格

从 8228 法郎上升至 1.3 万法郎；圣·夜乔治葡萄酒的价格从 8190
法郎上升至 1.2 万法郎；默尔索葡萄酒的价格从 8228 法郎上升至
1.2 万法郎；热夫雷－香贝坦葡萄酒的价格从 8910 上升至 1.5 万法
郎。随着供需规律成为主导价格的规则，贵族葡萄酒（特级葡萄
酒）之间的价格差异几乎减少为零。因此，葡萄园园主出售一件
香贝坦红葡萄酒需要缴纳 27500 法郎交易税，收益为 2.9 万法郎，
一件蒙哈榭葡萄酒的税后收益为 30800 法郎。[35]

　　在这些条件下，很难统计出这类非法交易的精确数额。据勃
艮第官方交易资料显示（由间接税税务局接收的税务申报统计得
出），科多尔省葡萄酒的销售增长十分迅速，这本身就与葡萄酒专
业人士数量的急剧下降（科多尔省第戎的葡萄酒专业人士数量从
1939 年的 271 人下降到 1944 年的 97 人）[36] 密切相关。实际上，
相当一部分出售给德国政府的葡萄酒逃脱了各种形式的监管。现
在，这些销售路径织就了一个无限大的、贸易商无法掌控的平行
市场。在这种完全混乱和无序的环境中，葡萄栽培业还要去征服
唯一幸存下来的保护性监管规定。

▶▷　法定产区葡萄酒的胜利

　　出于各种原因，1941—1942 年的掠夺运动促成了法国法定产
区葡萄酒的胜利。1941 年 9 月 13 日，政府颁布了一条有关大城

市葡萄酒供应的法律，作为这一胜利的源头，该法律规定所有可饮用的葡萄酒必须由供给部管控，其中包括所有商用葡萄酒库存。然而，唯独法定产区葡萄酒可以避免供给部的征调，并且定价远远高于普通葡萄酒。因此，我们可以理解为什么以往令诸多业内人士避之不及的法定产区葡萄酒，如今却让葡萄种植者趋之若鹜。

1943 年 12 月 1 日出版的《南部酿酒区》上发表了一篇珍贵的纪龙德葡萄酒调查报告，上面有让·瓦勒里的签名。这位作者回忆起法定产区葡萄酒风靡整个法国的盛况。顾客尤为追捧这类葡萄酒，他们通过特殊品质标签（AOC，原产地命名控制标记）辨认这类葡萄酒，不同于日常消费的葡萄酒，这些标签能为葡萄酒行业人士带来更多利润。自此以后，这类始终在全球范围内自由流通的葡萄酒引发了"无数弊端"，其中包括"令人咋舌的价格增长"。各地政府的税收记录逐渐露出价格增长的眉目，其中波尔多顶级葡萄酒的价格变动已经证实了这种增长。

一桶 900 公升，来自梅多克三大一级酒庄（马尔戈酒庄、拉菲古堡和拉图酒庄）的葡萄酒定价为 10 万法郎。按照 1855 年的葡萄酒分级制度，二级酒庄的葡萄酒定价约为每桶 9 万法郎，紧接着三级、四级、五级酒庄的葡萄酒价格为每桶 4 万—8 万法郎，最后，"中产阶级"酒庄的葡萄酒价格稍低一些。在这个价格的基础上还要算上付给中间商的抽成、征收的各种税，所有这些都使法定产区葡萄酒的最终价格翻了一倍。马尔戈酒庄的葡萄酒定价为

10万法郎每桶，最终的售价约19万法郎，即322法郎一瓶。让·瓦勒里认为，这款酒的品质值得这个价格，但自1941年以来，"几乎不可能以官方定价买到法定产区葡萄酒，账外暗中的回扣比比皆是"。[37]

　　然而，自1942年起，法定产区葡萄酒不再拥有征调豁免资格。1942年1月8日颁布的法令规定，1941年9月13日出台的关于征调日常消费葡萄酒的条款，此后也将适用于"某些法定产区葡萄酒"。该条文旨在将征调对象扩大到"品质接近日常消费葡萄酒"的法定产区葡萄酒，但不包括"顶级"法定产区葡萄酒。

　　尽管如此，间接税务部门明确表示，此条款对市镇级和地方性法定产区葡萄酒无效，但适用于所有"区域和次区域法定产区葡萄酒"。这种举措尤其在波尔多和香槟地区引起了纷争。[38]举例而言，在波尔多，一些属于次区域的法定产区（如梅多克和格拉夫）酿造的高知名度葡萄酒因新的法令损失惨重；而一些品质接近普通葡萄酒的市镇级法定产区葡萄酒却没有受到影响。在波亚克、圣朱利安、圣埃斯泰夫和穆兰以外的市镇生产的顶级葡萄酒，例如产自梅多克地区的列级酒庄的葡萄酒，其中包括著名的马尔戈酒庄，都只能算作梅多克次区域法定产区葡萄酒。另外，所有位于格拉夫次区域的列级酒庄，尤其是著名的侯伯王酒庄和侯伯王使命城堡生产的葡萄酒，都被列入日常消费的葡萄酒中。意识到这些明显不和谐的情况，农业部和供给部秘书长在1942年1月

17 日公布了区域与次区域级法定产区葡萄酒的限制名单，以助推同年 1 月 8 日颁布的法令顺利施行；因此，这些指定的法定产区葡萄酒，其中包括香槟的葡萄酒，仍未纳入征调行列。

1942 年 1 月 8 日出台的法令同样严重影响了民众的生活。事实上，政府认为，将某些法定产区葡萄酒纳入定量配给制度中将有益于消费者。每月每位市民的葡萄酒配给量为 4 升，政府希望通过强迫顾客购买 1 升法定产区葡萄酒来填补日常消费葡萄酒的不足。顾客发现自己上了政府的当，配给量中的葡萄酒原本都是日常饮用葡萄酒（但现在在市面上几乎难以寻得），而如今，有 1 升被替换为价格昂贵至难以消费的葡萄酒。这条法令引起了民众强烈的不满，同时加剧了这些葡萄酒的非法贩运。

这种沮丧的局面对行业人士影响不大，他们急于要求获得尽可能多的法定产区葡萄酒，越多越好。1941 年 12 月 17 日颁布的一项法令（发布于 1942 年 2 月 25 日《官方公报》）和 1942 年 2 月 23 日颁布的九项法令（发布于 1942 年 2 月 26 日《官方公报》）定义了哪些产区出产的白兰地为法定产区白兰地，其中有卡尔瓦多斯省的奥格镇酿造的白兰地，阿基坦的葡萄白兰地和皮渣白兰地，卢瓦尔河、弗朗什－孔泰、朗格多克、普罗旺斯、马恩、奥布、埃纳、香槟以及由勃艮第山坡种植的葡萄酿造的白兰地，还有原产于布列塔尼、诺曼底或者缅因的苹果白兰地和香梨白兰地。所有这些白兰地的共同之处就是可以帮助他们的主人逃避葡萄酒供给征调。1942 年 1 月 15 日颁布的一项法令将麝香白葡萄酒列入法定产区葡萄酒行列，第二项法令将阿尔布瓦、沙托沙隆、莱图瓦尔、柯特汝拉地区定义为原产地命名控制产区。同年 2 月 11 日颁布的法令规定了卡南 - 弗龙萨克产区（Côte Canon-Fronsac）、塞瑟尔镇及当地出产的塞瑟尔起泡酒获得原产地命名控制资格的条件。根据 1942 年 2 月 24 日颁布的第 593 条法令，"勃艮第"的原产地命名控制区域延伸至索恩 - 卢瓦尔省和索恩河畔自由城。1942 年 12 月 30 日颁布的法令更改了阿罗克斯 - 科尔登葡萄酒（Aloxe-Corton）、科尔登葡萄酒（Corton）、科尔登 - 查理曼葡萄酒（Corton Charlemagne）和查理曼葡萄酒（Charlemagne）的原产地命名控制。12 月 30 日颁布的法令涉及安茹次区域的原产地命名控制。

面对"日常消费葡萄酒供不应求"的情况，1942 年 8 月 13 日颁布的法令强调了将法定产区葡萄酒纳入普遍征用行列的意图。但是，如果法定产区葡萄酒的生产商要求收取补贴金，那么"他交付的葡萄酒需接受核查，交付量不得低于日常饮用葡萄酒，而且这些酒必须质量合格、用于销售且不属于原定征用行列"。为了执行这些规定，每次新酿的法定产区葡萄酒都会被搁置在酒窖或者生产商的酒库中，直到次年的 1 月 15 日。1943 年 1 月 6 日颁布的法令修改了该案文，确定将一些法定产区葡萄酒列入征用行列。

尽管全国原产地命名控制委员会采取了预防措施，法定产区葡萄酒的价格还是随着其销量的增加而飞涨。根据收成认购申报中给出的结果显示，1940 年法国酿造的葡萄酒总量为 4487.7 万升，其中法定产区葡萄酒的总量为 301.2 万升；1941 年葡萄酒总量为 4282.3 万升，法定产区葡萄酒为 460 万升；1942 年葡萄酒总量为 3376.1 万升，法定产区葡萄酒为 484.9 万升，比 1940 年的产量增加了约 61%。然而，从葡萄酒总产量上看，1941 年和 1942 年的整体收成比 1940 年减少了 4.5% 和 24.7%，法定产区葡萄酒却可观地增加了 53% 和 61%。[39] 事实上，为了"从高价中获益"以及"避免自己的葡萄酒被征调"，生产者利用一切可能性"鼓吹自己申报法定产区葡萄酒的数量"。[40]

为了阻止这种形式继续蔓延，1943 年 3 月 16 日颁布的法令收紧了使用原产地命名控制标记的条件，尤其通过订立法律条文严格限制每公顷的产量。自此以后，除了香槟地区的葡萄酒之外，在所有原产地命名控制区域一年只统计一次的平均产量都下降了。"产量限制"规定每公顷葡萄园的葡萄酒产量不得高于 4000 升，而某些原产地命名控制区域先前的最高纪录达到每公顷 4500 升，甚至是 5000 升。最后，许多产区标注了最低酒精含量，这是葡萄酒品质的一个组成要素。此后，低于 9.5° 的葡萄酒不再拥有原产地命名控制资格。

尽管立法部门想方设法地在销量和数量上抑制法定产区葡

萄酒的增长，但事实上，这两个方面都未曾真正得到缩减。因此，1943 年 10 月 14 日颁布的法令（1942 年 4 月 3 日颁布的法令的延伸）规定，在勃艮第评定几个一级酒庄，其等级次于特等列级名庄，优于市镇级酒庄，这使法定产区葡萄酒逃脱了日益增加的供给需求威胁。[41] 就像同年 10 月 27 日颁布的法令修改了诸多葡萄酒——吕内尔麝香（Muscat de Lunel）、里韦萨特经典甜酒（Rivesaltes）、阿格利麝香（Côtes d'Agly）、上鲁西永（Côte de Haut-Roussillon）、蒙蝶利（Monthélie）和蒙蝶利科特博讷（Monthélie Côte-de-Beaune）法定产区葡萄酒——的命名认证条件一样，波尔多高级法定产区葡萄酒的命名认证条件也发生了变化。最后，在制定了产量限制门槛的情况下，1943 年 11 月 3 日颁布的法令允许同年"每公顷产量超过限制值"的法定产区葡萄酒保留"原产地命名控制资格"。1943 年的收成申报表显示，这一年的葡萄酒总产量为 37834 万升，法定产区葡萄酒为 5622 万升，法定产区葡萄酒的产量占总产量的 14.8%，这样的比例史无前例。[42]

不过从 1943—1944 年这一轮掠夺运动开始之初，法定产区酒的产量上升趋势已经放缓。对此可稍作解释。首先是价格，价格上涨至极限后很难再有提升。其次，眼看战争即将结束，采购员对于是否继续大额收购葡萄酒举棋不定。最后，1943 年 11 月 3 日的法令出台后，每个人都希望实现原产地命名控制区域的监管体系自由化。这项政策的拥护者罗杰·德斯卡斯认为，打击黑市最好的办法是让消费者获得尽可能多的法定产区葡萄酒。这种得到政府支持的思路让全国原产地命名控制委员会的地位在不到五年的时间内（从 1935 年 7 月成立到 1940 年德国纳粹入侵法国前），大大地超出了合理的范围。

▶ ▷ 受到考验的全国原产地命名控制委员会

自法国战败，继而出现了 1940 年春季的失利，全国原产地命名控制委员会经历了很长一段时间的波动。洛什和普瓦捷的办事处相继撤离后，1941 年春天，全国原产地命名控制委员会在巴黎成立了一个附属办公室，这个创建于 1935 年的机构从此不再是一个微不足道的检察小组办公室。这个办公室由一名技术干事卢西安·博耶先生（Lucien Boyer）和一名速记员克利尔婕女士（Mme Kriéger）组成，由前农业部部长兼纪龙德的参议员约瑟夫·卡布斯（Joseph Capus）担任主席。得益于"保释特派"制度 [1]，卡布斯主席出狱后的工作得到了罗伊男爵的支持，罗伊男爵也回到了卡布斯身边担任副主席。1940 年夏季以来，缺乏可用的工作人员不断影响着该机构的正常运行。除了不在编的雷尼耶先

---

[1]　约瑟夫·卡布斯曾和 200 万法国士兵一样，在 1940 年春天被德军俘虏。应全国原产地命名控制委员会的请求，在德国当局的干预下，1941 年，卡布斯被保释。与他一样，数千名受过培训的领导人、企业家、工人从集中营被释放出来，为了德国的利益重新开始工作。——译者注

生(M. Reynier）和临时的工作人员卢西安·博耶，两位主席和所有技术职员一样都没有实际工作。[43] 打假部门中维护原产地命名控制的特殊小组里的情况亦是如此。作为总检察长兼小组组长的穆拉特先生（M. Murat）并没有参与打假行动。这种情况下，对冒牌法定产区葡萄酒的打击变得十分可笑，委员会不得不通过招募称职的新职员来重新审视本机构的编制人员。委员会的大部分工作都是将文件归档、指定划界计划以及监测正在进行的工作程序。[44]

想要与地方葡萄园保持联系则更加困难，不过约瑟夫·卡布斯成功与大部分葡萄园保持联系，并增加了前往各省的寻访。但委员会的影响力仍旧日渐衰弱，直到1941年人们甚至忘记了这个委员会的名字，当时决策机构的工作节奏与两次世界大战期间[1]的工作节奏相当。为了提高效率，委员会随后进驻两个地区，在巴黎和维希开设地区中心。同样地，为了更好地树立自己的权威，尽管在运行过程中会出现许多严重的限制，委员会还是将会议承办权下放给各省。

全国原产地命名控制委员会的组织架构自1935年成立以来首次被正式修改，由1941年4月7日颁布的法令确立，两个半月后完成。法令规定减少委员会人数，从38人裁减至32人，之后又增加1人，共计33人。改组期间开除了13人，重新任命了6位新职员：波

---

[1] 全国原产地命名控制委员会的鼎盛时期。——译者注

尔多高级法定产区葡萄酒联合会的主席莫里斯·萨勒斯（Maurice Salles）、来自纪龙德省的让·卡地慕林（Jean Capdemourlin）、来自勃艮第的亨利·古热（Henri Gouges）和吕西安·罗米耶（Lucien Romier）、来自阿马尼亚克的波雅克先生（M. Paouillac）以及来自多尔多涅河的罗杰·努维尔（Roger Nouvel）。

许多前议员被委员会除名，爱德华·巴尔特和乔治·沙帕（Georges Chappaz）除外，因为他们是"葡萄酒酿造业的头号人物"，委员会仍然保留着他们的职位。然而，爱德华·巴尔特这位埃罗省的议员、国际葡萄酒办事处的主席，在1941年秋天被捕之前，也只是偶尔出席全体会议。最后，委员会的改组表现为裁减编制人员，主要裁去首批生产代表和少部分贸易代表。新的成员主要由政府部门和最能代表新制度的不同领导组成。

博若莱人认为，国务大臣兼菲利普·贝当的心腹重臣吕西安·罗米耶，这位维希政府的成员是组建新委员会的关键人物，事实上，虽然他从未直接参与到委员会邀请他的工作中，但他的名字无疑再次加强了机构的政治影响力。[45]委员会逐渐成为法国农业部的一个下属机构，负责建立从未在地方真正商定过的规则。从这一角度来看，鉴于管理部门的代表中有许多官员，我们所观察到的总体趋势仍然延续着以往委员会制定的原则和维持的平衡。最后，在意识形态上，直到1941年，委员会一直建立在新政治体制的原则上，即由国家农民公会所代表的原则。因此，委员会的工作明显受"田地均分法"影响。委员们的言辞都是类似的，直到这一时期末，他们共同组建了联系紧密的关系网。

葡萄酒贸易和葡萄种植之间脆弱的平衡被打破了，柏林向法国政府施压，支持给德国交付物资的官员与为法国平民提供物资的官员在维希政府内争吵不休，这直接影响了该委员会。1942年12月，在全国葡萄酒批发联合会主席和中央饮料供应委员会主席罗杰·德斯卡斯的倡议下，全国原产地命名控制委员会任命了四位新的贸易成员。秘书长哈里·佩斯特尔（Henri Pestel）的反应很激烈，他强烈谴责委员会试图操控葡萄酒贸易的行为。[46]罗伊直接质询农业部以及与打假部门联系紧密的供给部，这些都是法国国民委员会任命的官方部门。[47]国家农民公会谴责了市面上的葡萄酒贸易，并且表示将坚定不移地支持葡萄种植。面对这样一个共同阵线，试图扩大贸易影响力的行为最终在表面上被否决。全国原产地命名控制委员会保留了自己捍卫原产地命名控制的特权。这一角色尤为重要，因为这一时期盗用葡萄酒原产地命名的现象比比皆是。尽管许多葡萄酒业内人士和制定管理条例的人都认为，原产地命名控制机构的认证限制条件过于苛刻，但事实上，鉴于监管的不平衡性始终打击着这个行业，限制条件似乎还不够。

自1941年以来，各地谎报法定产区葡萄酒的收成量，越来越多的混合酒淹没了市场，面对这种情况，原产地命名的认证机制也变得毫无效力。[48]与此同时，投机行为畅行无阻，有占领军在背后撑腰的黑市也日渐壮大，这些都埋下了混乱的祸根。在这种不确定的气氛中，全国原产地命名控制委员会公开表示支持维希政府以保障自己的利益。这种无可挑剔的忠诚使该委员会成员直接获益，但这种情况下，国家机构在执行经济政策时被越来越多互相矛盾的政治倾向所阻碍。

维希政府制定的监管条例越来越多，但又互相割裂，这是出现严重政策冲突的根源。政府会议辩论的两个主题在于法定产区葡萄酒的定价与征税，以及是否应该将法定产区葡萄酒纳入百姓的日常供给。全国原产地命名控制委员会不情愿地成了失控场面的秩序维持者。国家价格监督委员会顺势成立，区域小组委员会接替了国家价格监督委员会在葡萄园中的职责。但应财政部要求，通过发布法令确定价格限制的各省省长迅速绕开这个机制，开始走捷径。因为供给严重短缺，贸易商催促全国原产地命名控制委员会回应贸易期待。尽管辩论具有紧急性，该委员会的信用依然受损，影响力也持续下降。

1942 年 6 月 4 日，打击假酒走私的问题才被明确提出。葡萄种植者谎报收成并且频繁在黑市上非法交易的行为受到了指控。如果全国原产地命名控制委员会决定通过增加调查员的额外创收来强化镇压政策，那么这一决定远远不足以解决所看到的失控问题。随后，财政部对税收进行普遍施压，最终，1943 年 2 月 9 日和 6 月 29 日颁布的法令确定了增税范围。

　　全国原产地命名控制委员会再次在这个问题上失去了所有自主权，特别是面对其新的强大竞争对手——中央饮料供应委员会。后者负责制订"全国葡萄酒的收集和分配计划"，保障部长指示的技术执行，它的权力覆盖范围如此广泛，以至于明显地影响了全国原产地命名控制委员会发挥相应作用，更何况后者已经失去了大部分权力、所有工作效率和可信度。葡萄酒市场沉浸在一个开放的贸易"游戏"中，但这个游戏巧妙地隐藏了许多标准和规则，这严重影响了葡萄酒市场的发展。

4. 战败的幸福时光

　　在举国战败的法国，恐惧不安的情绪萦绕在大部分民众心中。但有一群葡萄酒贸易商，他们因战败获得了惊人的利益。透过一些代表性人物，贸易商与德国贸易代表之间的勾结被展露无遗。摩纳哥，这个本不盛产葡萄酒的国家，却因着战争成为世界葡萄酒贸易中心。

▶ ▷ 黑市和纳粹的采购办公室

由于无法满足柏林对葡萄酒的加剧掠夺，"葡萄酒监工"们受到了德国当局授权者的公然竞争。迫于管制，甚至规划的缺失，这种广泛的经济掠夺必须尽快将维希政府提供的资金——来自法国财政部直接支付或提供的预付款——转变为有价值的商品，同时避免采用非法手段。纳粹势力维持着一个日益令人瞩目的平行商业市场，创造了史上最庞大的黑市，导致了掠夺法国的必然结果。

对于德国占领者来说，这关乎以远高于官方定价来购买所有可用商品的问题。每一个军事部门都在增加处理大规模业务的商业机构，即葡萄酒仓库（德意志国防军总务处）、纳粹德国海军、空军、党卫军采购办公室。根据其各自的任务，这些机构在法国所有葡萄园中展开了激烈的竞争。无数的中间商，有时是德国军官，直接向专业人员发号施令。他们与行业人士谈判，承诺补付差额，以此绕过法国税务局和德国占领当局。

最特别的部门是军事情报局"阿勃维尔"。它附属于德意志国防军总司令部（OKW），总部设在路特西亚酒店，寻求着可能为其领导者带来实质性利益的各种商业活动。得益于海军上将卡纳里斯的威望，该部门拥有极大的行动自主权，并创造了一个平行的贸易组织：由赫尔曼·布兰德尔（Hermann Brandl）领导的"奥托办公室"。作为一个极具个人魅力的人物和不择手段的操纵者，被称为"奥托"的赫尔曼·布兰德尔与法国所有资深商业圈都建立了长期稳固的关系。他利用丽兹酒店的"圆桌宴会"这一机遇参与一些提议并施加影响力，因为在博沃－克朗（Beauvau-Craon）王子、卡斯特拉（Castellane）侯爵和勒内·德·尚布伦（René de Chambrun）律师的支持下，那里每个月都会聚集二十多位重要的银行家和法国企业家。与此同时，奥托与纳粹党内部人员关系密切，尤其是同盖世太保和党卫军的代表。他们的交情基于秘密服务与补给金的多次互惠共利之上，这些都是为了支持纳粹高层而进行的，而且往往牺牲了德国政府的利益。他的靠山很强大，这依赖于他所回馈的无数赠礼、恩惠和商业利益。在其非常迷人和敬业的秘书——玛丽·瓦尔德特劳特－雅各布森（Mary Waldtraut-Jacobson）的协助下，赫尔曼·布兰德尔将拉德克（Radecke）上尉拉拢进自己的活动圈，后者是纳粹党的老成员，是海因里希·希姆莱（Heinrich Himmler）的亲信。作为柏林银行（Reichskredit-Gesellschaft）的主任，拉德克直接主持"阿勃维尔"在巴黎的贸易事务。

　　由于关乎"阿勃维尔"的命运，赫尔曼·布兰德尔与拉德克两人巧妙地伪装了他们的商业交易，转移了军事情报活动，从而真正从战略上掌握对其业务有用的信息。1942 年，他们已经建立了一个广泛的网络，由数以千计的线人和兜售者组成，主要负责追踪所有在法国有价值的东西。虽然奥托办公室最初不是专门走私葡萄酒，但是葡萄酒的稀缺让这个办公室对葡萄酒贸易产生了持久的兴趣。该办公室随后承诺在巴黎郊区的贝西与沙伦顿地窖和仓库中建立葡萄酒库存，然后将葡萄酒隐藏并转售给德国有关部门。

葡萄园中领工资的代理商，或是刚从费雷纳放出来的囚犯每当发现可用的葡萄酒，就说服种植者和商人出售给他们。代理商们享有特殊的权利以摆脱烦琐的管制，规避法国的有关法律而且还可以压制宪兵、警察和司法部的行动，通过他们不受限制的购买力进行大宗采购。"阿勃维尔"指望这些代理商能赶在竞争对手之前，发现并购买法国所有葡萄园里的库存。成千上万的葡萄酒行业人士迅速地参与到这个活跃的行列：其中包括无数的收购商、勒索者和腐败的掮客。那些破产的贸易商、痴迷于利益诱惑的葡萄种植者还有嗅到商业气味的地主，可以通过这种方式在极短的时间内赚取巨额利润，奥托办公室的代理因此有了支付价格极高的声誉，他们从来都不讨价还价。

购买办公室和德国商业机构的中转也有赖于大量法国奸商，他们迅速将自己的命运与德国捆绑起来。其中就有亨利·拉丰（Henri Lafont），他的真名是亨利·钱柏林，这是个臭名昭著的恶棍，罪行累累。在"阿勃维尔"的支持下，拉丰帮助他的几个同伙从监狱中释放出来，那是一些小流氓和被判刑的杀人犯，他和这些人在巴黎建立了一个能有效打击法国抵抗的组织。在成为"亨利先生"之后，这个团队领袖将前督察邦尼拉进他的团队，后者曾被司法部部长称为"法国第一警察"，他协助调查了参议员普林斯的离奇死亡案件。这个"邦尼－拉丰"团伙通过参与巴黎黑市的扩张，迅速将自己的活动范围扩展到整个法国的商业领域乃至整个法国。有了盖世太保这张王牌，加上装备齐全，又受到"阿勃维尔"和党卫军的保护，他们到处欺诈、侵吞公款、盗窃、掠夺一切而不受到任何惩罚，甚至可以让法国警察缴械，并且逮捕他们。他们的服务还得到德国军政圈子的赏识。拉丰喜欢穿着德意志国防军的制服在街上卖弄，他已经被认为是其中的一员，并被提升为党卫军上尉。

这二人对葡萄酒的兴趣来自他们在巴黎组织的许多节日庆典和狂欢活动，他们利用这些场合维持与德国驻法最高当局者的社交关系。为了能让香槟酒自由地流通，拉丰负责在所有的葡萄园组织大规模采购，获得定期的香槟供应，之后再将酒品多样化。在"公开合作"时期，没有人能与之抗衡。他的名字在诸多非法酒品交易中被提及，其中包括在巴黎地区销售的葡萄酒、烧酒、利口酒、科涅克白兰地以及阿马尼亚克白兰地。

黑市占据了法国葡萄园。黑市核心人物是人称约瑟夫先生或者乔先生的约瑟夫·约安诺维奇（Joseph Joanovici），以及黑市二把手——约安诺维奇的兄弟莫达尔（Mordhar），也叫马赛尔，他们两人联手斥巨资维持在首都的人际关系网，并向信徒宣扬道："你们反对德国人做什么？我可赚了一大笔钱！"除了巴黎中心接连不断的晚宴外，约瑟夫先生还在第十六区和纳伊与最重要的德国统治者吃饭，他可以向任何人提供一切，只要对方付钱。在南部名声赫赫，人称米歇尔先生的斯科尔尼科夫（Szkolnikoff）是专门从事纺织品批发贸易的经销商。借助纳粹德国海军和党卫军官方供应商的身份，他积累了大量财富，并将其财产延伸到房地产投资上，收购了蔚蓝海岸的一些豪华酒店（普拉扎酒店、萨伏伊酒店、维多利亚酒店、鲁尔酒店和马丁内斯酒店），还有巴黎的酒店（尤其是卢浮宫酒店和里贾纳酒店）。斯科尔尼科夫正是凭借着在豪华酒店的金融投资临时充当了葡萄酒交易商，他购买了大量的香槟、白兰地、高级波尔多和勃艮第葡萄酒。

　　在这种日益混乱的环境中，MBF当局试图建立一个良好的形象，他们对那些猖獗到无法管控的贸易竞争发出了正式警告。在巴黎，朔普曼博士回忆说："凡超出德国当局与法国食品供应部制定的常规合同的葡萄酒采购，都是被禁止的。"他补充说，这些非法行径将受到"严惩"，即使是由德国军方官员或其中间人直接实施的。但事实上，这种威胁不过是徒劳一场。德国军事部门对商业交易的控制是不可能在腐败的德国军队内进行的。与在法国的传言恰好相反，实际上，德国政府的军队不但士气低迷，纪律也很散漫。这支军队在不到十年的时间内重建，由不同的部门仓促拼凑，毫无连贯性，其相对独立的军事机构置身于普通官员和纳粹领导人间的激烈竞争中，而这些人都已被肆无忌惮的贪婪冲昏了头脑。他们彼此嫉妒，以牺牲国家利益来凸显自己的特殊待遇和专属权利。如果说 1940 年对抗法国时获得的出奇胜利一时掩藏了这支军队明显的弱点，那么他们在对抗苏维埃时出现的僵局、首次战败，以及不断施加给驻扎在占领区部队的经济任务则让军队的弊端日益凸显。

►▷　您想要什么……这是交易!

在成为葡萄酒领域合作的真正领导者之后，一些贸易商毫无保留地与德国联盟，因为他们相信后者在任何方面都会取得胜利。作为纳粹掠夺法国财富的有效中转站，他们处于庞大的供应网络的核心地位，以保障为纳粹谋取暂时性的巨大成功。

在勃艮第，从 1940 年开始，贸易商马吕斯·克莱杰（Marius Clerget）就是葡萄园中最活跃的一员。他向来根据最直接的利益采取行动，直到 1944 年夏天才发生变化。在克莱杰的纳税报表中，其商行首次暴增的销售额一眼可见。[1]1939 年，他申报了总销售量为 2253 百升的葡萄酒，即 9366 瓶；1940 年的总销售量为 5725 百升，即 13376 瓶；1941 年是 6078 百升，11022 瓶[1]；1942 年是 5139

---

[1]　关于销售总量上升，瓶数却减少，联系本书原作者后，作者给出的回复是，瓶数下降说明这一年的葡萄酒更多是以桶为单位出售。——译者注

百升，即 87837 瓶；1943 年有 11247 百升，166369 瓶。在 1944 年仍然有 2617 百升，即 42366 瓶。但是，市场销量的增长也是研究该公司资产负债表的一部分，特别是在这样一个几年前仍是极小规模、如今却能出售如此大量的葡萄酒的商行。因此，公司的营业额和利润在 1939 年分别为 1506241 法郎和 205701 法郎，1944 年则达到了 9000 万法郎和 3600 万法郎，在后期更正的数据中，四年内商行的营业额增长了 2277%，利润增长了 6862%。[2] 更引人注目的是，公司的盈利能力激增，利润 / 营业额比从 0.13 增长到了 0.4。

然而，所有已有的数据仍然不足以掩盖更大的贸易规模。因为这里有必要"考虑克莱杰的会计会有一些隐瞒"[3]，1945 年，他的账目在科多尔省充公委员会的调查者看来是相当离奇的。"他 1942 年和 1943 年的资产负债表明显被改过"，克莱杰实际上从 1940 年就已经建立了一个双重会计系统，基于一个巧妙的双重计费机制，旨在隐瞒其销售到德国的葡萄酒，并且创造一个神话般的"私人收银台"。[4]

更重要的是，这种对账目的隐瞒能够很方便地绕过法国复杂的监管系统，逃避税务局的检查，另外，战争背景以及 1943 年后德国获胜的概率越来越小的现状需要更加隐秘地进行这种贸易。如果我们不知道大多数商业运营的确切性质，那么似乎"会计处总的发票数……表明克莱杰销售到德国的已知数额达到了 2700 万法郎"。充公委员会的调查员在 1945 年补充说："我们说的是已知的数量。因为吉耶曼（Guillemin）先生 [间接税务部门首席监察官]从一份特别记录在案的报告末尾得出结论：'克莱杰先生与敌人进行交易的实际数量远比核查后反馈的情况多得多。'" 1940 年夏季和秋季，随后的操作继续进行，"大量成功的交易都是由德国士兵驾驶装满葡萄酒的卡车直接开到葡萄园，而没有任何文件可以使运输合法化。谈判都是以口头的形式达成，这种方式不会留下行动的痕迹。舆论以及利益相关的人一致认为，克莱杰正在寻找德国客户，他'打开柜台'[5] 卖葡萄酒给德国人"。

如果说所有这些操作都涉及"零售，销售给官方买家，或者更简单地说是自由地销售给其他德国机构"，那么在此操作之下，大部分葡萄酒实际上逃过了博讷的官方代表，直接由德意志国防军采购办公室和其中间人，以及索恩河畔沙隆司令部、第戎指挥部的军官和团体获取。每天都有相当数量的葡萄酒在这些线路上被运输，由德意志国防军的卡车从存放勃艮第葡萄酒的酒库运往德军的部队，经过总部，一直到达前线。克莱杰还将自己的关系网扩大到了阿尔萨斯和摩泽尔的企业，那里才是德国交易的真正保护伞。他亲自与其中几家公司成功开展业务，其中包括与西梅尔基舍（德国在法国的商品收集机构，他们聘用法国的掮客）的交易。这个强大的商行是阿尔萨斯和摩泽尔葡萄酒的第一进口商，坐落于梅斯的阿道夫·希特勒大道，他们的酒不论是在数量还是质量上都享有盛名。在这里所有的交易中，支付在法国购买的葡萄酒需通过当地银行将资金转移到巴黎，以供法德清算使用，由兴业银行、国家工商业银行（BNCI），或者更常见的是由戈林的全能金融机构——航空母舰基地负责。[6]

最后，克莱杰更直接地向纳粹的商业机构提供了部分交易，其中不得不提的是由马克思·西蒙（Max Simon）领导的、在法国设立的党卫军采购办公室。克莱杰代表党卫军进行了若干次交易。[7]虽然没有办法准确地转录交易细节，但可以发现克莱杰获得的订单越来越多，而他又无法完全提供订单上需求的份额，结果是贸易商之间的竞争逐渐平缓。因此，在1943—1944年的掠夺中，马克思·西蒙领导的武装党卫军特殊份额订购的8万百升"精选葡萄酒"（不包括香槟）在1944年夏天以11418百升的数量结束交付，其中的5000百升都是由克莱杰商行提供的。[8]

克莱杰一方面不遗余力地满足纳粹对葡萄酒的要求，另一方面早就表现出了他强烈的愿望——想要通过在所有领域享有声望来展现他的成功。1940年开始，"克莱杰先生过上了阔绰的生活；他获得了占领军高层的允许，轻松自由地活动在各个地区，去巴黎、里昂、法国南部旅行，挥金如土"。[9]同时，他"在他波马尔的房子上一掷千金；解放之后，我们在他家找到的发票和报价上显示，他花了大笔资金购买家具、地毯、珠宝、艺术品、亚麻布、服装等"。除这些开支外，他还购买了一个葡萄园、一座法国南部的城堡和在他妻子玛德琳·克莱杰－克莱（Madeleine Clerget-Klei）名下的不动产。[10]

这个贸易商在几个月内成为"该省最富有的商人之一"，他放荡无度的奢侈和在黑市里肆无忌惮的行为激起了当地民众的愤怒。1941 年 1 月，博讷当局就"税务欺诈"和"违反价格立法"对克莱杰进行了信息公开。警方很快便收集了一些证明其欺诈的证据。几天后，博讷检察官下令对其进行搜查。在现场，经济控制部门的检查员根据案件起草了一份报告。在清点的时候发现，"非法库存"里包括相当数量的各类物品，其中有"343 米布料、117 公斤面食、124 公斤糖、100 公斤米，数十磅的肉酱、鲑鱼、螃蟹、龙虾、沙丁鱼、泡菜、肥皂、咖啡等"。[11] 然而对于地窖里的葡萄酒的来源和构成并没有任何相关的调查，甚至这次行动为克莱杰提供了展示其影响力和达到豁免的机会，这得益于占领者的支持。在后来的一次听证会上，宪兵队长德尔索尔（Delsol）汇报了该行动的细节：

马吕斯·克莱杰先生虽然不在场，但在行动 [搜查] 的过程中，他从索恩河畔沙隆打电话给我说 [……] 他准备向占领军高层上诉推翻搜查结果。

他兑现了他的话，因为第二天，我就收到了博讷德国指挥部的命令，让我在翻译官文克尔（Wincker）的陪同下去波马尔的马吕斯·克莱杰先生家，目的是解除封条。在去波马尔之前，我通知了预审法官。

在我到达马吕斯·克莱杰先生在波马尔的家时，我发现了几位德国高级军官和一个中尉，他命令我把以前缴获的东西交给他们处理。我应该提到，克莱杰先生的态度很令人反感，我忍不住向他指出他办了件荒唐的事。马吕斯傲慢地笑着说："您想要什么，队长，这是交易！"在场的德国中尉补充道："这是服务！"至于高级军官，他们在隔壁房间豪饮香槟，房间门半开着。回到博讷，我向预审法官汇报了我的任务。[12]

几个月后，第戎上诉法院总检察长的一份说明使博讷检察官开始对克莱杰的诉讼感到惊讶，上面指出"[他]本人认为本案应立即以无罪宣判结案"。他还要求"请在今天处理好"。[13]最后，博讷检察官在 1941 年 9 月 11 日正式宣布不予起诉。

此时克莱杰在德国军队的保护之下，他不会受到任何公共权力的侵害，同时他对越来越严格的贸易规则不屑一顾。因此，1942 年 4 月 14 日，用于交易的原产地葡萄酒供应增加的欺诈行为惊动了第戎区域长官查尔斯·多纳蒂（Charles Donati），于是他下令发布一项新法令，规定对于在地主处采集的"没有纳入"原产地控制的葡萄酒需要得到预先的授权。[14]这个法令让每位贸易商都面临一个难以接受的现实：当初他们花大价钱（远高于政府制定的含税价格）[15] 购买的高级葡萄酒可能要被政府征用。因此，根据供给管理部的条令，当地葡萄酒联合会辖区内的葡萄酒可以卖给其他买家，但交易价格必须符合政府制定的含税价格。这件事令贸易商非常不安，他们从葡萄园直接购买的法定产区葡萄酒价格奇高，还加付了一笔非法补偿金，该政令的实施让他们不得不面对代价高昂的官方征用。[16]

在这种情况下，每次征用都可能是很昂贵的，似乎没有任何贸易商能够获得逃避该规则的优势。因此，包括持有 MBF 颁发的、为部队或德国国民准备的葡萄酒购买券的行业人士在内也会受到影响。正是在这种情况下，1942 年 5 月 22 日和 6 月 2 日，供给管理部门下令在克莱杰的地窖里征用 99 桶沃尔奈葡萄酒和 1941 年的波马尔葡萄酒。[17] 这些酒根据指示被立刻拿走，交予勃艮第优质葡萄酒联盟。这一决定下达之后，克莱杰就此提出强烈质疑，他表示，这些葡萄酒都是为巴黎宏伟酒店的德国军官提供的。[18] 他向占领当局的抗议起了作用，并不像当时的博讷联合会副主席莫里斯·迪韦纳（Maurice Duverne）在 1945 年所说的那样是一纸空文：

> 1942 年 6 月 4 日，联合会收到了科多尔省总供应部门主任的消息，请求他在占领当局做出决定之前，推迟这些葡萄

酒的分销，直到新的订单被阻止。同年 6 月 20 日，布沙尔
（Bouchard）先生被格梅尔（Gemmer）少校召集到他在第戎
的 22 号县街道的办公室，陪同他前往的有一位省长的代表和
供给部的区主任。布沙尔先生因故不能出席，我代替他去了。
格梅尔少校说，他打算把 99 桶酒还给马吕斯·克莱杰的商行，
事不宜迟。

当我对马吕斯·克莱杰受到的特殊照顾感到惊讶时，格
梅尔少校说，因为这家商行是唯一在该地区受到德国当局的
欢迎且不受困于寻找货源的地方。[19]

因此，在第戎指挥部的德国高层坚定的要求下，总供给部的
主任立刻执行任务并表示，"希望把马吕斯·克莱杰的葡萄酒立即
归还当事人"。[20]在执行这项决定时，克莱杰通过博讷贸易商联合
会的传票诉求获得了运输费用、记录在册的商业损失以及其他操
作带来损失的报销。[21]

此外，由于他商行庞大的商业规模，以及因与德国高层相近
而受豁免一事，他从 1941 年起，进入了在巴黎顶级的沙龙，其中
包括非常有声望且封闭的欧洲圈子。在首都的中心一带，占领时
期最有名望的合作主义企业家重聚于香榭丽舍大街 92 号，在这样
一个互助和理解的团体中，领导人相信，在"新欧洲"[22]到来的
前景下，需要与纳粹进行坦率的合作。

历史学家埃尔韦·乐·博特夫（Hervé Le Boterf）就这件事写道，"所有臭名昭著的合作主义者都想加入这个非常封闭的'欧洲圈子'，但是这位香街超级俱乐部的领导者、丽都的创始人爱德华·肖 [……] 并不会轻易让人进入这个圈子。有必要证明自己的身份……以保持当下的政治色彩。新闻、广播、政治和定向经济的上层精英，在不惧怕失去唐培里侬的基础上保持着他们的根基"。[23]

虽然说在这些人中，克莱杰只是一个不甚起眼的贸易商，但毫无疑问，他经常展示出来的机灵熟练和人际交往技巧给予他的回报，让他在银行和工业圈子中获得了一定的认可，其在勃艮第的葡萄酒贸易商的圈子中显得十分突出。加入这个法德圈的他的同行同样目的明确，其中包括葡萄酒贸易商勒桦，克莱杰无疑可以在这里亮出他奢华美酒与高级美食的底牌，之后再建立任何实际的贸易关系。

克莱杰断言自己是一个机会主义者，他以贸易的名义转战政治合作领域。[24] 他在勃艮第海岸被正式确定为欧洲圈子[25]的成员，并被柏林大使馆授予了非常珍贵和荣耀的"纳粹德国的名誉公民"称号。战争之后核对总情报局的调查笔记可以发现，[26]这一信息貌似很快就在博讷地区传播开来，"许多博讷人通过伦敦无线电台听到德国将这一荣誉颁发给了克莱杰"。[27]但克莱杰是一个有远见的人，他并没有像当地人猜疑的那样（得意忘形），而是请求"盖世太保允许他携带武器"来保护自己。[28]

▶▷ "我生来就是合作者"！

在勃艮第，皮埃尔·安德烈于 1927 年收购了博讷附近的阿洛克斯 – 考尔通的考尔通城堡，很快他就在勃艮第葡萄园成了一个足智多谋且富有进取心的贸易商。基于 20 世纪 30 年代良好的商业活动势头，他在巴黎的办事处开发了新的销售方法，创造了前所未有的展销风格，并更新了标签和包装设计，同时得到由个人和餐馆客户导向的高效网络支持。

简言之，当战争袭击这个国家时，皮埃尔·安德烈已经是一位成功的企业家，他的雄心勃勃让他远远领先于许多当地同行。他十一岁就成了孤儿，在母亲早逝、身为军人的父亲失踪后，家境贫寒的他由姑姑和祖母养大。在四十岁之前，他已经迅速地拿下了当地葡萄酒家族的财产，然后吞并了亚瑟·蒙托亚位于博讷显赫的商行，夺去了一些最优秀的、已经消失的"帝国"戈泰 – 博克特（Gauthey-Bocquet）和朗格园（Clos des Langres）的葡萄酒。皮埃尔·安德烈乘胜追击不断寻找机会，于 1938 年买下了著名的巴黎餐厅"鹅掌女王烤肉店"（La Rôtisserie de la reine Pédauque），这让他能够长期接触到国内与国际的客户。

虽然在外部市场创办商行的可能性几乎为零，但是在第二次世界大战开始之际，皮埃尔·安德烈仍旧与德国啤酒厂多特蒙德联合酒厂（Dortmund Union Brauerei），在 1937 年世博会的卢森堡馆里，展开了一次前景极佳的合作，他们计划在 1939 年比利时列日的世博会上搭建一个大餐厅。[29] 就是在这样的情况下，皮埃尔·安德烈以极高的价格收购了在兰斯的香槟商行维克多·克里奇（Victor Clicquot），[30] 这是一家少有的 1939 年在纳粹帝国仍有分公司的商行。皮埃尔·安德烈在成为该商行的德国分公司股东之后，利用他的人脉和投资，使该商行成了与德国进行葡萄酒贸易的领头羊。[31] 如果在列日世博会闭幕前两个月爆发战争，那估计将给他带来 100 万法郎的损失，皮埃尔·安德烈希望利用最近的商业伙伴关系，与比利时和德国建立商业合作。

　　然而，与德国贸易的关闭，紧接着 1940 年 5 月法国的军事崩溃，似乎都在毁灭着皮埃尔·安德烈的希望。由于需要出席的活动颇多，皮埃尔·安德烈很晚才收到关于他在勃艮第财产的消息。[32] 1940 年 5—6 月，巴黎、兰斯和阿洛克斯的地窖、商店和办公室工作人员完全撤离后，皮埃尔·安德烈也逃到了法国南部的康塔勒避难。[33] 在他离开的这段时间里，他在勃艮第酒窖中固定的葡萄酒库存被德国军队没收，部分被摧毁或掠夺；他在阿洛克斯－考尔通的葡萄园被炮火轰炸，1941 年，其葡萄园损失估计可达 200 万法郎。[34] 据皮埃尔·安德烈解释说，入侵期间他的地窖财产受到的掠夺在科多尔省是一个非常罕见的案件，这是一些嫉妒他的当地竞争者在他离开期间恶意策划的。[35] 自勃艮第、香槟到巴黎，不断有"流言"说他是犹太人，因此德军可以名正言顺地没收他的财产。[36]

在这种情况下，皮埃尔·安德烈的一部分工作人员被俘虏或流放在法国南部，他任命自己在博讷普雷父子（Poulet Père & fils）商行的同行雅克·杰曼来直接管理地产。但在 1941 年，后者因为和皮埃尔·安德烈发生了一次严重的争执而被无情地解雇了。[37] 于是雅克·杰曼在阿罗克斯的位置由路易斯·比洛（Louis Pillot）接替，他是沃居埃镇的前秘书，也是国际香槟委员会的主席。在此之后的整个战争期间，路易斯都是皮埃尔·安德烈最信任的人。

事实上，皮埃尔·安德烈在他巴黎平等大街的办公室中继续其商业活动，并很快获得了在被占领地区自由行动的授权，并从 1940 年秋季获得穿越分界线的权利。在科多尔省，他经常由经理或销售代理陪同，联系勃艮第、隆谷和博若莱的地主和商人。这是他自 1930 年以来成功的关键因素之一：不断寻求新的产品和持续增长产量，并且大规模地交易。在为其成功做出贡献的葡萄酒中，博若莱葡萄酒在几年内达到了意想不到的规模。基于这一"葡萄酒民主化"战略，皮埃尔·安德烈在短短不到十年的时间里建立了一个帝国，凭借其惊人的销量，他的公司成为勃艮第海岸第一贸易公司，且在德国占领期间成为该地区葡萄种植酿造业中一位"举足轻重"的人物。

皮埃尔·安德烈的商行在 1939 年销售量为 9110 百升，即 151976 瓶，在 1940 年仍然卖出 7510 百升，即 184093 瓶。在占领军和销售路线重启的影响下，皮埃尔·安德烈在 1941 年卖出了 11229 百升，即 215201 瓶；在 1942 年卖出 14545 百升，即 333794 瓶；在 1943 年卖出 18430 百升，即 476566 瓶，接着在 1944 年出售 10772 百升，即 397855 瓶。所以，从 1939—1943 年，该商行销售量上升了 102.3%，在 1939—1944 年整个时期内上涨了 18.24%。[38]

在 1940 年之前，皮埃尔·安德烈商行的平均营业额为 16796586 法郎，平均利润为 2243865 法郎，而 1940—1944 年，该商行在勃艮第的平均营业额为 31525647 法郎，平均利润是 2019075 法郎，还不包括由价格指数更正的数据。1941—1944 年，该商行总营业额大约为 1.15 亿法郎，给德国军队的销售额达到了 4090 万法郎，占据总额的 35.6%。[39] 作为总资产负债表的补充，皮埃尔·安德烈的香槟子公司在 1940 年之前，增加的平均营业额为 214.5 万法郎[40]，1940 年之后是 250.8 万法郎，1940—1944 年期间整体赤字没有被填满，与德国人做生意的成交量占了在 1940—1944 年期间的总营业额的 33.7%。[41]

在巴黎，皮埃尔·安德烈与德国人的合作十分低调，因为他天性谨慎，而且他在商务谈判中的技巧总能让他准确地适应公司所需的战略选择。自 1938 年以来，在他巴黎的著名酒店鹅掌女王烤肉店，皮埃尔·安德烈针对尊贵的客户开发了新的商业路线。在占领期间，尽管受到限制但这家餐厅仍在持续运作，而且它提供的菜品正大光明地以黑市的价格出售，一顿饭超过 1000 法郎，辅以上好的勃艮第葡萄酒，专为名人或者是富人准备。皮埃尔·安德烈的餐厅成为首都最时髦的一个地方，堂而皇之地进行着法德的官方合作。德国官员、合作主义的政治领袖、组织委员会主席、金融家、实业家和外贸顾问以及各种新贵，聚集到这些首都的沙龙、酒馆、夜总会和餐馆。[42] 从这个角度来看，巴黎并不缺少吸引力，即使是在占领期间，人们仍然在穹顶咖啡馆（La Coupole）、大维富（Grand Véfour）、卢卡·卡尔通（Lucas-Carton）、普吕尼耶家（chez Prunier）、德鲁昂（Drouant）、马克西姆餐厅（Maxim's）、利普（Lipp）或是富凯餐厅（Fouquet's）享受着盛宴。[43]

在这种令人羡慕的商业情景下，皮埃尔·安德烈与其他餐馆的同行保持着密切的关系。在丽兹酒店，每个月都会举行"圆桌会议"，也被称为"合作午餐"，聚集了经济合作的高层人士，旨在促进德法的关系。[44] 就这样，皮埃尔·安德烈与巴黎贸易界的人士建立了新的友谊。这些人中有乔治五世餐厅和银塔的老板安德烈·泰拉伊（André Terrail），这两家餐厅都处于世界美食顶尖地位；[45] 安德烈·泰拉伊同时还是首都最显赫的酒窖老板；[46] 还有奥克塔夫（Octave）和路易·沃达布勒（Louis Vaudable），他们是马克西姆餐厅的老板，同时也是博讷公认的葡萄酒贸易商。1940年6月开始，银塔和马克西姆餐厅成为纳粹高层在法国的最高司令部首选的餐厅。[47]

鲜为人知的鹅掌女王烤肉店也被很好地改造成了一个奢华的餐厅，成为上流社会的社交场所之一，欧洲圈子的主席爱德华·肖还在那里举行过几次沙龙。另外，皮埃尔·安德烈在占领时期经营的苗圃街6号的"太阳"酒窖附属于该餐厅，向经济宽裕的客户提供了诸多精品葡萄酒的选择，其中包括最好的勃艮第葡萄酒。他还在1939年9月收购了位于匹加勒街66号的莫尼可酒馆[48]，这是一个在不到三年的时间内建成的商业综合体，从此，该酒馆的价值和用处需要被重新定义。

虽说这些上流社会场所表面上是为了发展有价值的关系或签署重大合同，但我们几乎没有证据来证明真正实现的交易和签署的合作。从商业的角度来看，1940—1944年，皮埃尔·安德烈从巴黎的办公室销售给在勃艮第的德意志买家——德雷尔和赛格尼茨——50.39万升法定产区葡萄酒，总金额为23851690法郎。同期以相同的方式，卖出了价值9850690法郎的23.82万升法定产区的"综合"葡萄酒。[49]但从他商行的规模来看，这些销售额似乎并没有受益于他在巴黎缔结的人际关系网络。

然而从1940年夏天以后，皮埃尔·安德烈与巴黎的德国军事政府领导人的接触似乎对他的生意更加有好处。在某个埃卡特博士的直接帮助下[50]，他从德国当局那里得到了以宏伟酒店为赌场的行政官员提供酒品的特权。[51] 在布莱克利少校和泰勒少尉的领导下，这个行政机构在管理最高军事人员和占领军的赌博活动方面保持了上风。但是我们没有找到文件来详细地说明这一活动的范围，以及它在 1942—1943 年期间对法兰西岛大区、诺曼底、法国南部还有摩纳哥酒店和赌场的管辖权。无论如何，这项活动有效地促进了人与人的交际并使上流社会的商业往来更加便利。因此，从 1940—1944 年，皮埃尔·安德烈的商行仅仅向 MBF 就正式交付了 10023 百升的法定产区葡萄酒，总价达到 810276 法郎，另外还有价值 906200 法郎的 33846 百升法定产区的"综合"葡萄酒。和之前所有的数据一样，这些数字显然不能体现现有收据交易之外的数额，因为这是无法估计的。

尽管皮埃尔·安德烈和一些德国军事领导人之间有着共同的利益，并且频繁接触，但这并不能避免现实总是受很多因素的制约。我们已经提到，德国的商业机构与合作主义者在法国和欧洲范围内有着复杂的竞争关系，而且所有人都表明自己在整个战争中能够凭一己之力绕过规章制度，无论是否受其管辖。因此皮埃尔·安德烈调停的能力就显得没有那么强大。因为他既不是富有的实业家也不是金融家，他试图从中间人那里改善他的地位。

因此，自 20 世纪 20 年代起，皮埃尔·安德烈的行动似乎集中在一个坚实的关系圈子里，建立在第一次世界大战时期产生的友谊之上。作为第四十四步兵团的英勇战士，皮埃尔·安德烈获得了军事奖章，之后他于 1919 年 9 月复员，并依然与他"军队的兄弟"们保持着密切的联系。他还成为原四十四步兵团友好协会主席，在两次世界大战期间，参与到强大的"火十字团"政党中。[52]自 1938 年以来，这些原四十四步兵团的成员每年都会被邀请到他在巴黎的餐厅，尤其是曾经的高级官员、后来成为修道院院长的马耶（Maillet），他创建了木十字架唱诗班（les Petits Chanteurs à la Croix de Bois）。马耶在 20 世纪 30 年代的时候，因为儿童唱诗班学校在世界范围内的成功，成为教会界的领军人物。不仅如此，他还成为巴黎红衣主教叙阿尔（Suhard）的门徒[53]，后者与合作主义者保持着密切的关系。在战争期间，唱诗班学校不仅在全世界范围内举办音乐会[54]，还在法国和欧洲的新规支持下到大城市进行表演，这些新规得到一些天主教会最高主教的支持，其中包括波尔多大主教费尔廷（Feltin）、第戎主教森贝尔（Sembel）大人，这两位都是主流意识形态的狂热支持者。[55]这个潜在的关系圈和强大的本地网络构成了能够被调动的政治影响力。

　　因此，在 1943 年，时任香槟葡萄酒行业间委员会主席的罗伯特·德·佛格伯爵将被纳粹判处死刑之事，让皮埃尔·安德烈拥有了一个千载难逢的机会来证明其影响力，以及对其董事路易斯·比洛的感激之情。正是通过"经常光顾他餐厅的德国军官"和一帮法国合作主义者朋友的支持，其中有菲利普·汉诺（Philippe Henriot）——这位热切的合作主义者，在不为人知的情况下，被邀请到皮埃尔·安德烈的餐馆，帮助他最终使罗伯特·德·佛格伯爵死里逃生。显然，我们可以从中见证政治与商业领域不断交织的复杂过程。

尽管得益于和德国高层密切的关系，皮埃尔·安德烈在很多领域被认为是无法被侵害到的，但他仍在很大程度上受制于占领政权并处于无法预知的风险之下。虽然皮埃尔·安德烈在其贸易活动中被德国当局庇护，但他却受到 1943 年 9 月 8 日巴黎出台的新条例的直接影响，该条例规定他的酒馆要在晚上关闭。因此，如果没有 MBF 授予的特予豁免，这项新规则必然会导致皮埃尔·安德烈的酒馆破产，给他带来相当大的损失。

通过军事占领当局的顾问霍恩斯（Hornes）博士，皮埃尔·安德烈决定在 1943 年 9 月 14 日写信给大巴黎的司令部，表达自己愿意无条件为德国贡献自己的力量。[56] 在他的信里，他没有提到他作为葡萄酒经销商、维克多凯歌香槟商行所有者和其德国子公司股东的身份，但是他提到了自己为宏伟酒店赌场的官员供应葡萄酒一事，并表示他在 1939 年与多特蒙德联合酒厂有密切合作，信里还提到了他和埃卡特博士的关系，说后者可以满足他的要求，试图解除让他的酒馆夜间关闭的规定：

> 关于我自己的账户和我与埃卡特博士的关系，你们可以

要求我提供任何有用信息。

为了让他的未来有更好的保障，皮埃尔·安德烈还声称自己有德国血统，并且可以不顾一切地奉献于纳粹事业，他写道："也就是说，我的母亲是德国人，从某种意义上来讲，我不是一个被环境驱使成为的'合作主义者'……或是到最后关头被逼无奈成为'合作主义者'[……][恰恰相反]认识我的人都知道我生来就是合作者。"[57]

这封信经行政事务组主管递交至巴黎，直接获得了德国当局批准。但德国驻法军分区司令部的霍恩斯博士表示："在我（他）看来，我们（他们）在这里做了一件并不明智的事。"[58]

在1943年10月4日，霍恩斯博士写信给皮埃尔·安德烈：

> 根据所获得的消息，莫尼可酒馆最近似乎很少有人光顾。[……]当1943年9月8日的新安排出台时，您在1943年9月14日的信中提到的情况是无法确认的，因此这些情况不能在上述会议中予以考虑。[……]我们已经记录下您的请求，并且会在下次新规出台时进行考虑。[59]

1943年10月18日，托恩（Thöne）官员再次通过霍恩斯博士转达了一项申请，但仍未生效。皮埃尔·安德烈表示，在巴黎的盖世太保主动向他提供保障，让他的酒馆能在晚间开业，条件是他提供一部分的员工和管理权，以服务于盖世太保。[60] 不过，他拒绝了盖世太保的提议，故保障人的缺失导致酒馆在夜晚开业的请求被驳回。[61]

▶▷　给希特勒"秘密军队"的法国葡萄酒？

作为勃艮第和夏朗德省的非典型商人，勒桦于 1919 年继承他父亲约瑟夫手下的重要庄园——位于奥克塞迪雷塞和默尔索的葡萄园。凭借着自己的创业天赋和宏伟雄心，他推测出了第一次世界大战后《凡尔赛条约》对德国施加的监管变化。

"勃艮第酒"公司的成立保证了向国家酒品部门供货，勒桦利用这一点打通了出口德国的渠道，并且巧妙规避了法律对醇分级超过 24° 的白酒征收禁止性关税的规定。

1920 年，为了应对业务的增长，勒桦在夏朗德省的根萨克 – 拉 – 帕卢埃乡村购买了一家酿酒厂，在位于大香槟区科尼亚克古镇内的塞贡扎克村开发了一个工业部门，专门生产酒精度数为 23° 的葡萄酒和烧酒。正是在两次大战期间销量不断增加的生产中，勒桦积累了自己的财富。20 世纪 20 年代末，这个来自欧西 – 勒 – 格兰德的贸易商成为最重要的面向德国的出口商之一。在第二次世界大战开始之际，他的公司——埃尔维纳——几乎垄断了整个葡萄酒领域，所生产的葡萄酒很大部分转卖给了纳粹德国。

1940 年，勒桦作为他公司所有股份的唯一持有者，在他的商行里实施了一项非常强硬的政策来扩大与德国的贸易关系网。考虑到这一点，法国的失败，以及法国经济受到德国的控制对勒桦来说是一个绝好的机会，他由此处于一个非常有利的商业位置，而他也丝毫没有浪费这个机会。因此，在葡萄酒交易界，他的商行 1940—1944 年的总营业额上升到 83245710 法郎，其中 600 万法郎直接销售到过境部队，在法德协议框架下，销售给官方买家 [伯默斯、赛格尼茨、哈勃尔（Haber）、贝克、奥普费尔曼和爱德华·巴尔特] 的额度达到了 38709276 法郎。[62]

在这些数字基础之上，还要加上阿尔及利亚和突尼斯葡萄酒的销售量，直到 1942 年，通过给德国政府代表哈勃尔和伯默斯供应上述葡萄酒，他分别获得了 1742322 法郎和 3431857 法郎的收入。因此，在很早的时候，勒桦就成为在法国所有的葡萄园收购葡萄酒的专家，有时是他回应别人的报价，或者在大多数情况下提前向其他人销售产品。因此，在整个第二次世界大战期间，总体来说，勒桦商行已正式向德国或德国机构售出 49883455 法郎的葡萄酒，约占总销售额的 60%。[63]

这一份关键的销售额其实还没有算上利口酒的资产负债，包括卖给官方买家克勒泽的 800 百升阿马尼亚克利口酒，其总价值为 954244 法郎。但是战争期间，勒桦在葡萄酒出口业占据的地位非常引人注目。在这段时期，法国几乎垄断了所有出口到纳粹德国的葡萄酒，于是勒桦就从中得利，保障了自己的生意。[64] 通过添加酒精使饮品的酒精度提升到 23°，这些饮品是生产德国烈酒（特别是杜松子酒和苦艾酒，"德国葡萄酒新娘"或是德国葡萄酒烧酒）的主要蒸馏原料。这些增加酒精度的饮品也是德国交易商生产德国起泡葡萄酒（起泡酒）的原料。

自 1940 年秋天起，勒桦绕过定居在博讷的官方买家德雷尔，与中间人克勒泽签署重大合同，后者是德国的代表，负责购买"黄金"酒、阿马尼亚克、科涅克、强化酒精含量的葡萄酒和汝拉葡萄酒。德雷尔在 1945 年对法国司法部的声明中表示，"克勒泽在价格最优惠的地方购买葡萄酒，而我（他）认为，勒桦先生凭借他的商业部署，也获得了最优的价格"。[65]

1940—1944 年交付的葡萄酒总量为 12967072 百升[66]，总金额超过 15 亿法郎（1541181204 法郎）。[67] 这样的数字令人费解，因为当时技术上的困难和运输方式长期短缺的问题是很严重的。

最后，勒桦承认，在占领期间，高酒精度数葡萄酒营业额为 1625381158 法郎，其中包括与纳粹德国交易的 1592018903 法郎。[68] 如果要把衡量这种贸易的规格作为参考，不包括香槟和起泡葡萄酒，那么在占领期间交付的所有数额约有 1250 亿法郎。[69] 这些数字意味着在第二次世界大战期间，仅仅是勒桦商行的销售额就占了向德国政府出口的非起泡葡萄酒总值的 12.7%。

　　自此之后，他在与德国高酒精度葡萄酒贸易领域的独家经营使他的业务空前增长，并让他成为法国最大的酒品贸易商之一。考虑到商业上的成功，他试图将自己巨大的财富投资在最负盛名的勃艮第葡萄产区。因此，1941年，由于受到缺乏资本运作的严重危机影响，雅克·尚邦（Jacques Chambon）出售其庄园，于是很有声望的罗曼尼康提（Romanée-Conti）遭遇被瓜分的威胁，勒桦立刻应运成为一个大买主。

　　这个葡萄酒庄园的归属备受瞩目，因为它是勃艮第最著名的酒庄之一，之前有很多杰出的贸易商地主经营过它，像克劳德－弗朗索瓦·维耶诺（Claude-François Viénot）、保罗·吉耶莫（Paul Guillemot）、路易·林格－贝莱尔（Louis Liger-Bélair）、于勒·洛瑟尔（Jules Lausseure），还有雅克－马利·迪沃－布洛歇（Jacques-Marie Duvault-Blochet）。一旦拥有这样的葡萄产区，就能被载入勃艮第葡萄酒的史册，并且获得菲利普德·克伦堡（Philippe de Croonembourg）和康提王子路易斯·弗朗索瓦·德·波本（Louis François de Bourbon）的遗产。

　　然而，在1941年，该酒庄的完整性仍然是其所有者关注的主要问题之一。解决这个问题的第一步是在1942年7月31日创立一间民营葡萄酒公司，爱德蒙·高丁－德维兰（Edmond Gaudin de Villaine）和勒桦持有此公司同等的股份。于是，这个庄园既保留了爱德蒙·高丁－德维兰家族的传统，又拥有了勃艮第最富有的商人之一的商业能力。勒桦进行的金融脉冲和资本重组使这座酒庄从 1942 年开始实现价格高昂的转型，并保留了前根瘤品种和"老的曲枝压条法"。[70] 为了支付这些昂贵的费用，该酒庄在几个月后获得特权，能够在国内市场上以高于定价的价格出售葡萄酒。[71]

然而，与此同时，勒桦的商业活动仍然基于他的高酒精度葡萄酒交易的惊人成功之上，这些交易完全被德国政府日益增长的需求所垄断。

直到 1944 年，勒桦实行的这种广泛的商业合作扩大到了战略维度：战争规模继续扩大，他需要提供大量葡萄酒和酒精饮料给纳粹德国。因为在 1944 年之前，勒桦将大量的高酒精度葡萄酒和烈酒转移到了德国，在支持德军作战的普通民众的同时，也为日渐缺少燃料的军队提供了一种替代品，让他们将战斗的规模逐渐地扩大到全世界的范围。

当然，首先要回顾的是，历史学家很早就发现轴心国和纳粹德国在第二次世界大战期间做战略选择时，是以寻找必要的可持续能源为原则来维持战争的。因此，德国在漫长的战争中逐渐停滞不前、在大西洋战役中无望的胜利，以及从 1941 年开始闪电战的失败，都使德国总参谋部愈加担忧燃料供给的问题，因为与此同时，东面的战线被苏联红军突破。然而，虽然德国化学工业早已开发出新的合成汽油来解决日益增长的能源赤字问题，并允许德意志国防军不使用无法获取的高加索石油，但对于德国来说，只有易于再生的技术和大量的可燃物才能真正起作用。

在这一基础上，20 世纪 30 年代起，一些复杂的燃料是通过氢、煤和焦油在高温下化学合成的。[72] 从理论上说，从植物中提取的糖蜜可以作为生产焦油的基础材料，但要以工业化的数量来生产代价是沉重的，而且这不能成为一种稳定的燃料来源。但是，使用葡萄酒的酒精，尤其是高酒精度的葡萄酒来替代糖蜜酒精，或通过与葡萄发酵阶段释放的生物气体化学结合，可以或多或少地长期取代一些爆炸引擎的燃料。

因此，全国原产地命名控制委员会在 1941 年 4 月 10 日的会议上证实了这一担忧——葡萄酒中的酒精已成为"极其重要"的燃料补给。委员会还补充道，"法国的葡萄酒库存所剩无几，另外，受到最近事件的影响，指望通过罗马尼亚的汽油来支持占领区的可能性也大大减少"。[73] 两个月后，"为了使酒精尽可能少地变成燃料"，一项提案表示要在勃艮第指定一个原产地命名，即"勃艮第马克"和"精品勃艮第"。[74] 然而，委员会的选择显然不涉及葡萄酒，因为大量的葡萄酒长期以来都归德国当局所有。

当然，在 1944 年，当前的关键不再是在燃料替代方案上进行创新。然而，为了让德国在欧洲和全世界能够稳坐统治地位，纳粹提出了使用新武器的计划[75]，这使传统燃料的替代品变得很有吸引力。作为从 1944 年 6 月开始德国总参谋部设计的报复性武器，V-1 火箭（Vergeltungswaffe）无疑是在技术上向前迈出的一步，但它的主要燃料并非酒精。为了威慑不列颠群岛南部的人们，德国建造了 3.5 万个这样的火箭，但是这些战略武器很快就展现出了它们的弱点。

1945 年年初，更现代、更快速、几乎无懈可击的 A4/V-2 版本火箭被系列生产。通过毫无人道地强迫囚犯劳动生产，德军建造了 4000 个火箭，这些破坏性武器携带约一吨炸药，在冲突的最后几个月，使英国和法兰西岛大区数以千计的人成为受害者。该武器是由一种新型火箭发动机推动的，该发动机以甲醇和液态氧为基础，并配备了第二个燃料箱，其中的合成汽油可将火箭发射后的飞行时间延长 20—30 分钟。这两个燃料箱里都可以装进作为基础酒精燃料的葡萄酒，葡萄酒则是从法国大量进口的。

法国葡萄酒，尤其是高酒精度的葡萄酒，可以成为液态燃料的核心元素之一，为 1945 年之后纳粹政权的进攻性武器提供了燃料。从这个角度出发，并考虑到勒桦对德国的认识，例如纳粹和法国合作主义势力所做的政治宣传，他很可能已经意识到自己公司的商业活动有着较高的战略价值。

在整个战争期间，勒桦都与德意志驻法官方代表克勒泽关系密切[76]，他从一开始小心翼翼地从事他的贸易到最后自由地表达意见。勒桦在 1944 年给德国当局的一封信里说，他可以用高酒精度葡萄酒中的酒精代替糖蜜酒精，而且不会造成严重的风险。[77]

然而，在 1945 年，勒桦强烈否认，在战争期间，他所提供的高酒精度的葡萄酒和酒精饮品曾被德国作为燃料使用；同时，他明确表示，这些饮品当时可以作为法国"战争的火药"（但法国军队并没有使用）。

他继续说，"在 1944 年 6 月，当 V-1 和 V-2 仍在投入使用时，有流言说这些引擎是通过酒精来工作的，指挥部禁止向德国出口葡萄酒和高酒精度葡萄酒是为了在法国蒸馏这些酒，以制造出驱动这些引擎的燃料"。然而，毫无疑问，产生这种恐惧的主要原因是"此时 [1944 年夏天] 酒精饮品部门尽可能地隐藏和摧毁库存"。[78]

然而，勒桦在信的结尾说，"葡萄酒在德国被加工为饮用的烧酒，而不是酒精"。[79]纳粹当局为了新武器的良好运作，不断寻求替代燃料，但并不指望利用获得的大量葡萄酒作燃料。 1945 年，于德国缉获并由法国发起归还的高酒精度葡萄酒的数量证实了勒桦信中所言。对于调查人员来说，当前的问题是得知勒桦合作活动的规模大小，这将对德国有很大的好处。

▶▷ 摩纳哥，世界葡萄酒交易中心

法国葡萄酒贸易整体调整的同时，法国在外界的地位也被重新定义。所以在 1940—1944 年，为了德国、盟国和一些中立国家的进口区利益，几乎所有的外国市场都逐渐关闭。德铁信可公司运输档案中存留了所有购买券和交通券的使用记录，这家公司在战争期间，除了承包出口给德国军队或类似商业机构的香槟配额外，还承包了整个公路和铁路的运输，我们可以通过上述记录对葡萄酒贸易主要的出口地进行估计。

在总出货量超过 3000 吨的样品中，德国显然是唯一的参考目的地，它汇集了超过八成的发货量（按重量计）。这些订单主要发向纳粹德国的柏林、法兰克福、慕尼黑、汉堡、吕贝克、纽伦堡、不来梅、柯尼斯堡、什切青、维也纳和因斯布鲁克等主要城市和地区首府。因为纳粹不想让政府垄断葡萄酒和烈酒的采购，于是有了很多强大的进口贸易商，其中包括吕贝克的不来梅赛格尼茨公司、柏林的克罗克公司、慕尼黑的安东·雷迈斯克米德公司、沃尔姆斯的朗根巴赫公司、格林贝格的里德梅斯特与乌尔利克斯公司，还有达姆施塔特的胡安·普里姆公司，他们分享着提供给平民和军队的油水充足的市场，特别是勃艮第和波尔多葡萄酒。具体来说，大量通过身份不明买家进行的交易，以赛格尼茨公司的名义来登记海关手续。最后，几乎不可能确定这些货物送达的客户的准确身份。一些大型公司，如法本公司（IG Farbenindustrie）和克房伯股份公司也直接参与到德国的葡萄酒进口中。

更出人意料的是，阿尔萨斯－洛林（占了 5.32% 的运输量）在不同的国家立法中占据了特殊的地缘政治地位[80]，这些立法在整个战争期间有所竞争并受到法国财政检查总局的广泛评论。[81]因此，对于法国当局来说，自停战以来在阿尔萨斯－洛林设立的特别制度没有任何司法价值，而且根据国际法和国内法，阿尔萨斯－洛林一直都属于法国领土。实际上，运输到这个地方的货物被认为是在国家领土内进行的销售，它们是通过合同或者收购来实现的，没有出口券和事先授权。

然而，对于纳粹当局来说，阿尔萨斯－洛林是德意志帝国的一部分，具有其特定的自治地位，是一个无可争议的德国省份，这公然违反了法德停战协定。实际上，这项协定的条款对阿尔萨斯－洛林地区的命运保持沉默，对于它们和法国其他领土之间的区别没有任何说明。协定里的条约三赋予法国政府管理被占领区和无人占领区的权利，因此可以毫不含糊地适用于阿尔萨斯－洛林。然而，事实上，1914年，德国人把这两个省份并入了德意志帝国从而延长了边境线。整个战争期间，德国没有回应法国的任何抗议活动。德国通过与法国建立阿尔萨斯－洛林清算区，将这些省份转变为德国领土，并将阿尔萨斯－洛林地区作为在法国经济掠夺的前哨地区。

法国葡萄酒商利用这些含混不清的规定，自由地规避了烦琐的行政手续，特别是申请出口许可证，来进行超出规定限度的贸易，在某种程度上隐藏了他们与纳粹德国贸易的规模。

德国当局对此的态度是友善的，因为借此机会，他们可以通过中间商公司为进口贸易商提供一条既经济又直接的路线，这些公司主要位于梅斯、斯特拉斯堡和科尔马。但实际上，这些公司都受到了德国的控制，尤其是在梅斯的哈特维格与雷特尔（Hartweg & Reyter）和在斯特拉斯堡的韦伯-锐与西格慕勒（Weber-Reeb et Seegmüller & Cie）。当然，销售到阿尔萨斯-洛林地区的葡萄酒被归为销往德国的供给，这进一步强调了该地区属于德国。

引人注意的是，销售到斯堪的纳维亚大型垄断公司的葡萄酒占了总销量的 10%。挪威的国家酒局（Vinmonopolet）、芬兰的酒品公司、瑞典的"葡萄酒与精神"公司均以类似的方式运作，就像真正的中央采购，通过需要满足的人口来规划进口数量和成本。在没有中间商的情况下，任何酒精饮品交易都不能实现。这些垄断公司作为两次世界大战期间禁酒主义的继承者，对法国商人来说意义非凡，因为这里的客户有着较高的生活水平，并忠实于勃艮第葡萄酒。战争期间，对英国、美国和对海洋的封锁，以及对外国市场的关闭，让这些领土更加具有战略意义，他们可能成为面向整个欧洲的贸易市场，甚至是那些抗衡德国的国家。

两次世界大战期间，被占领的比利时和荷兰记录的交易数额较小。葡萄酒进口贸易商，如布鲁塞尔的博纳丹（Bonnetain）、那慕尔的 H. 格拉夫-勒考克（H. Grafe-Lecocq & Fils）、阿姆斯特丹的雅各布·贝伦和亚辛特·德波蒙（Jacobus Bölen et Hyacinthe de Beaumont），是在纳粹统治下直接参与到酒品贸易的几家奄奄一息的非德国公司。

　　最后，意大利算不上是一个真正的市场，除了一些为在罗马的外交使团提供的特殊订单。这些交易证明了法国奢侈酒占领的地位，以及它们在权力和外交中的吸引力。通过这些交易的主要目的地，我们会发现葡萄酒出现在纳粹德国总理公署内部、使馆、公使团、领事馆还有军事指挥部，强调了其在政治首都和地方当局中心（柏林、慕尼黑、纽伦堡、法兰克福、维也纳、布鲁塞尔、阿姆斯特丹、斯德哥尔摩、奥斯陆）的重要性。

　　然而，除此之外，我们对平行交易的规模和在秘密子公司伪装下的交易几乎一无所知。在占领期间，由于法国和德国政府无法触及一些遥远的国际市场，因此大量出口的葡萄酒是我们所不知道的。摩纳哥公国没有在它的领土上生产过一滴葡萄酒或是酒精饮品，却通过正式的组织运输着数量惊人的法国葡萄酒，在几年之内成为欧洲最大的葡萄酒出口国之一。[82]

　　一开始，在摩纳哥开展的贸易活动规模就十分巨大，这是20世纪30年代摩纳哥立法变革的结果。因为当时在蔚蓝海岸失去了垄断的特权，摩纳哥当局决定史无前例地为外国公司制定特别条例，允许全世界的投资者在摩纳哥投资以逃避在自己的国家需要缴纳的税收。以此为目的，1934年7月8日颁布的法律为非摩纳哥领导人提供了非常有利的首要地位，他们希望对国际投资进行金融管理，免受任何征税。这类立法显然规避了法国的监管，同时为摩纳哥创造了极为吸引人的亮点，针对所有受到对资本和商业交易征税的企业家。

然而，摩纳哥在法国 1940 年 6 月战败后，为了保住独立国家的地位以及治外法权，决定保留自己的税收法律；它完整的财务主权和预算与法德清算部门没有任何关系。在欧洲处于战争、遭到英国封锁的背景下，摩纳哥处于中立状态，但被安置在维希的保护下，受到德国的庇护，保持了非常自由的税收机制。来自欧洲大陆各地的实业家、银行家和贸易商都想在这个小国家寻求一席之地来远离冲突。

比瑞士或瑞典更受青睐的是，摩纳哥的新立场确实从三个主要领域为贸易商提供了决定性的特权。在一个对大量公司提高征税的时代，摩纳哥的优势是通过它的税收制度，资本不需要做出任何直接贡献，且对交易的征税仍然很低。[83] 此外，摩纳哥为法国贸易商提供了特别的优势，用以规避 1939 年 9 月 9 日颁布的，仍被维希政府保留的法律——除非事先授权，否则禁止贸易商创建或拓展贸易业务。最后，摩纳哥当局在行政事务中保证以自由主义行事，对匿名制度下的专业操作极为宽容。

简言之，对一些葡萄酒商来说，在摩纳哥，获得贸易许可证很快成为企业有利可图的关键，并能避开所有行政上的繁文缛节。[84] 而且给予这种许可是自由的，只要能够达到足够的金融规模，与摩纳哥商人创建贸易机构，或者直接在摩纳哥发展自己的贸易公司就可以获得许可。然而，这引起了一股不可抗拒的创建公司的浪潮[85]，甚至有些不切实际，如 1944 年摩纳哥市长让－夏尔·贝尔纳斯科尼（Jean-Charles Bernasconi）所写，"我（他）刚来的时候，最让我（他）感到震惊的是公司选择在摩纳哥设立总部，最后其实总部只是一个信箱。[……] 待在摩纳哥从缴税上来说比待在法国更有利 [……] 创建公司变成了一项国民产业。冒名顶替越来越流行"。[86]

事实上，从 1941 年开始，未知的贸易业务在摩纳哥迅速地发展，涵盖了大量葡萄酒和烈酒的交易。[87] 摩纳哥商人作为他们法国同行的替代者，主要在法国、阿尔萨斯－洛林、比利时、荷兰、卢森堡，特别是在德国大规模买卖葡萄酒。在"商业领域，法国商人 (往往代表占领当局行事) 和肆无忌惮的摩纳哥中间人之间存在大量勾结。一切都像是摩纳哥信服德意志帝国的胜利，或者至少是妥协的和平，同时也相信它与英美关系的价值，于是大可暂时忽略日渐减少的法国物质利益，并表达它希望发挥国际作用的愿望。"[88]

然而，正如法国在摩纳哥的副领事德罗（Deleau）先生向皮埃尔·拉瓦尔（Pierre Laval）的报告中指出的，这些贸易商的活动支持着大规模"三角行动"的发展，即从法国—摩纳哥—法国，以及从法国—摩纳哥—出口其他国家。"在过去的几个月里，摩纳哥是一个特别活跃的出口贸易的中心，而且它的特殊性值得我们注意。"

在葡萄酒和烈酒的交易中，这一发展尤为显著：事实上，从提供给我的信息中可以明显看出，1942—1943 年，人们在摩纳哥交易了成千上万升来自各地的、各式各样的葡萄酒和酒精饮品，总价值达 7.2 亿法郎。然而，大部分葡萄酒并不是从摩纳哥的仓库里出来的。[……]

此类操作没有任何商业理由：他们关注的是以出口为导向的法国产品，这些产品与摩纳哥没有任何联系，在设立的公司里，通常只能看到一台打字机和一个写字的秘书。这样做的唯一原因是希望能逃避法国税收。[89]

同时，摩纳哥登记局总督察对他的财政国务参赞说，"在这些交易中，那些与批发饮品有关的问题值得特别关注。事实上，对信贷机构的核查表明，自两年前以来，摩纳哥的公司与阿尔萨斯－洛林、比利时的重要商行之间已经缔结了巨大的葡萄酒和烈酒交易市场"。[90]

后来，摩纳哥的国家议员和税务局局长亨利·拉法伊拉克（Henri Rafailhac）说："在这里，就像在其他领域一样，法国—摩纳哥—出口其他国家'三角行动'存在，从纯粹商业的观点来说是站不住脚的，它唯一目的是在'掩饰'法国商人不道德的赢利。"

不过，我的部门统计数字显示，在 1943 年，摩纳哥预算纳入了超过 2100 万法郎的出口税（3% 和 1% 的税率）。

算上管理部门尚未计算出的欺诈数额，摩纳哥的贸易出口额实际上几乎达到 10 亿法郎。[91]

然而，并没有关于葡萄酒行业活动规模真正准确的记录。总体而言，根据法国税务当局汇编的数据，估计在 1941—1943 年，这些葡萄酒和烈酒交易的"三角行动"数额达到"每年 7 亿—10 亿法郎"。因此，我们很直接地发现，这一贸易的规模是在高收益的情况下简化运行机制得到的结果。[92]

大量的葡萄、葡萄酒和烈酒在法国收获和生产，由摩纳哥的中介购买，然后转售给他们真正的买家。大多数货物在实质上并没有通过摩纳哥的领土，而是由产地直接运送给客户，即大部分是给德国人。通过上述手段可以隐藏交易的实际价格，而法国政府完全无法知道收件人的身份，而且他们不是简单地被替换为花哨和虚构的名字。这一机制只需提及负责海关手续的承运方德铁信可公司，而摩纳哥中间人的名字只会出现在财务室，因为他们不过是单纯的承包商。因此，法国当局仍然无法得到后者的不同活动和账户来源。[93] 最终，相关的贸易商绕过了所有的法国税收和手续（包括出口许可证申请、难以获得的出口清算协议）来确保自己的安全，并且保证其交易能够完美地匿名进行。

正是"三角行动"让一些葡萄酒商隐秘地为德国进口商、无数的商业机构和纳粹军队的购买提供了繁荣的市场。法国的卖家小心翼翼地隐藏在一个空壳公司背后，实际上逃过了所有的调查，"对于一些摩纳哥中间商来说，他们希望隐藏法国卖家真实身份，并且制造有损法国利益的混乱"。[94]

这种谨慎的态度是明智的，因为那些专门从事葡萄酒贸易的公司很快就能看到他们的利润在飞速增长。就前身为罗比尼公司的葡萄酒公司的情况来看，其营业额从 1940 年的 32.5 万法郎增加到 1943 年的 5600 万法郎，这仅仅是销售至阿尔萨斯－洛林区域的数额。[95] 两个交易规模最大的公司是摩纳哥酒桶公司和通用食品公司，这两个公司为尼斯的投资商乌戈·基斯迪（Ugo Giusti）所有。摩纳哥酒桶公司最初由马孔的商业代表鲍尔先生创立，这家公司在 1942 年的营业额达到 1.53 亿法郎，在 1943 年 1—10 月，营业额达到 2.21 亿法郎。1943 年 12 月 15 日，它获得了 1.05 亿法郎的信用证。其他的诸多公司，如摩纳哥总商行、勒佩尔父子高级葡萄酒公司（Repaire & Fils）、保罗·米塞（Paul Misset）、地中海葡萄酒和烈酒公司、地中海葡萄酒与酒品商行、摩纳哥葡萄酒产业公司、摩纳哥葡萄酒与利口酒商行、法国—摩纳哥大酒桶、摩纳哥保健饮品商行等，也在通过"三角行动"进行着这一有利可图的葡萄酒贸易，人们没有办法确切地知道到底谁是真正的业主。这些公司在摩纳哥的国际银行——以巴克莱银行、摩纳哥国家折现柜台为代表——开设账户，借此将钱转到瑞士、英国和美国来逃税，其具体数额是我们无法估量的。

在所有的葡萄酒交易中，法国贸易披着摩纳哥贸易的外套。[96]
因此，1941年，以一个垂死的小公司为原型的摩纳哥的圣－苏珊
娜酒窖（Les Caves de Sainte-Suzanne）商行诞生了，在被勃艮第
贸易商收购后，贸易商们借助该商行通过投资来隐秘地赚取巨额
利润。这家"在1940年营业额不超过107000法郎"的商行，在
1943年一年内，国内市场的销售额达到了750万法郎，出口的销
售额达到约2600万法郎（545813百升）。[97]所有出口的葡萄酒都
直接从生产地（博若莱、第戎市和勃艮第沿岸）运往阿尔萨斯－
洛林。

1943年9月16日，让·勒佩尔（Jean Repaire）在摩纳哥创
立了勒佩尔父子高级葡萄酒公司。它的目标更加广泛，因为它涉
及"所有与利口酒、葡萄酒、起泡酒的批发贸易相关的动产、不
动产、商业和金融操作"。然而，事实上，相比做贸易，这家涉及
面颇广的公司更多的是成功获得了投资——来自一些勃艮第沿岸
极其富有的贸易商，其中就有安德烈·宝树（André Boisseaux）[98]，
他在1941年突然就成为博讷最古老机构之一的所有者。[99]最后，
勒佩尔父子高级葡萄酒公司作为一家控股公司，专门从事商品的
采购和销售，并且记录在法国市场掠夺并迅速流向德国市场的葡
萄酒库存。1943年，该公司出售了412904百升葡萄酒，销售额
达到3300万法郎，勒佩尔父子也因此成为摩纳哥最大的贸易商之

一。庞大的销售额势必会引人注目，但这些狡猾的匿名投资商自有解决之道。

一些公司将中间人的角色与几十名法国贸易商相结合，但对于所处理的贸易，他们无法始终准确地给出各自的投资额度。摩纳哥酒桶公司，这个著名公司记录了大量直接从博讷的火车站运输到阿尔萨斯－洛林的勃艮第、博讷、波马尔和伏尔奈的法定产区葡萄酒。[100] 罗比尼葡萄酒公司主要处理了大量从拉罗什－米热讷运送的夏布利干白葡萄酒货物，而我们无法确切地知道订货客户的名字。"三角行动"并非仅限于交易商，一些酿酒师也参与其中。例如，至少从 1942 年起，摩纳哥葡萄酒贸易公司的保罗·米塞便充当着勃艮第沿岸的酿酒师们的中介。这家公司在 1943 年以 602500 法郎的总价销售了 6260 百升的葡萄酒，表面上看，虽然该公司在这个葡萄酒之都毫不起眼，但由于其扮演的积极角色，它得到的收益并不小。1944 年 5 月 15 日，热夫雷－香贝坦的一个地主以 80 万法郎售出 1 万瓶葡萄酒，再以 133 万法郎的价格转卖，获得了近 60% 的利润；只需要简单地修改会计账目即可掩饰这种利润。这种利润是常见的，它们达到并经常超过法国净税收的 80%。[101]

在这种出口渠道多样化的条件下，法国葡萄酒贸易得到了前所未有的解放，直到在葡萄园里引起了新的危机。1942 年年底，供给更新问题再次引起大家的关注。

5. 战争的狂热

　　战争给葡萄种植和葡萄酒酿造业带来了极大的危机与变动。如此复杂的背景下，在一些著名的葡萄酒产区（如勃艮第、香槟、干邑和雅玛邑、波尔多），或繁荣，或混乱的葡萄酒贸易仍在继续。

▶ ▷ 葡萄种植和葡萄酒酿造业的危机与变动

1942 年 12 月 19 日，葡萄种植部际行业委员会召开会议。面对法国葡萄酒生产量持续下降的景况，委员会表现出深深的担忧。会议上，报告员声称："战争导致了劳力、家畜、肥料以及抗真菌产品的缺乏，从而导致葡萄酒生产量的下降。"十年间，大城市葡萄园在正常年份下的平均收成，"大概为 5500 万百升；然而，1940 年的收成未超过 4487.7 万百升；且 1941 年的收成进一步下降，跌至 4280 万百升；1942 年持续下降，只有 33761764 百升。"更为严重的是，"北非事件[1]后，我们丧失了对阿尔及利亚葡萄园生产状况的知情权"。另外，自秋季开始，这些葡萄园的收成便不再归我们所有。更有甚者，大量产自北非的葡萄酒从此还将被运往英国。在和平时期，阿尔及利亚每年进口 73 万百升葡萄酒，其中大约 18 万百升来自葡萄牙，21 万百升来自英国；而如今，我们却在伦敦市场发现了大量产自阿尔及利亚的葡萄酒。

在被占领的法国境内，各葡萄园正积极致力于扩大葡萄酒的

---

[1]　即北非战争。第二次世界大战期间，从 1940 年 6 月 10 日至 1943 年 5 月 16 日在北非发生了北非战役。它包括发生在利比亚和埃及的沙漠（西部沙漠战役，也被称为沙漠战争）以及摩洛哥和阿尔及利亚（火炬行动）和突尼斯的战役。——译者注

生产规模。"1941 年 12 月 31 日的法律对财产和酿酒师资格进行管控、1942 年 1 月期间通过认购延迟申报或更正其初始申报，这些措施使葡萄酒的产量从 4246 万百升到了 4280 万百升。"同时，揭露"估低价格和严重漏税"的"3207 份会议记录"被予以递交。所有"公然欺诈的行为都受到了严惩"。此外，到 1941—1942 年掠夺运动结束时，"经调查，与上一次掠夺运动相比，葡萄园园主和批发商店的库存都有了显著的提高：1942 年 9 月 1 日，葡萄园园主总库存达至 428.3 万百升，而在 1941 年时仅有 197 万百升；批发商店里，库存从最开始的 646.3 万百升上升至 797.8 万百升"。因此，"总体来看，库存增加了 382.8 万百升，这对新的战役来说极为重要"。

　　然而，未来仍然很令人担忧，因为 1942 年至 1943 年的大都会收获量"根据申报的订单"仅为 33761764 百升，其中28912012 百升葡萄酒供日常消费，4849752 百升为法定产区葡萄酒，共计 33761764 百升；而就此次掠夺运动能够获取的葡萄酒数量而言，葡萄园园主葡萄酒库存量为 428.3 万百升，贸易商店库存量为 797.8 万百升，再加上掠夺运动初期的 91 万百升阿尔及利亚葡萄酒；以上共计 4693.2 万百升。考虑到掠夺运动末期酒库和商店里的存货可能会减少，计划 1100 万百升葡萄酒免税消费，为制造白兰地干邑和阿马尼亚克烧酒而需要蒸馏的葡萄酒的数量大约为 175 万百升，工业用酒约为 135 万百升，正式出口到德国的葡萄酒约为 300 万百升，可供饮用、征税的葡萄酒上升至 2283.2 万百升。

这种情况下，葡萄酒法令未被取消，因为它确实"符合当前的状况与需求"，即"增加葡萄酒的数量，以满足消费需要"。尽管"这种结果有时以牺牲葡萄酒的质量为代价"，但大多数"灵活"政策都只是"权宜之计"。且目前最重要的是，"须确保全体人口充分得到葡萄酒的配给"，而非其他。[1]

会议结束时，报告员指出，大城市葡萄园虽然貌似"保持了战前的生产潜力"，其扩大生产一事却尚未列入日程，"因为所有可供调用的生产要素（人员、牲畜、材料、肥料等）都必须用在对国家生计至关重要的粮食作物的生产上，且栽种新的葡萄苗木，至少要等 3—4 年才会有收成，此外，还需大量的优质杀虫剂来保护葡萄藤的生长"。

与此同时，供给部的官员们正在抗议这种现状，他们不认为下一场掠夺运动期间的产量会因此增加。然而，这种对于贸易的担忧在政府的决定中却有着举足轻重的作用。

为了回应罗杰·德斯卡斯发出的新的质疑，1942 年 12 月 18 日的法规要求，需要对葡萄园园主酒库的葡萄酒进行储存，即将 1942 年收获的 50% 的葡萄酒，按 1942 年 8 月 13 日法规的要求，作为一般性供应。1943 年 6 月 25 日颁布的法令要求，将葡萄园园主库存中于 1942 年收获的，未纳入配给的部分葡萄酒扣留，将其作为法定产区葡萄酒，这些酒占收成申报数量的 30%，其中不包括收成少于 20 百升或是不纳入配给的法定产区白葡萄酒。另外，不受计划封锁限制的法定产区葡萄酒，仅可通过"购买保税贸易商的许可权或向种植者发放的销售授权书"才能在葡萄园购买。这些授权将由中央饮料供应委员会授予，也就是说贸易受到了控制。

仓库主和酒商通常直接在原产地购买纳入或未纳入配给的命名控制葡萄酒，他们可以根据在 1937—1938 年、1938—1939 年和 1940—1941 年期间直接购买的葡萄酒的数量比例，获得署名及不可转让的购买许可证。为计算购买许可的平均使用量，纳入和未纳入配给的法定产区葡萄酒数量将会得到一个价格上涨系数，这个系数由农业部秘书和供给部来确定。计算中的数量将"减掉出口数量"，因为"一部分特殊的葡萄酒将被预留，用于对外贸易的需要"。在这种特殊的状况下，因受到前所未有的冲击，一部分法国葡萄酒业断然转向维希的土地均分政策。这项政策声称保护小产权者的利益，并带有新的国家宣传的象征。

▶▷ 维希政权，法西斯的土地均分主义和对葡萄种植业的保护

这种通过行会来对国家事务施以影响的追求加剧了利益的竞

争，尤其因为它伴随着一种速度的竞赛，更能凸显出以贝当元帅为首的维希政权所实施政策的优越性。

也正因此，在纪龙德葡萄酒界，国家元首所倡导的土地均分和传统主义的原则才能被顺利接受；同时，波尔多地区长弗朗索瓦·皮埃尔·阿里佩还因 1941 年的收成将此年命名为"元帅年"，此举受到梅多克葡萄种植者的大力支持。不到两年后，1943 年 4 月 5 日，由波尔多葡萄酒产权与贸易联盟主席费尔南德·吉娜斯领导的纪龙德知名人士代表团，连同波尔多法定产区葡萄酒联合会主席莫里斯·萨勒斯、波尔多葡萄酒和起泡酒贸易商联合会主席爱德华·克瑞丝曼、纪龙德和西南合作社联合会主席皮埃尔·马丁，一并受到国家元首的接见，以表对他们在玛戈堡生产的葡萄酒的赞许。在葡萄酒生产和贸易代表的提议下，玛戈堡葡萄园从此被称为"贝当元帅葡萄园"。[2]

几个月前，在勃艮第，即 1942 年 5 月 30 日召开的博讷高级葡萄酒贸易商联合大会上，贸易商们决定为国家元首献上他们最出名的葡萄酒。以在场的六十六家勃艮第商家的名义[3]，联合会将这些葡萄酒献给贝当元帅，"以示对您的敬意，对您领导的忠诚，以及对民族团结的支持"。[4] 作为回礼，每位捐献者都收到了一幅元帅亲笔签名的肖像画，以及他寄来的一封感谢信。[5]

就这样，"法国救世主"贝当元帅的神话与影响国家事务和葡萄酒立法的必要性交织在一起。因为就在贸易商做出决定的前夕，

1942 年 5 月 29 日，由区域长官查尔斯·多纳蒂领导，地区权贵组成的官方代表团在维希受到接见。他们将位于博讷主宫医院的一所葡萄园赠予元帅，以示对其政权的尊重和支持。

商人莫里斯·杜鲁安之所以是其中一员，因为他代表着博讷市以及市长罗杰·达奇特领导的养老管理委员会[6]，而非代表勃艮第的葡萄酒商。相反，约瑟夫·克莱尔－朵，葡萄种植者、省葡萄酒协会主席、农业部秘书、农民同业会成员兼马尔桑奈拉科特市长，以及皮埃尔·马蒂，圣让德洛斯恩总参事、科多尔省前议员兼土地党和法国农民的国家代表，他们两人，正如让·维格鲁在其研究中所指出的一样，显然是"地区平均地权者的杰出代表"。[7]

从 1940 年开始，克莱尔－朵不再遮掩他的企图。他要将葡萄园作为一个重要的政治筹码，以此来对抗那些贸易权贵。作为科多尔省议会的成员，他支持了 1943 年 5 月由省长组织的"元帅葡萄园"的揭牌仪式，并再次动员当地贵族，一方面呼吁维持一个绝不会因维希政府的文化计划而褪色的、外省和乡村的法国，另一方面大力颂扬葡萄种植者的辛勤劳动和价值。

贸易变得愈发重要，以至在 1943 年 7 月 21—22 日，博讷市当局甚至举行了主宫医院诞辰 500 周年的纪念仪式。仪式上尤为精彩的节目是宗教演出"神奇的黄金面包"[8]，由雅克·科波执导，在荣誉法院内上演。[9]此次活动，地方政客权贵云集，并受到教会高层的支持，譬如巴黎的主教大人叙阿尔。[10]

这些庆祝活动起到了重要的作用，对几个月后勃艮第贸易商在当地社会中名声和地位的恢复十分有利。因博讷主宫医院管理委员会、市长罗杰·达奇特和德国代表赛格尼茨的支持，自1939年以来被中断的著名慈善拍卖会，于1943年11月17日重新恢复。[11]通过公开的拍卖，占据垄断地位的地方商人贡献自己的力量，以其钱财来资助主宫医院的运作。

1942年，葡萄酒拍卖总额达至历史高点，共计10396320法郎，打破1928年的纪录。[12]有些酒的拍卖价格甚至超过20万法郎，部分因其产自"医院淑女葡萄园"和"贝当元帅葡萄园"；勒桦在默尔索出产的葡萄酒被拍卖到10万法郎一桶；在博讷的帕缇亚父子酒庄（Patriarche Père & Fils）的葡萄酒被拍卖到21万法郎一桶，42万法郎三桶；烧酒的价格达到每百升5万—6万法郎，再次超过以往的所有纪录。

拍卖会上，主要买家是一些知名贸易商。譬如安德烈·宝树、勒桦、阿尔塞纳（Arsène）、马吕斯·克莱杰和皮埃尔·安德烈，他们往往出手不凡。为了表示对时局的关心，大发战争横财的商人于此发现了展示其仁慈和善良的方式，当时人人都已认定德国必败无疑。

这些活动无疑提升了商人们的声名和地位。与此同时，贸易商和葡萄园园主开始联合作战，以示同仇敌忾的决心和立场。这样，1943年法定产区葡萄酒在定量配给上的逐渐一体化便直接影响到市镇命名葡萄酒。1943 年 1 月 6 日，法令[13] 规定将法定产区的"普通勃艮第"红白葡萄酒、"勃艮第白葡萄酒"、"勃艮第白"、"马孔"、"乡村马孔"红白葡萄酒纳入总供给。这一举措直接威胁到了市镇级法定产区葡萄酒。但实际上，没有一种葡萄酒能免于被征调。因为自 1942 年 8 月 13 日起，法令就规定，"倘若日常消费葡萄酒的收成低于需求量，所有法定产区葡萄酒的生产者就要贡献出自己的部分葡萄酒"。[14]

贸易商兼商会主席亚历克斯·穆安容（Alex Moingeon）在给商会做报告时称："对勃艮第贸易商来说，从他们那儿拿酒，无异于毁了这桩买卖。"[15] 在被征用的情况下，大量法定产区葡萄酒不能达标，于是只能以日常葡萄酒的价格出售。面对征用，以往对立的地主和贸易商有了一致的立场。

于是，我们从 1943 年出台的法令中可以看到当地行业间委员会的请求。他们期望扩大某些葡萄园的规模，从而解决因征用而产生的供给问题。1943 年 1 月 27 日，《官方日刊》公布了 1942 年 12 月 30 日的第 3817 号和第 3818 号法令，授予了阿洛克斯、佩尔南、赛尔里尼的考尔通和考尔通·查理曼法定产区葡萄酒许多特权。[16] 阿洛克斯 - 考尔通的葡萄园相当出名，而且考尔通葡萄酒的质量没有受到损害。最后，第 3817 号法令称，这是"'阿洛克斯 - 考尔通'法定产区葡萄酒的一次重大扩张"。

用"重大"这一词来衡量，是因为这种重新排名对大量小生产者的申请给予了保护，并允许贸易商重新评估以前储存在地窖中的收成。命名从"阿洛克斯－考尔通"变成"考尔通－查理曼"（大葡萄园）让这些产地从名单中被删去，这个名单上记录的是要被纳入供给的法定产区葡萄酒，即所谓的"法令特别控制的葡萄酒产地名单"，被记录上去的葡萄酒会以完全不一样的方式被估价。

因此，在重新排名之后，位于第三级的赛尔里尼"勒罗杰"地区的葡萄酒，之前以市镇命名出售的拉度·塞希尼（ladoix-Serrigny）官方价格从每桶 7000 法郎（能够使生产继续的最低价格），突然达到每桶 1.6 万法郎！[17] 每年最大产量从每公顷 35 升降到了 30 升。然而，扩大命名的好处并不是微不足道的。它要求地方排名委员会向全国葡萄酒和白兰地原产地命名控制委员会提出申请，后者再负责转达给农业部部长秘书和供给部，然后得到国民经济，以及金融部部长和秘书的批准，才能在价格部的官方公报中公布确认修改的信息。[18]

更困难的是，认证新的原产地命名控制区域是一项有着持续压力的工作。最权威的行业人士会参与其中，其中包括最有影响力的葡萄园园主（如昂热维尔和亨利·古热，他们是全国葡萄酒和白兰地原产地命名控制委员会下属的领导委员会成员[19]，还有科多尔省葡萄种植协会会长约瑟夫·克莱尔－朵）、勃艮第高级葡萄酒贸易商联合会的主席弗朗索瓦·布沙尔（他既是贸易商又是葡萄园园主）、博讷农业部部长兼葡萄种植委员会主席穆舍龙（Moucheron）伯爵。

于是，1943 年 2 月 23 日的法令让勃艮第的马克避开了德国当局自前一年以来就发起的广泛征调烧酒的运动。[20] 10 月 14 日发布的法令，创建了市镇级原产地命名控制和大葡萄产区之间的中间等级。"第一葡萄产区"的创建突然加强了整个勃艮第沿岸产区的价值，让那里生产的葡萄酒更加容易逃过被征用的命运。[21]

然而，在行业人士看来，该产区仍需要一个以香槟和波尔多结构模式为基础的跨行业组织。葡萄种植者和贸易商之前合作上的失败、1904 年勃艮第酒委员会的昙花一现，都表明在勃艮第，对于分布分散的葡萄园园主和不肯让步的贸易商来说，要使双方相互理解和妥协实在很困难。

▶▷　勃艮第，没有交易的葡萄种植

1943 年春，葡萄园园主的收购行为依旧没能改善贸易商酒窖的库存状况。在勃艮第，葡萄园分布得非常分散，且大多数业主的生产规模极小，使得葡萄酒的供应十分困难，尤其在价格飞涨的时候。现在，情况有所改变，只要地主能够存储生产，即使数量上有减少，他们仍可以考虑通过数量庞大的非官方经纪人直接将其库存销售出去。

对指定葡萄酒的采集、对葡萄园的征收、直接与生产者的交易，这些使即便是最小型的葡萄园园主，也不愿通过昂贵的贸易商经纪人进行交易，因为庞大的市场营销网络对他们并无真正的用处。随后，博讷的贸易商也指出了局势的不妙，"我们的库存日益缩减，若政府不采取手段让贸易商能自行补货，这种买卖是断然做不下去了"。[22]

几个月后，商会主席亚历克斯·穆安容声称："1943 年，由于葡萄园园主拒绝以强制的价格出售葡萄酒，贸易商的库存难以维持在正常水平，已从 1939 年的 31.1 万百升下跌至 20.7 万百升。"[23]

意识到这种状况带来的损失，贸易商开始为自己辩护："从出口来看，葡萄园园主不具备在世界市场上参与贸易的资格，在90% 的情况下，直接从地窖里拿出的产品并不符合客户的期许，这样做只会损害我们产区的声誉。""尤其在瑞士、意大利、西班牙、葡萄牙和匈牙利，我们已失去了大部分的市场。"[24]

不堪重负的贸易商们提议："作为一般性供给而被征用的葡萄酒应该从基层开始，直到今天那里还进行着大量的地下交易。几乎所有的日常葡萄酒的收获声明都在造假，有时甚至少于真实收成的一半，或者更多。"[25]

贸易商的报告还表示，"在一些村庄，上百桶葡萄酒以极高的价格被私自卖出。政府禁止种植酿造的一些葡萄酒，在黑市里卖价达到每桶（228 升）4000—5000 法郎"。[26]

　　为了解决这一状况，维希政府决定自 1944 年 4 月 5 日起（针对 1943 年的收成），赋予葡萄园园主合法的权利，能够让他们自由销售酿造的 60% 还未纳入配给的法定产区葡萄酒[27]，以提高贸易商公司和批发商的葡萄酒销售价格。[28]

　　自此，传统贸易开始恢复，并且名正言顺。第戎税务部门的总检察官在报告中补充道：

　　　　不加区别地赋予所有种植者以销售自由，将会严重影响到传统贸易。农民直接卖给零售商和消费者，从而赚取与贸易商相同份额的利益，他们很少同意以物业价格来进行批发贸易（60%）。

　　　　另一方面，一般性供应的葡萄酒（40%）大部分以特价被赛格尼茨征调（纳粹德国的采购）；因此，勃艮第贸易商将面临屡被拒绝的窘境。

　　　　为了避免给库存减少的贸易公司造成更大的损失，必须对"购买券"予以限制。

　　　　需要指出的是，让葡萄园园主可以自由地处置 1943 年的部分收成，就意味着让那些通过非正规手段进行交易的葡萄酒流进法国市场，如缺少发票、现金支付以及那些存在任何欺诈的结算方式。

　　　　相反，对传统贸易流程的尊重，使得葡萄酒商行内部可以进行彻底检查，无论如何，会计部能够提供一定的保障来防止那些欺诈行为。[29]

对许多贸易商来说，战争的结束使他们在行业内的地位下降，影响力衰退，从而不再能像 1940—1942 年那样轻松致富。[30]对比 30 年前的地方贸易黄金时代，博讷的贸易商莫里斯·马里昂（Maurice Marion）心酸地见证了整个葡萄种植及酿造业经济的衰落：

> 从前，我们地区的贸易商在勃艮第买酒，总会先喝一杯。通过品尝来辨认是否优质；他们喜欢好酒，但也会注意到它的缺点；通过确认葡萄酒的缺陷和不足，来寻找其保存不当的原因。以其陈化的状况，断定酒的未来。这是一群艺术家，钟爱自己的职业，历经漫长而又艰难的学习才能出师；他们的学识能让一家公司扬名，整个地区致富。[……][31]

1944 年 5 月，他补充道："如今，谁想要建立一家公司，只需在街上找个好的地段，或是找个经纪人来帮他规避破产的风险，虽然因此要付出更多的资金，却会让生意更容易，因为经纪人的作用就是直接接触消费者和生产者。"

葡萄酒按等级购买，与其感官品质无关，也不要费劲品尝。只需要法律规定的最少数量的酿酒师，能让葡萄酒贴上必需的售卖标签即可。人们只关心葡萄酒是否是他要购买的品牌，发票是否开好，其余概不重要……这样的风气严重威胁着以往的贸易。[32]

同月，博讷商会的一份报告证实了贸易的混乱，以及行业中差距的扩大，这种差距存在于本地贸易和从诸多限制中解放出来的葡萄种植行业之间：

> 我们要关注的不是接受购买券，而是购买葡萄酒的这种行为。这种区分是必要的，它可以避免与行政部门的冲突，因为后者不强制葡萄园园主按他们提供的价格出售其货物，并且希望将所有责任转嫁给批发商。
>
> 自从生产部门明显地受到保护并拥有特权之后（这句话在文稿上被下划线强调），这种策略变得很常见，但是监管的严格程度掌握在零售部门手中。
>
> 葡萄种植和葡萄酒酿造之间的平衡被打破。此时，问题的关键在于葡萄园园主与贸易商之间的协作、同业联合会与勃艮第地区，重要的是所有参与者都能拥有平等的基础。[33]

虽说战争表面上并未改变勃艮第葡萄酒的经济结构，但是需求的激增和价格的飞涨却有利于行业的发展，让其能在上游保持对葡萄园的控制。地区葡萄酒的价值经鉴定确立二十年之后[1]，占领时期的葡萄种植业渐渐从贸易监管里解放出来，当时行业人士正在寻求葡萄酒贸易的行业间合作。

20 世纪 30 年代，勃艮第虽然推行了许多改革以促进行业整合，然其形式也主要为政治话语和文化宣传。然而，随着 1940 年法国战败与占领时期的到来，贸易的重新恢复以及大部分葡萄种植业突然史无前例的繁荣，对政府提出了更多新的要求。因为在同一时期，因德国的欺诈行为而导致的大量损失已完全扰乱了葡萄酒市场。葡萄酒贸易虽则表面上仍处在政府的监管之下，实际上却因大量非法销售网络的潜入而日益逃离出权力的管辖。显然，勃艮第的葡萄酒市场仍存在陷入混乱的威胁，"我们不可能在每个酒窖前都安置一个守卫"。[34] 勃艮第市场的无序，使德国无政府主义式、病态的购买行为变得更加猖獗。

于是，葡萄酒种植业愈发不注重酒的质量，经常不遵守法定产区葡萄酒的条例，同时葡萄酒的暗中交易也愈加猖狂，如此种种都让为批发商供应葡萄酒变得更加困难。在勃艮第和香槟两地，政府很早就因为现状而深感不安：数量飞涨的假酒、葡萄酒品质

---

[1]　1919 年通过的"原产地保护法令"，对于给定产品的生产地区做出了详细的规定。该法令开启了产地司法限制的时代。德国对法国的占领从 1940 年 6 月 25 日开始，故称"二十年之后"——译者注

的急剧下降、数量的匮乏、供给困难以及一部分贸易的行将终止。

正是在这种混乱的背景下，1940—1941 年，由维希政府倡议，香槟地区葡萄种植者和贸易商组织举行了第一次行业间商会。[35, 36]仅仅几个月内，香槟商会就变得非常成熟，并迅速成为法国其他葡萄种植区效仿的典范。[37]香槟商会极为团结守纪[38]，无疑鼓舞了渴望恢复市场秩序的勃艮第人士，比如葡萄酒贸易商。

1942 年，不久前的葡萄酒掠夺运动无疑表明了，成立商会、以中间人和行业代表来控制和操纵葡萄酒市场的必要性。该地区区长表示，"在我（他）看来，只有生产者和贸易商联合、辅以政府的监控，才能为地区和整个国家创造宝贵的财富"。[39]

随后，索恩－卢瓦尔省出现了第一个真正的行业间区域计划，计划由马孔的贸易商查尔斯·皮亚特（Charles Piat）和亨利·莫梅森（Henri Mommessin）在 1942 年 2 月提出。该计划打算建立一个勃艮第葡萄酒行业间办公室，以代表所有在荣纳、科多尔省、夏龙、马孔和博若莱的葡萄园。[40]由地方行业商会组织，双方代表人数均等。关于其实际运作的具体情况，我们一无所知。在北方，分界线的另一边，该计划似乎并没有太多的效仿者，在博讷葡萄酒贸易商联合会组织的辩论中也并未发现其踪迹。

建立行业商会的大任落在了第戎省省长查尔斯·多纳蒂身上。由政府监管、查尔斯·多纳蒂负责会谈，效仿香槟地区的行业商会，需尽快在勃艮第进行落实。

1942 年 4 月 9 日，由省长命名，行业内十一个代表组成的咨询委员会修订了于 1942 年 3 月通过的第一份效仿香槟地区行业商会的法令。就葡萄种植业而言，有市长兼理事卢梭先生，他是夏龙河畔（被占领区）葡萄酒种植业的代表；拉内里（Laneyrie）先生，葡萄酒种植地区联合会主席（未被占领区）；克莱尔－朵先生，科多尔省葡萄酒种植联合会主席；古热先生，法定产区葡萄酒委员会成员兼价格控制委员会区域代表；拉图尔先生，精品葡萄酒和农业行会代表；皮克先生，荣纳省农民代表。就贸易商而言，代表有亨利·莫梅森先生，勃艮第葡萄酒批发贸易联合会主席；荣纳葡萄酒批发贸易联合会副主席图瓦农（Toinon）先生、西莫纳（Simmonet）先生；斯莱迪（Siredey）先生，科多尔省葡萄酒贸易联合会副主席；弗朗索瓦·布沙尔先生，博讷葡萄酒贸易商联合会副主席；奥里泽（Orizet）先生，全国法定产区葡萄酒委员会检察；费雷（Ferré）先生，勃艮第酿酒学研究所主任。

事情顺利进行，1942 年 5 月 1 日，由省长主持，勃艮第咨询委员会组织了第一次合约原则的讨论。罗讷河葡萄种植及酿造业联合公会、马孔和索恩河畔自由城的批发贸易公会、博讷联合会，以及吕利香槟起泡酒制造联合会达成了一致的协议。此外，从表面看，该计划完美调和了各葡萄酒酿造组织的利益，使其不相冲突，甚至包括那些在勃艮第沿岸的公司。

然而，该省的情况却最为棘手。在博讷，弗朗索瓦·布沙尔负责与葡萄种植者谈判，最终成功签署一份原则性合约。在勃艮第沿岸，此合约无疑很有创新之处。尤其是第三条条款，旨在为农民考虑，"尽可能地保证生产价格和消费价格的稳定，研究且推出合理的消费方式，以便农民和采购商之间进行买卖，同时又顾及中间人的利益 [……]"。这一举措势必会吸引大量贫困小镇的农民。这些人已经意识到当时酒价的不合理，且对第二次世界大战艰苦时期和 30 年代的经济危机记忆犹新。那时，由于缺少买家，人们需要处理过剩的产品，有时甚至不惜把酒直接倒在河里。为了整顿葡萄酒市场，勃艮第咨询委员会提议，在政府的担保下长期进行共同管理制，以控制最低价格。

在葡萄酒界，人们满心期待着 1942 年 6 月 1 日举行的第戎会议的大会报告，期望它能宣告生产者和贸易商之间的利益得到了完美的调和。回顾"1929—1935 年的悲惨时刻，时值葡萄酒贸易与种植业因生意萧条而陷入僵局之际"，合约表明，从此"葡萄酒贸易商与种植者将团结一致，以避免出现唇亡齿寒的局面"。[41]

1942 年 7 月 2 日，马孔会议一致通过了第戎会议提出的计划，勾勒了未来机构的蓝图。最终定稿的文案仍需得到所有参加的行业团体的批准。同时，1942 年 7 月 6 日，由葡萄园园主与贸易商共同组成的代表团（其中有弗朗索瓦·布沙尔、克莱尔-朵、拉内里、梅吉亚和颜迪）在巴黎将法令的初稿交给部长与农业部秘书。最后，1942 年 10 月，政府特派了两名调查员和农业部总督察，旨在制定一份最终报告来为法令的颁布开路。在各方面的协调合作下，1942 年 12 月 17 日，第 3805 号法令问世，勃艮第葡萄酒行业间商会由此成立。[42]

出人意料的是，法令的出台激起了博讷商人的惊愕与愤怒。博讷葡萄酒贸易商联合会副主席弗朗索瓦·布沙尔第一个出来发声。他向省长指出，"目前颁布的法令与葡萄园园主与贸易商的协定之间显然存在差异，我必须对此持保留态度……"[43]1942 年 12 月 30 日，联合会发出一份通告，以此警示所有贸易成员：

> 附件是关于建立勃艮第葡萄酒行业间商会的法令全文［……］。这一文案与合约的某些条款有出入，其中最重要的一项，联合会协调办公室已经与勃艮第葡萄园的代表进行了探讨，并在 1942 年 6 月 1 日第戎和 1942 年 7 月 2 日的马孔会议上予以全票通过。这份文件让我们十分失望。鉴于此，我们将与联合会其他同事讨论之后，再采取决定。[44]

对法令文案的解读实际上表明，行业间咨询委员会内部的一般性原则和行业内区域间的平衡仍未改变，但在执行办公室这里却并非如此。

执行办公室负责日常事务，大权在握，掌控着整个组织，"由部长任命，从办公室成员中选出两名，作为总代表"。"一个代表贸易商，另一个代表葡萄种植者。"依靠此公平的机制，贸易方和葡萄种植者双方才能和平共处。

然而，意外的是，12月出台的法令完全打破了这种平衡，将商会的领导权仅交给种植者。法令规定，"从种植者中选出一个来做主席，再任命两位副主席，一个代表农民，一个代表贸易商"。[45]

这一变化显然使贸易商立即处在了劣势的位置。行政办公室的职权之大将大大削减贸易商在委员会中的作用。因此，对弗朗索瓦·布沙尔来说，"空谈无用，此条法令不是我们此前认同的那个，我们不予承认"。[46]

的确，最终版的法令将贸易商的地位放在了葡萄园园主之下。如果后者获得了政府的支持，他无疑将独自掌控行业间商会的去向。然而，从这个角度来说，维希政府内一些重要的葡萄种植者代表并非无可取代，在巴黎亦复如是。影响力渗透到政府高层的能力更能使我们理解1942年每个人所采取的姿态。

葡萄园园主和贸易商表面上虽然团结，实则却互不信任。凡被对方同意的，便觉得自己吃亏。怀着如此心态，葡萄园园主——农民可谓犹豫不决：要么就下决心尽快签署这份几年前还不曾想过的协议，要么就决定自由，在一些人看来，他们将就此摆脱为贸易商的服务。

赌注很大，在这场勃艮第行业间的战役中，贸易商在葡萄酒行业中的位置问题，甚至可以说他们的生存问题，主要取决于他们是否同意某些声明。

作为法国农民行会和科多尔省葡萄酒联合会的代表，马尔桑奈拉科特葡萄园园主克莱尔－朵先生表示，他非常赞成效仿香槟的做法。他很早就计划进行葡萄种植，并向省长表示，如果葡萄园园主想要继续维护其"已有的权利"，最终他们无疑会选择达成协议。

农民的敌意终于在 1942 年夏天表示出来。但省长仍然坚持维护，因为"的确，一些人物利用审查项目的这段时间，对达成协议重新发起了质疑"。他向负责此事的部长补充道，"在区域内，在巴黎，政府并未为这些人提供权力"。[47]9 月时，他声称仍然在"维护精品酒商人的利益，其实也是在维护种植者的利益"。[48]

因此，虽说交易仍是此计划最热心的"宣传者"，这条法令还是在秋季遭到了来自高级葡萄酒生产商的强烈反对。事实上，几位大葡萄园园主就目前结构及其各自被授予的职位的合理性，公开发生了争论。

表面上，葡萄园园主代表马尔桑奈拉科特的克莱尔－朵先生、沃斯恩罗马内埃的恩格尔（Engel）、阿洛克斯－考尔通的拉图尔[49]都同意做出妥协，准许其各自地区的葡萄酒协会平等加入委员会，实则每个人都认为自己能够统领全局。因此，这第一个圈子很可能对部长产生影响，从而对法令文件产生实质性的改变，以争取对农民有利。更为谨慎者，如沃斯恩罗马内埃的维兰恩（Villaine）

先生与罗曼尼康提地产的勒桦，似乎时刻在提防着明显弱化此计划的各种倾向。[50]

但是，所有的目光都转向了以亨利·古热和昂热维尔为首的圈子。从 1920 年起，这两位尼伊特圣若尔热和沃尔奈的葡萄园园主纷纷争做科多尔省法定产区酒的负责人，且他们分别代表着勃艮第葡萄酒酿造联合会，以及科多尔省高级葡萄酒生产商总联合会。

从这个角度来看，我们必须承认，这两人所享有的特权都因为他们是著名的葡萄园园主，与其参与的委员会没有丝毫关系。在亨利·古热看来，如果说这是复兴贸易的一个"新诡计"[51]，那么就必须付出一切代价阻止此计划。相反，如果他能掌控执行办公室来最终取消贸易商所享有的特权，那么已被多数行业人士通过的协定无疑需要大幅度修改。

于是，在当时，趁着昂热维尔的缺席，亨利·古热顺势取而代之，成为"继任的"葡萄园园主农民代表，代表着勃艮第沿岸的所有葡萄种植者。同时，自 1942 年起，来自尼伊特圣若尔热的葡萄园园主明确表示对该计划的反对，认为其无疑会限制战争期间带来的商贸自由，并且会导致很多利益上的损失。

作为葡萄园生产者中的少数派，亨利·古热经验老到，知道全国网络的效力优于任何其他形式。在巴黎和维希，通过直接质问法定产区葡萄酒全国委员会和全国农民行会，亨利·古热试图说服一些在勃艮第受挫的、极具威望的人物。如同 20 世纪 20 年代一样，目前他需要披上受压迫的小葡萄园园主的外衣。

显然，就此目标而言，亨利·古热手上有着不少王牌。身为全国农民行会的代表、多个全国委员会的成员，自 1940 年起，他就与公共利益机构的要人们过从甚密。

亨利·古热与主席约瑟夫·卡皮（Joseph Capus）在信件中以"你"互称，与爱德华·巴尔特和勒桦伯爵关系密切，在法国葡萄种植界名望极高，还与政府的总秘书和代表成员们相识，其中有酒精饮品部主任杜波瓦先生、波尔多葡萄酒联合会前主席、全国葡萄酒和起泡酒进口与分配主席、饮品供给中心委员会主席罗格·德斯卡斯。阅览他和法定产区葡萄酒委员会领导们的来往信件，我们会发现，几乎所有的勃艮第葡萄种植业的决定都须他以及其身在索恩－卢瓦尔省的同事——爱德蒙·拉内里[52] 的同意。

作为尼伊特圣若尔热葡萄种植联合会的主席，亨利·古热在勃艮第十分有威望。在建设全国委员会的时候，他表明自己的立场，反对、拒绝，经常推翻一些意见；他亲自挑选勃艮第专家委员会的成员，让自己成为所有专业问题上一个不可绕过的人物。

依靠这些坚实的人际关系，亨利·古热叫来了约瑟夫·卡皮缺席期间代表他的勒桦。在签订了勃艮第葡萄酒行业间委员会决定的三天后，一场动荡的会议在维希召开。会议的报告是这样写的：

在会议开始之前，主席表示在马孔 [1942 年 10 月 22—23 日]，要求行业间委员会的组成只能是全国性的，必须征求农民同业会的同意，符合 1940 年 12 月 2 日的法律。但是我们于昨日得知，在主要的条约没有倾向葡萄种植的情况下，建立了一个勃艮第葡萄酒行业间委员会，但我们不知道这个委员会是否包含了马孔地区所要求的措施，来反对贸易商对1942 年酿造的葡萄酒的完全操控。[53]

结果，"勒桦提议发起反对这个委员会建立的运动，另外他还要求尊重 1940 年 12 月 2 日的法律，以及全国农民同业会采取的决定"。[54]

但是，"多亚尔德（Doyard）先生 [香槟地区葡萄园代表] 表示，他不会支持这个运动，因为他自己所在的这个行业间委员会能够满足所有需求，不管是对葡萄种植者还是消费者。他对一开始全国委员会反对行业间委员会的建立表示很遗憾，因为行业间委员会的建立可以纠正一些葡萄园现有的坏习惯，他还认为全国委员会支持建立一些符合时下需求的组织的行动是错误的"。

主席回应道，他完全没有批判香槟地区的行业间委员会，因为在这个地区，贸易在葡萄酒生产方面起着比其他地区更加重要的作用，但是他提醒道，同业委员会一年前就开始提出完整的计划来创建行业间委员会；另外还有一些需要注意的措施，如果没有这些措施的话，葡萄园地产将会成为受害者。[55]

另外，亨利·古热还说道，"只要葡萄园的地产能够获得一定保障，他支持建立勃艮第行业间委员会，但是他发现这种保障并不存在，于是他重新做出了决定。[然而]佩斯特尔先生[全国原产地命名控制委员会总秘书]认为刚刚由部委签署的案文给葡萄园提供了一切保障"。[56]

最后，拉内里先生总结陈词，表示"行业间委员会的领导层应该来自农民同业会[……]"。[57]

亨利·古热或许是预料到全国委员会将会给予支持，他写电报给农业部：

> 得知了建立勃艮第行业间委员会的文件将被签署——强烈反对没有事先研究葡萄种植业的法规（就签署的行为）——尊敬的，古热。[58]

全国原产地命名控制委员会全身心地站在葡萄园地产这边，延长了其声明，建议听取全国农民同业会总代表古索尔（Goussault）先生关于建立行业间委员会的意见。[59]

一个月后，这个政府代表运用了一种维希主义行话表示，他要以尊重葡萄园园主的名义，建立一条总的方针。他认为，如果很多行业间委员会"将具有危险性"，很显然，对法国农民的保护需要通过同业会来保障，在国家的监督下、在"各方面"均等的前提下。

现在这种令高层担忧的情况下，"勃艮第葡萄酒行业间组织的案文引起了一些反对的声音；为了避免同样的事情再次发生，政府表示需要有一个总的案文，然后根据不同地区，起草不同的案文。目前来说，我们处在总的规则之下；之后，我们再考虑勃艮第委员会的案文是否符合规则，彼时，部长再决定是否维持之前委员会运作的规则还是修改案文来符合新的法律"。[60]

当其中一位代表提议，表示全国原产地命名控制委员会可以扮演领导的角色、监管所有地方委员会时，全国农民同业会总代表表达了不同意见，强调了行业协会应该发挥的作用，行业协会与维系政府规划的同业会政策无法分离。他认为，贸易和葡萄种植的团结应该超越野心和敌对，让个体变得更加团结，通过他们的产品和工作来建立一个真正的法国模式：

> 我们可以完美地将意大利、葡萄牙、德国还有比利时行会系统的优势与法国系统中的自然人优先的概念结合起来，然后通过将商贸和工业的系统与农业生产联系起来，以此确定总政策。[61]

在最后，他表示"我们可以设想 [……] 一个没有生产者的生产政策，而生产者通过这个政策得到保护"。

"所以，这个我们想要的组织，需要集合拥有相同经济作用、并以相同方式存活的人。这就是同业会发挥的作用。"[62]

最后，每个人都表示赞同体制的政治忧虑，这恰好是亨利·古热以及全国原产地命名控制委员会的目的；也就是说，那些表示要保护葡萄园地产、"反对勃艮第精品葡萄酒敌人"的人所处的境地……[63]

第戎上诉法院律师和农业问题专家路易·菲欧特（Louis Fyot）在 1943 年春天确认，"除了对一些细节的关注，这个项目是葡萄园地产的胜利"，亨利·古热表示反对案文第九条，认为其"是危险的，因为主席 [虽然是出自唯一的生产] 由两个在执行办公室的专业人士指定。[……][于是他认为] 需要预防危险"。[64]

1943 年，在贸易供给环境迅速败坏的情况下，每个人的位置都像是确定了。1943 年 5 月 24 日，在区政府经济事务总督勒沙尔捷（Lechartier）先生的身边会集了维兰恩和勒桦先生，他们是罗曼尼康提地产主，在这越来越混乱的局面前表达了自己的看法。[65]

关于委员会代表的任命，维兰恩表达了对任命克莱尔 – 朵、拉图尔（Latour）和恩格尔先生的强烈反对，他认为这三人"在他眼中，不能代表勃艮第真正的利益"。另外，勒沙尔捷表示，备受期待的区域组织因为亨利·古热和克莱尔 – 朵之间的分歧目前不能存在。勒沙尔捷认为，如果克莱尔－朵准备放弃和恩格尔的合作，亨利·古热必须接受进入行业间委员会来保障全国委员会的支持，在这种情况下，昂尔维尔必须让出他的位置给克莱尔－朵。但是近 15 年来，这个人物在全国政界变得如此重要，他可能不会如此轻易地让出自己的位置。维兰恩和勒桦试图说服他，但是似乎没有什么成果。

于是，在 1943 年 12 月 26 日的集会上，贸易联合会表示"这些人物的影响力用来反对这个行会协定的计划"。[66]

其中一位贸易代表在 1943 年苦涩地写道：

> [……] 法令在 1942 年 12 月 17 日的官方报纸上发布，而我们一直在等待……葡萄园和全国原产地命名控制委员会并不反对。再一次，政府在发布法令之后退缩，而我们继续深陷泥沼。[67]

在本地代表和潜在的全国中转站之间，每个有影响力的葡萄园园主都试图在这场复杂的游戏中出自己的牌，其中一小部分人认为，与其看到这个项目在没有他们的情况下实现，这个项目还是失败为好，也就是说他们不希望没有给自己的直接利益。在这种对代表人物无望的追寻中，满目疮痍的科多尔省的葡萄种植业有着不同的原产地命名控制标准和利益，事实上无法代表任何整体。

1943 年，一位"勃艮第地主"在《饮品杂志》上匿名发表了一篇文章，表现了在勃艮第建立行业协会的困境。寥寥数笔，作者写出了其中的利益，以及一部分葡萄种植者引领的无可争议的双重游戏：

在葡萄园和贸易之间，一直存在着敌意，尤其是自 1919年 5 月关于原产地命名的法律建立以来。甚至在葡萄种植业间也存在着竞争。每个部分都有它的责任。根本的原因是每个部分自私的本性，他们不愿意考虑其他人的需求和利益。[……] 葡萄种植家族才经历了一个丰足的阶段，也不太情愿地贡献一些给别人。

这个难得的机会很大程度上简化了葡萄园和贸易之间的利益讨论，这个机会可以最终得到一个相对稳定的规定、考虑到所有人的需求。[……] 中间人首先要消除规定创造的不信任感。[……] 在 1939 年之前，葡萄种植业一直以偏低的价格出售葡萄酒。如果我们想要保持农村的人口，他们不仅需要确保自己有收入来生活，而且这些收入需要提升他们住宿和开垦的条件；还要补偿他们生活中的一些不便，例如远离教育的中心、远离城市喧嚣、冬季平淡的农村生活；还要意识到收成不好的年份；以及合情合理地支付他们工作人员的费用。

这个机会要保证所有收成的流通，无论是好是坏；还有财政上的便利，直到贸易能够采购，直到我们挺过了不好的时期。[……]

目前销售还是令人满意的，因为缺少货品，很多人都认为贸易是没有用的。[……] 一场关于分配的可笑战争正在发生。总体来说，在贸易道德的外衣下，葡萄种植业的代表否定了其作用。但是坊间传闻非说一些生产者，甚至是不少的生产者，作为我们葡萄产区永恒质量的激情捍卫者，从好几年前就开始往他们的地窖里时常运输高价收购的高酒精度葡萄酒……为了他们人员的需求。又一次，考虑到的仅仅是个人或者某些小集团的利益。[68]

贸易商惊讶地发现了项目不可逆转的失败，他们再次为区政府采取的相反的行政措施感到惊讶。确实，区长发现行业人士并没有能力管理勃艮第葡萄酒市场，于是下令要更新 1942 年 4 月 14 日的法令，将贸易置于用定价征调产品的永久威胁之下。于是，事实上，勃艮第高级葡萄酒市场受到了中央饮料供应委员会的行政管控。

另外，由于行政不能管理上千个在黑市进行秘密交易的农民，如果在葡萄园有一些非法的买卖，交易就会得到惩罚。

在总结贸易联合会办公室 1943 年活动的大会期间，贸易代表流露出了苦涩之情，以及他对葡萄园的失望，他公开地抨击道：

在幻灭中我们葬送了行业间委员会，其中还有葡萄园无法理解的妥协的必要，在那种环境下，这种必要显得尤为珍贵。葡萄园地产无法建立坚实的未来，一部分是因为其内部的分裂，但是令我感到高兴的是相反，在我们这里，在危险面前，终于开始团结了！[69]

弗朗索瓦·布沙尔补充道：

如果现在葡萄园地产是毫无争议的主人，在我们的库存危险地削减之际，让我们感到遗憾的是，一些前所未有的兴盛的葡萄种植引领人，只为了短期的利益实行着自私的政策，并且强烈反对建立一个一起工作的组织。我想郑重地声明，对于贸易来说，根据不可避免的经济循环来临的时代将反转我们的现状，葡萄种植业又会重新经历那些危机，我们的任务就是坚持我们现在要建立行业协会的意愿，忘记我们苦涩的过去，重新建立信心，创建区域合作，期望有一天我们能看到这些项目的实现。[70]

比较了国家救助联合会的募款总额，弗朗索瓦·布沙尔不无一丝激愤地强调，相较于贸易商的募款总额，葡萄园园主的募款数额很是微薄。尽管两者之间有共同的利益，影响着市场不稳定的限制因素还是构成了威胁，贸易和葡萄园地产针锋相对，明显地表示出了在同一个行业里两种想法的分歧。

1943 年，勃艮第葡萄酒行业间委员会的失败首先体现在贸易的失败上，后者已经没有能力改变事情的走向。同样在这场变故中迷失的，还有大量小规模葡萄种植者及地产主，他们的命运长期以来都与不稳定的形势紧密地联系在一起。最后，那些"继承下来"的地产，在 1920 年原产地命名控制制度的运用和解读中获得胜利，垄断了勃艮第葡萄种植业的著名葡萄产区，摆脱了所有交付和实际监管的限制。

在南部，占领时期最后一个葡萄种植及酿造业行业间委员会得以建立，即自然甜葡萄酒和原产地命名控制利口酒行业间委员会（简称自然甜葡萄酒行业间委员会）。这个委员会产生于 1943 年 4 月 2 日，第 200 号法令发布于 4 月 3 日的官方日报 [71]，次年的 11 月制定了规则。[72]

就是在考虑是否要成立勃艮第行业间委员会的时候，鲁西永自然甜葡萄酒和利口酒全国联合会主席亨利·维达尔（Henry Vidal）抓住了机会，"要求建立自然甜葡萄酒行业间委员会的案文问世，这个委员会完全专注于国家的层面，所有同业会要求的保障，都会被考虑其中"。

但是，与香槟和勃艮第委员会相反的是，这个自然甜葡萄酒行业间委员会符合全国农民同业会，以及全国原产地命名控制委员会的期许，因为它是全国性的，而且专注于某种具体酒品的生产。所以从一开始，这个设置在佩皮尼昂的委员会就得到了约瑟夫·卡布斯的支持。作为全国原产地命名控制委员会的成员，亨利·维达尔将这个新的组织与全国委员会的政策紧密地结合在一起。

正是在这种情况下，1943 年 7 月 16 日，新的行业协会开始认证吕内勒、博默德弗尼瑟和拉斯托麐香葡萄酒的原产地命名，包括一些位于阿格利沿岸、里夫萨勒特和高鲁西永沿岸的新生产者酿造的葡萄酒。[73]

同时，在香槟，行业间委员会继续承担它的工作，加强它占领性的位置，对于德国的掠夺来说，这是不可绕过的中心机制。

▶▷ 香槟，繁荣贸易的沸腾

香槟的葡萄园完全置于纳粹德国采购员克里毕须和爱德华·巴尔特的掌控之下，在香槟葡萄酒行业间委员会中间人的推动下，大量的葡萄酒被加入到纳粹采购系统之中。在兰斯，每个周三或周四，采购委员会办公室会在克里毕须的领导下召开会议。

参加这些会议的有罗伯特·德·佛格、富尔蒙（Fourmon）先生、萨布（Sabbe）先生和迪塞利耶（Ducellier）先生，会议的主题与配额、价格、原材料的分配、运输的许可有关。贸易商和农民之间的利益矛盾暂时被原材料供给的困难所掩盖，但这种供给困难在行业间委员会的努力之下，并没有"对香槟工业产生致命影响"。

自1940年来，尽管肥料和维持葡萄藤生长的产品在不断减少，香槟地区的平均产量却未曾减少。占领军一直以来都提供着数量充足的硫酸铜和硫。这些硫酸铜和硫在克里毕须的命令之下，根据德国高层和香槟商贸行业人士的配额，通过德意志国防军的卡车运送给香槟葡萄酒行业间委员会。

另外，贸易商还能收到充足的糖，这对酿酒非常重要，每升酒大概需要50克的糖。占领军垄断了蔗糖的供给，在葡萄种植业行业间委员会总代表莫里斯·多亚尔德的监督下，通过特殊的火车，一定量的配额被运送到埃佩尔奈的香槟葡萄酒行业间委员会。在香槟的葡萄园中，很少有贸易商缺少用来酿造香槟的糖。在整个占领时期，香槟的商行储存了十几吨的糖，如白雪香槟商行，在4年内收到了100吨糖，其中一半来自德国，他们在法国掠夺了原材料，然后再通过德意志的公司卖给法国商行。大部分的糖是甜菜根糖，这些糖用来酿造给德意志国防军的香槟，同时，大多数商行保持着他们蔗糖的库存来酿造给民众饮用的香槟。

香槟工业最大的问题是缺少玻璃瓶以及木桶的老化。缺少玻璃瓶，一部分是因为缺少煤炭，没有办法大量制造玻璃制品；还有一部分原因是德国掠夺了一些葡萄酒，导致最后剩下很少的玻璃瓶。四年内大概缺少 2000 万个玻璃瓶。就是在这种情况下，有关部门发起了"三换一"的计划，也就是说每个人可以用三个空瓶子来换一瓶香槟。1941 年开始，这个计划得到了香槟葡萄酒行业间委员会的支持，同时，德国方面也很支持，毕竟对其有利。

这个计划确实收集到了很多玻璃瓶，但同时也助长了香槟酒黑市的气焰。来自巴黎的非法贸易中间商带着几卡车的空瓶子，这些空瓶子是他们高价收购的，换取到香槟酒后，通过在大城市以过高的价格出售来回本。尽管占领军也支持这种机制，但是每个月通过 200 万瓶香槟酒来收集 20 万个空瓶子显然是不可能的。

木桶老化的问题更为严重，因为贸易商甚至都没有办法获得木材。商行总是尽最大的可能来使用他们自己的木桶库存，用很慢的节奏来更新后者的使用。

用来制造塞子的软木构成了另外一个限制。直到 1942 年，贸易商都用包着锡的铅来做瓶盖，之后用铝做瓶盖。1943 年，瓶盖消失了，但是直到占领时期的末期，他们总能找到用来塞住瓶子的铁。瓶塞制造受限，一方面是缺少与西班牙的经济联系，另一方面是缺少与法国殖民地的经济联系。于是人们尽最大可能使用一些已经用过的软木来制造瓶塞，严丝密合。这些木塞非常坚实，但是很难取出来，即使对于开瓶专业人士来说也很困难。用来做瓶塞的软木由埃斯特瓦（Esteva）先生和乔治·丹茨（Georges Duntze）代表的奥普蒂玛软木公司提供；提供草垫的商行，主要是兰斯的梅林（Melin）商行和巴赞库尔的米特（Mitteau）商行。酒瓶上的铁丝封口一般由在科尔蒙特勒伊的沙博诺玻璃厂、苏瓦松的德·维兰玻璃厂，以及佛尼斯的玻璃厂提供。运输的箱子由兰斯的德华西商行、达根特商行以及埃佩尔奈的几个商行提供。玻璃瓶的保护措施很少，因为缺乏纸张。标签一般都很朴素，保持着它们原有的风格，所有运送到德国的葡萄酒上都张贴着红色墨水写的"Frankreich"（德语中"法国"的意思），有时候是"Wehrmachts Marketenderware-Verkauf Im Freien Handel Verboten"（专供德意志国防军——禁止购买和二次出售），或者详细地写着目的地的名字和接收军团的名字。

在给德意志国防军的香槟酒运输方面，两个商行占据了垄断地位。普米特·米涅和维瑟（Plumet Migny & Vasseur）商行组织了给德国香槟酒的主要运输，开始每瓶价格为 0.15 法郎，1941 年升至 0.2 法郎，1943 年起变成了 0.25 法郎。普米特·米涅和维瑟商行负责向克里毕须提出关于运输火车的要求，必要时，还要进行铁路员工或者德国士兵的考试。作为兰斯、埃佩尔奈、屈米埃的库房以及火车集散地的主任，亨利·维瑟在四年内直接协调的运输包括 3888 节车厢用货物箱装的香槟，466 节车厢用木桶和罐装的香槟。[74] 但是自 1940 年秋天开始，普米特·米涅和维瑟商行开始和同在兰斯的瓦尔波姆（Walbaum）商行分摊运输职责。在一封 1940 年 11 月 29 日的信件中，米涅对克里毕须表达了他对这场新的竞争的强烈反对，尽管这种合作是为了让占领军满意。被称为运输中心的货运分配办公室受采购商克里毕须的领导，他指挥实施了所有对香槟葡萄酒的掠夺。这个运输中心设置在普米特·米涅和维瑟商行的仓库里。

这两家商行负责在兰斯和埃佩尔奈采集香槟。在夏隆地区采集的数量要少很多，被交给运输商行勒布朗克（Leblanc）来处理。这些运输能够换来德国的燃料券，以便在城市进行采集（兰斯和夏隆），1000 瓶酒换 1.3 升汽油，在埃佩尔奈能换 5 升，在农村地区能换 8 升。每个月，德国拨给运输中心 1500 升汽油、250 升柴油、25 升防锈油。另外一些比较少量的运输则通过马车来实现。

最后，香槟商行的领导和代表得到了用汽车运输的许可。香槟葡萄酒行业间委员会在得到克里毕须允许的情况下，负责将许可证展示给省政府。占领期间，在香槟的沙隆地区，"允许德国人驾驶"的旅游汽车目录由甲板运输部门制定，确定了"香槟贸易商运输的许可整体上在克里毕须的同意下，由一周一次的香槟葡萄酒行业间委员会展示，克里毕须在 531 指挥部上尉罗德（Roeder）那里做了必要的工作"。这样，1945 年 1 月兰斯区域委员会做出的报告中写道："如果香槟的贸易商用着法国政府提供的汽油，这四年里开着汽车四处'奔走'，那是得益于香槟葡萄酒行业间委员会和德国军长之间的合作。但是，奇怪的是，并不是所有的商行都享有这份权益，我们可以从名单上看到，只有那些服务于德国且销售额最好的商行才有资格：埃佩尔奈的德鲁亚，马恩香槟，酩悦香槟，宝禄爵，梅朗，伊赛特，马斯，布降德尔，勒梅尔，艾镇的勒诺贝勒达梅里，博林格香槟，德·马哲睿，兰斯的凯歌香槟，卡雷，查尔斯海德西克，庞梅里和格雷诺，勒德雷尔，莱昂·德·塔西尼，岚颂父子商行。"

最终，在行业间委员会的保护之下，香槟葡萄酒生产和商业化的困难得到一定的缓和，市场局面出现了真正的好转。在兰斯每周召开一次的委员会，只有几次"风暴般激烈"的讨论，这几次讨论的主题与香槟酒的价格有关，罗伯特·德·佛格和克里毕须之间由此产生了分歧。但在大多数情况下，几乎所有的商行都积极地合作，互相协调。在埃佩尔奈，采购员爱德华·巴尔特尽他所能地采集葡萄酒。在这个香槟酒主要产区，大量的葡萄酒通过香槟行业间委员会被交付。很多商行还在配额之外供给德国人，从全世界两个最大的香槟酒仓库进货。

第一个仓库的负责人是吕西安·杜维耶，人尽皆知的合作主义者，"处理了大量事务"，爱耍阴谋、不择手段，同时还是兰斯宪兵队的翻译。他的货源来自 20 多家香槟的商行，几乎购买了所有"克里毕须所需的份额"，以及一大部分运到德国的"法国民用的份额"。大多数知名的香槟商行"毫不犹豫地将香槟酒交付给德国人"。第一拨供给涉及的商行主要有酩悦香槟、岚颂父子商行、泰廷格、凯歌香槟、庞梅里和格雷诺、玛姆香槟、海德西克·莫诺波勒、巴黎之花和梅谢尔。积极参与第二拨供给的公司有：高级葡萄酒公司、比沙、希帝、波尔贡和福尔尼耶、依沃、特鲁亚尔、莫雷尔、保罗伯尔和雅克森。

　　通过和这些公司接触，吕西安·杜维耶"在收到供货商提供的报价之后"，"以克里毕须先生推荐或者订购"的方式获得香槟，"甚至都不需要离开自己的商店"。在一种极度缺乏葡萄酒的环境中，吕西安·杜维耶却从来都没有抱怨过有缺乏供应的困难，相反，他有很多供应商。作为一个虔诚的合作主义者，他收到"大量直接合作伙伴的份额"，他和这些伙伴们有着油水颇丰的交易。自 1940 年夏天起，主动提出的供给连续不断。兰斯的杰克逊和莫雷尔（Jacquesson et Maurel）商行通过中间人向他提供 600 瓶酒，"菲尔斯泰廷格"（fils Taittinger）向他提供 500 瓶，比查（Bichat）提供 3000 瓶，布尔昆和福尔尼耶（Bourgoin & Fourniet）提供 2000 瓶，依沃提供 400 瓶，莫林干邑（Maurin de Cognac）商行给他提供"1000 瓶干邑烧酒 [……] 通过一位兰斯波马利和格雷诺商行代表的中介"，高级葡萄酒公司向他提供"3000 瓶香槟酒，通过兰斯道德监察朗格雷（Langlay）的中介"。

　　第二个仓库由一位名叫埃里希·比伯（Erich Bieber）的奥地利人掌管。比伯是商务代理商、中间人、著名的小商贩，他之前也是专业的足球运动员，并在 1938 年成为兰斯足球队的教练。
1939 年，比伯因间谍活动被捕，1940 年被德国人释放。他是这座
城市的知名人士，在短短几个月的时间内，通过"收购犹太人的
纺织业财产、特鲁瓦纺织商行和庙堂方块（Le Carreau du Temple）
服装商行"聚敛了一些财富。他的香槟葡萄酒仓库在兰斯的提
奥多·杜布瓦大街，从 1940 年开始，由伊格纳茨·科瓦尔奇克
（Ignace Kowalczyk）管理，他是一个"足球运动员 [……] 在足球
爱好者中颇有名气"，是兰斯足球俱乐部里的头号进攻球员，该俱
乐部在 1943 年被维希政府改为兰斯 - 香槟联合球队。这两个人和
"指挥部长官戈斯有着异常亲密的关系"，他们一起组织商贸活动、
一起分成。

　　这两个仓库之外同时存在的还有许多商人，他们借着战争
的机会，参与到将香槟葡萄酒交付给德国高层的生意中。"德格
曼（Degerman）食品商行的主人非常有名，他在店铺的橱窗上张
贴了'喝一杯香槟吧'的字样，给他的德国客户提供法国人都找
不到的商品。"1940 年，古列 - 图尔宾（Goulet-Turpin）商行的
领导约瑟夫·古列（Joseph Goulet）在埃尔隆广场开了"一家名
为'香槟殿堂'的小酒馆"。这家店用来"满足德国人的需求"，
受到了"克里毕须的保护"，古列和克里毕须之间建立起了友谊。
这位已经"60 多岁"的商人，"还穿着假的德国纳粹海军制服招
摇"。另一个"在兰斯马丁皮勒街上的葡萄酒、利口酒商人"追随

着"潮流"，来获得快速的利益。在兰斯附近的圣布里斯库尔瑟勒，"一个奇怪的、以前是偷汽油的名叫勒隆（Lelong）的餐厅老板"，在"以黑市的价格出售大量的香槟给德国人"，有了货运卡车，他还可以从兰斯的山里购买大量香槟。而且这个人还卖给德国人很多"滋补身心的产品"，例如牛奶、黄油、奶酪，甚至烟草。在这些供应、交易之外，"德国人还通过黑市中的好几个作坊为自己提供香槟"，借助一群"一点儿都不老实谨慎的中间商"。这些交易商中最有名的主要还是巴黎人，尤其是在香榭丽舍大街的碧尚（Pichon）、在巴黎皇家大道（马克西姆餐厅）的佛达伯（Vaudable）、格勒兹大街的福顿（Forton）、圣 - 马克街的卡达诺（Cardani）、维勒局斯特街的范·罗兰德（Van Hoolandt）、贝瑞街的默里斯（Meurisse）、剧院大道的卡佩利（Capelli & Cie），还有巴祖安（Bazoin）和在贝西大厅的著名的十字架（Crucifix）商行。在埃佩尔奈有吉诺（Guinot）、费内罗尔（Fignerol）、罗兰·穆尔斯（Roland Muls）、爱德华·沙博尼耶（Édouard Charbonnier）和范登瓦伦（Vandenwahlen），他们在热蒙是最活跃的交易商。

　　1943 年秋天，罗伯特·德·佛格因"与恐怖分子勾结"被盖世太保逮捕之后，在克里毕须的帮助下，著名的酩悦香槟商行在埃佩尔奈开始重新运作。克里毕须任命了一位名叫亚科耶（Jacquier）的人，也称为德·玛格瑞（de Marguery）来运营商行，这个贸易商"和他是朋友"。亚科耶数量很多的拼写错误表明这个傀儡在盖世太保和德国人那里做了很多工作（以得到这个职位）。这个人或许就是皮埃尔－阿兰·雅克安·德·玛格里（Pierre-Alain Jacquin de Margerie），一个在艾镇的商人，也是克莱特·泰亭哲（Colette Taittinger）的丈夫，他们是二婚。在一个驻守酩悦香槟商行的法国行政长官的陪伴下，他经常去拜访"以残暴著称的"罗德上尉，后者是"军事指挥部运输中心的行政长官"。罗德上尉是海军上将罗德的侄子，获得了在巴黎开车的许可。"这些先生给上尉施加压力，他们让一个从夏隆来的盖世太保成员参与其中，这一点都不令人震惊，因为酩悦香槟商行几乎已经成了盖世太保的香槟专供商。"罗德是当地香槟运输的关键人物之一。他经常收到礼物，例如 1941 年 12 月，收到来自埃佩尔奈玛恩香槟商行的礼物，他对所有的商行都敞开怀抱，其中有侯爵德颇里涅克领导的兰斯庞梅里和格雷诺商行，他本人经常去那里，而且每次去都会受到很好的接待。让·多兰（Jean d'Aulan）侯爵加入法国自由军，之后在孚日省被杀，在那之后，白雪香槟公司就置于克里毕须的监管之下，后者被任命为行政主管。

就是在这样一个充满动荡的香槟地区，随着德意志帝国向香槟地区提出的条件愈加苛刻，莫里斯·多亚尔德和菲利克斯·亨利·贡德里（Félix Henri Gondry）两个人，一个在葡萄种植业，一个在贸易方面，获得了前所未有的晋升。

莫里斯·多亚尔德作为香槟葡萄酒行业间委员会的总代表，

因战争期间为占领军工作而出名。他是科特布朗葡萄酒的酿造者，曾是小学老师，也是代表团的候选人。他被描述为"拥有惊人的智慧，他的性格让他变成一个没有道德的投机商"。趁着战败带来的混乱，他爬到了委员会的关键位置，作为行业间委员会的总代表，他和罗伯特·德·佛格串通一气。后者是贸易代表，被描述为极为积极的合作主义者，因希望纳粹胜利和表示对维希政府的支持而出名。

1942年3月25日，在区域长勒内·布斯捷（René Bousquet）带领下的香槟葡萄酒行业间委员会代表团接待菲利普·贝当时，莫里斯·多亚尔德位于一些重要人物的身边，如间接税务部区域主任、政府专员夏尔·泰隆（Charles Théron），香槟葡萄酒行业间委员会主席罗伯特·德·佛格，埃佩尔奈香槟酒贸易商代表莫里斯·波尔－罗格（Maurice Pol-Roger），基层生产人员及领导联合会代表德鲁茨（De Luze），农民地产主代表帕门蒂尔·德·夏莫里（Parmentier de Chamery），香槟葡萄酒行业间委员会副主任克罗德·富尔蒙（Claude Fourmon）。这是行业人士获得的机会，他们将把香槟行业间委员会收集的产品献给国家元首，这些酒的收益将交给国家救助部门，累计2254029.80法郎。莫里斯·多亚尔德在1942年5月1日的《马恩农业》里写道，香槟代表团的成员被"这次没有任何程序的简单、又充满真挚的接见深深震撼，见到这个伟大的法国人他们很开心也很骄傲，他接受了高贵的、在变革中引领法国的任务"，他就这样向自己的同事表达了自己的想法。说到他身边支持政体的人，他毫不掩饰自己对区域长勒内·布斯捷的崇拜之情。

莫里斯·多亚尔德为了更好地证明自己合作主义的活动，他经常在占领时期的两份报纸——《马恩农业》和《香槟农业》——中发表对葡萄种植和联合会问题的看法。每篇文章的目的都是为了呼吁香槟的葡萄种植者参与到与德国人的合作之中，就像他在1943年10月的香槟报纸上发布的文章那样，他给香槟的葡萄种植者一些具体的建议，告诉他们如何书写收获申报。

作为一个热忱的合作主义者，他与德国的军官尤其是官方采购员拉近关系。"每15天"，他都会在家里招待克里毕须或者弗兰克·米勒。这些会面让他们能够"经常性地大吃大喝"。在"多亚尔德女儿结婚的那一天，他们举行了前所未有的盛大筵席。婚礼持续了4—5天，有100多人参加，其中还有克里毕须和另外一个长官的出席，但是他们没有'胆量'去市政府申报结婚。多亚尔德严令禁止他的孩子们收听英语的无线电台，但是真相总是出自孩子的口中，我们从他的大女儿口中得知他很同情克里毕须，因为后者所有的地产都在汉堡。我们怀疑这位'香槟元首'（指克里毕须）和香槟葡萄酒行业间委员会三巨头之间的友情在其中起了作用"。

为了反对韦尔蒂葡萄种植者杜布勒–勒让蒂耶（Doublet-Legentil），莫里斯·多亚尔德通过两位法国经济监察和弗兰克·米勒要挟他并索要 16.5 万法郎。在这次勒索之后，"两位法国经济监察和弗兰克·米勒去多亚尔德先生家大快朵颐。在德意志国防军的要求下，多亚尔德小姐发表了对杜布勒 – 勒让蒂耶商行的看法"。

虽说战争局势很紧张，但莫里斯·多亚尔德的职务和他的人际关系"让他能够在占领时期获得一些财富"，他还因此购买了"一辆汽车、维持葡萄种植的物料、一个大的压榨机、一台电冰箱、一匹马、几头牛、轮胎，还进行了一些大型装修工作：重修居住房屋的屋顶、建新房子、把马厩改造成储藏室，布置花园等，在这个经济困难的时期，完成这么多工程几乎是不可能的"。

1943 年罗伯特·德·佛格被捕后，莫里斯·多亚尔德在行业间委员会的地位得到巩固，在新贸易代表、兰斯的庞梅里格雷诺商行领导波利尼亚克男爵身边，过着如鱼得水般的日子。在这个打击法国整个葡萄种植业士气的事件之后，设立在兰斯配给中心的州委员会完全改组，加入了波利尼亚克男爵、阿亚拉（Ayala）商行领导勒内·沙由（René Chayoux）、政府专员兼马恩河畔沙隆间接税务部领导夏尔·泰隆，以及岚颂父子商行领导菲利克斯·亨利·贡德里。

作为葡萄酒界公认的"业界大亨"，莫里斯·多亚尔德毫不掩饰自己的"亲德情感"，这已是"众所周知"。他经常在兰斯的家，或者马恩河畔图尔的宅邸接待德国军官，给他们提供丰盛的餐点。他是克里毕须的密友，在战争之前就与其缔结了紧密的关系，当时他还是德国岚颂父子商行的代表，因送给"香槟元首"很多礼物，其中包括一把作为生日礼物的小提琴，而博得了克里毕须的青睐。

因此，他管理的岚颂父子商行成为支持与纳粹德国贸易关系的最活跃的商行之一，交付了超出份额的大量香槟酒。在一位"经常在比利时和兰斯之间旅行的"比利时商人的领导下，这家商行操控着一场大规模的秘密交易。这位先生在兰斯的时候住在菲利克斯·亨利·贡德里先生家，他开着一辆卡车到达兰斯，迅速装满香槟，然后离开回比利时。有时候，还有一些德国军官驾驶的卡车陪伴着他；每辆卡车可以装 1500—2000 瓶酒，总数大概可以达到 1 万瓶。据报道，1941—1943 年，岚颂父子商行的员工好几次看到一些加了封条的神秘集装箱到达商行，一段时间后又被运到莫伯日。

这一成功让贡德里成了岚颂父子商行五个最大的股东之一，整个公司有 20 个股东，持有每股近 1000 法郎的 3000 个股份，在这段时期该公司还增加了 1850 万法郎的股本。公司最大的股东皮埃尔·古雅尔德（Pierre Guyard）在最后一次增加股本的时候，负责支付贡德里先生的共有股东、阿姆斯特丹尼德 – 岚颂法国信托公司的股份。

贡德里还让另一家香槟的公司——罗兰·佩里耶香槟公司获利颇丰，它是岚颂父子商行的子公司，自 1942 年 12 月 31 日资本加到了 250 万法郎之后，他占据了 500 股中的 330 股，即 500 万法郎的资本。这家公司的领导人是代理人布里蒙（Brimont）女士，她是岚颂父子商行一位出纳员的妻子，同时也是贡德里的情人。这家他特别看重的公司给他带来了很多利益，支持他完成在马恩河畔图尔的大型工程，其中包括改造储藏室、建造并改动酒窖、公寓、制造铁桶，"这些工程需要大量的水泥、无数立方米木块、成吨的铁、从没什么能力的法国人那里掠夺来的成千上万的瓦片，这些都得益于来自德国的允许和资金支持"。贡德里获得了省里对这些工程的许可，总预算达到了5万多法郎，"但事实上，根据公司的账单记录，他花费了5053084.88法郎"。作为法国香槟公司——法国达尼尔福克斯公司的股东，他在1942年1月23日为这个总资本为50万法郎的公司投资了40万法郎，为这个公司带来了前所未有的繁盛，让其成为战争期间发展最快的一个公司，卖出了成千上万瓶酒。这些酒的价格在1939年还不到15法郎，在1943年时却以每瓶超过100法郎的价格卖出了10万瓶，几乎所有卖出的酒都是"超出份额的"。

▶▷　干邑和雅玛邑，德国黑市的中心

在占领时期，干邑和雅玛邑的葡萄酒市场完全处于被打上非法与腐败烙印的、频繁的大量交易中。用补足金的方式贩卖与再次贩卖葡萄酒的巨型链条，将葡萄种植者与中间人连在一起，然后是批发商，批发商们将产品交给大量不老实的中间商，这些中

间商获得秘密的报酬。在这个几个月内就成为"黑市典型"的德国掠夺系统[75]，如同在其他地方一样，以不同的方式同时倚赖着不合规则的抽成。

德国士兵和市民以个人名义在占领初期用法国的货币、以采购券和特殊名义进行的购买是一种相对合法的形式，用这种形式交易的葡萄酒数量庞大到无法精确地预计。在这两个地区的一些城市和农村的贸易商、买家、倒卖者经常接待大批纳粹德国军官和代表或者某些组织，给人一种这里是沸腾的活动中心的感觉。我们经常能在干邑、昂古莱姆、欧什和巴黎的火车站看到休假的德国军人，无一例外地提着大包小包，里面装满了珍贵的葡萄酒，尤其是那些高档酒。远到东边的边境和利比亚的沙漠里，德国军队的军人都能以补偿，或者强身健体的名义收到品质极佳的葡萄酒。从这个角度来看，久负盛名的干邑白兰地和雅玛邑白兰地具有相对其他葡萄酒而言，无可比拟的成功。这两种酒被德国人认为是顶级奢侈品，一直有很大的需求，尤其是德国军官，他们是高度数高级酒品的爱好者。

除了这些直接在当地行业人士那里成交的酒之外，德国还通过各种与军队、军队部门、司令部（德国纳粹空军、德国纳粹海军等）有关的专门组织、办公室和机构进行采购，在夏朗德的葡萄产区和雅玛邑有很多这样的组织。原则上来说，这些部门的主要任务是直接采购商品，不管是食物还是手工业商品，以满足军队及其附属部门的需求：例如餐厅、军队宿舍（Soldatenheim）等。事实上，采集到的物资远远超过了军队的需求。在干邑，位于夏朗德葡萄产区中心的政府部门开始大量采购商品，这与实际军事培训的需求没有任何关系，这种采购是为了之后将商品倒卖出去以赚取大量的利润。这个德国机构在没有任何商业许可的情况下，调动了上百个上门兜售的商贩、中间人、掮客和法国采购商。所有的交易都在没有申报、没有采购员身份证明、没有销售与运输许可的情况下进行，大多数时候开出来的都是假发票。

规模最大的德国军事编队使用一个专门的采购组织——军队住宿管理部门（或者是 HUV），他们负责采购所有的物资来保障扎营。这个机构最初专门负责采买军人的装备、建造临时营房，1940 年秋天开始，他们开始大量采购夏朗德、热尔和洛特 - 加龙省的葡萄酒与酒精饮品。这种类型的采购被要求由法国国库来结算，他们总是提供之后专门给"法国相关部门"的形式上的发票。因此，1942 年 10 月 14 日，财政部附属的热尔省征调评估省委员会收到来自占领军高层超过 5000 万法郎的购买葡萄酒和酒精饮品的发票，这些仅仅是在欧什的纳粹空军部队采购的量。事实上，尽管给了 5000 万法郎的发票，但德国并没有真正支付这笔资金；法国财政部的主管机构也没有采取任何措施。[76] 纳粹德国空军和海军部队似乎很大程度地利用了这种系统。在占领初期，纳粹德国海军中心部在巴黎圣 - 弗洛朗坦街创立了一个航海部，这是一个由克洛斯博士领导的采购部门，负责"官方"采购之外的采购，以秘密的方式大量征调货品，其中包括利口酒、干邑烧酒和雅玛邑烧酒，总是最大限度地征调。

戈林的空军部队、纳粹德国政府党卫军、德国军需处、盖世太保纷纷效仿这种操作，也建立起了类似的采购办公室，在夏朗德和热尔尤其活跃。每个办公室都在巴黎地区拥有巨大的仓库，专门存放运往德国的葡萄酒和其他酒精饮品，运输将通过单元列车和巨型货车来实现。对于海军部队来说，这个巨大的仓库是奥贝维埃的综合商店，对党卫军来说，是在沙朗通、勃尔希、孔弗朗和维莱特的码头与酒库。

有时，采购办公室的建立是为了一段时间里的特殊任务。例如 1942 年 8 月末，负责德国军需处特殊任务的代表被柏林委派采集物资来满足德国人民"圣诞餐桌"（Weihnachdstisch）的需求。这次"行动"的总数额超过了 3 亿马克，调动了 2306 节车厢，运载了 12000 吨的包裹，其中包括化妆品、玩具、精选葡萄酒、香槟、烧酒、干邑烧酒和雅玛邑烧酒。

在夏朗德和法国西南部，葡萄酒和酒精饮品的采集还在同时进行，主要通过一些纳粹政治组织来实施，例如民族社会主义德国工人党（NSD）、宣传电台等，还有一些军队的附属机构，例如汽车材料供给部门（BDK）、托特组织、德意志铁路指挥部，所有的这些机构都有自己的采购办公室，以及专门采购葡萄酒的办公室来回应有时庞大的需求。

　　大量干邑和雅玛邑烧酒、夏朗德葡萄酒的销售是通过秘密的采购办公室实现的，这些秘密采购办公室是德国黑市最活跃的部分，操纵着官方机构掌控之外的大量买卖。夏朗德和利穆赞的葡萄产区被法国或外国的代理商瓜分，他们经常在中间人、掮客、密探的帮助下，用假名在市场里活动，他们受德国军事处的保护，在武装党卫军、盖世太保、阿勃维尔军事情报局、奥托办公室、劳瑞斯顿街上的代理商（邦尼－拉丰团伙）、德国大使馆等的庇护下，寻找奢华名酒。

　　在这种占据了夏朗德葡萄产区的普遍腐化的环境中，法国首都有超过 200 家采购办公室，并得到一群非法买卖者的支持，交易着数量超乎想象的干邑和雅玛邑烧酒，它们成了所有交易形式的常见交易货币：礼物、捐赠品、津贴、补偿金、佣金还有额外的报酬。虽然香槟和其他葡萄产地酒在小酒馆和高级餐厅里汩汩流淌，尽管价格高昂，但整个附敌合作主义者的小世界都在与纳粹高兴地大吃大喝，干邑烧酒、雅玛邑烧酒、利口酒和高级烧酒均会出现在这些场合里。在这个"充满投机者的下流社会，伴随着德国军官和合作主义的官员，香槟、干邑烧酒、雅玛邑烧酒、甜烧酒都是一次 10 瓶，有时甚至是一次 5 万瓶那样出售的，鹅肝则是成吨成吨地卖"。

　　在葡萄产区，无数贸易商很久之前就和德国商行在巴黎的分公司或者是个体采购办公室有了紧密的联系。除了常规交易外，这些公司还着手一些非常规的交易。这些非常规交易的货品逃过了法国部门的监管，在德国本土高层的保护下，被运送到德国。香槟酒官方采购员的兄弟古斯塔夫·克里毕须由参谋部指派，负责掌控干邑地区。他在干邑生活了很久，还在那里上了学，他和哥哥是墨高家族商业公司的继承人，1914 年他被法国剥夺了继承权。销往德国的干邑烧酒由他组织，价格一直不断上涨。在热尔省的欧什，之前没有什么名气的雅玛邑烧酒的价格前所未有地飞涨，"生产定价为 43.9 法郎每升的烧酒在巴黎轻松地卖到了 600—800 法郎一升。产生这种差距是因为中间商的大量增加，以及他们从中获得的过多的利益"。在这种情况下，"大多数贸易商和中间人在占领时期与敌人进行贸易，因为占领军对雅玛邑烧酒有着强烈的兴趣，而且他们不怎么看价格"。[77]

在夏朗德省，第一轮完全无序的掠夺过后，所有的销售都在干邑葡萄酒及烧酒分配国家办公室的控制之下，该办公室是通过 1941 年 1 月 5 日的法令创立的。这个频繁出现的行业间组织集中了 26 位受到任命的成员，其中有负责贸易的莫里斯·亨尼西（Maurice Hennessy）、昂布勒维勒的加斯通·布里昂；负责葡萄种植的马拉维尔和科泽的皮埃尔·维奈尔（Pierre Verneuil）。莫里斯·亨尼西是詹姆斯·亨尼西的儿子，作为贸易商的总代表，他是干邑酒品贸易中的关键人物，是当地葡萄酒商行最重要的领导人物，负责监督葡萄种植业和贸易中烧酒的质量。他有权授予或者拒绝授予干邑原产地命名，以及高级香槟酒的次命名，并且决定酿造的葡萄酒占收成的百分比，还能够以原产地命名控制出售的比例。他也负责制定葡萄酒和烧酒最低的采购价格，控制库存、安排它们的出售，并且可以强制生产商和批发商卖给指定的采购商。

来自纳粹德国的官方买家的大量采购让销售量飞涨。销售的主要是"三星"的干邑烧酒，少量干邑 VSOP 还有 XO，且经常都是"超出份额"的。[1]

在夏朗德省邻近的省份——热尔省、郎德省和洛特加龙省，雅玛邑酒的产量大大增加。为了使充满投机和秘密交易的市场恢复秩序，欧什商会要求建立雅玛邑烧酒和葡萄酒分配办公室。1941 年 9 月 11 日，在维希政府的法令下，这个办公室在香槟和干邑办公室的原型之上得以建立。

新机构的建立并没有阻止价格的飞涨。直到 1942 年 6 月，价格都是"自由的，一桶雅玛邑（商业单位，400 升度数达到 50°的烧酒）的价格渐渐涨到 6 万法郎，有时甚至达到 8 万法郎。这个价格明显过高，但是在那个时候却是合法的。价格上涨是因为

---

[1] "三星"（Very Superior）干邑烧酒指在木桶里陈酿少于 2 年的烧酒；干邑 VSOP（Very Superior Old Pale）指至少在木桶中陈酿了 4.5 年的烧酒；XO（Extra Old）指陈酿时间不少于 6 年的干邑烧酒。——译者注

利口酒的缺乏以及占领军的需求"。[78] 这种戏剧性的价格上涨导致
"所有意识到干邑、雅玛邑烧酒价值的夏朗德人"感到沮丧。[79] 不
过，雅玛邑烧酒的价格还从来没有超过干邑烧酒的价格。1942 年
10 月 6 日的法令规定了干邑烧酒和雅玛邑烧酒的价格，1941 年大
香槟地区 60° 烧酒的价格为 3620 法郎，1941 年下雅玛邑 52° 烧酒
的价格为 2850 法郎。1936 年的大香槟标价为 7280 法郎，1936 年
的下雅玛邑标价为 5720 法郎。之后，1943 年 3 月 2 日的法令将
1941 年下雅玛邑的价格定为 4830 法郎，大香槟的定价为 5445 法
郎，1936 年的下雅玛邑标价为 7780 法郎，大香槟标价为 8770 法
郎。新的标价与 1942 年 10 月 6 日法令定价之间的差距对于 1936
年的烧酒来说是 1560 法郎，与 1943 年新的法令相比是 990 法郎。

如果我们注意到每百升 52° 雅玛邑烧酒和 60° 干邑烧酒的价
格，我们会发现下雅玛邑的价格比大香槟的干邑烧酒价格更高。

对一些人来说，"这是一种败坏、渎神、一种大逆不道的行
为。高级香槟作为烧酒中不容置疑的女皇，竟然被一个远远比不
上它的对手超越！将干邑和雅玛邑相比，就像把索泰尔纳酒和两
海之间产区的酒相比，或者是将罗曼尼康提和勃艮第高级葡萄酒
相比！雅玛邑烧酒的名声并没有传到国外，干邑的名声却是远扬
世界"。

虽然两种酒品之间存在竞争，但因此产生的危机并不严重。
雅玛邑烧酒没有被干邑烧酒高销量的阴影所笼盖。1943 年，雅玛

邑烧酒的库存为干邑烧酒的 3%。在战争之前，人们只用不到 10 万百升的葡萄酒来蒸馏雅玛邑烧酒。这证明战争和占领时期让依然混合种植葡萄的雅玛邑葡萄产区开始得到了意想不到的认可和名声，在此之前，雅玛邑很少生产供日常消费的葡萄酒。

这种非常出人意料的成功源于德国的掠夺，他们在追寻大量的酒精饮品。在德国的指令下，干邑和雅玛邑烧酒的价格被定在平均每桶 1.5 万法郎。受到这种官方定价的"惊吓"，生产者重新将产品大量卖给"一些不老实的中间人，他们为德国的组织工作，从事对德国有利的出口"，提供的报价非常高。

这种局面却"非常符合德意志政策，他们以低廉的价格进行官方采购，与此同时，抢光中间人在自由市场和黑市里为他们以极高的价格收来的所有货品"。如果一些葡萄种植者或商人坚持到最后都不愿参与到这种交易之中，当其他所有人都加入了德国黑市的圈子时，他们的做法便会损害自己的利益。那些剩下的葡萄种植者和商人"只在负责产品流通的雅玛邑国家办公室的指令下行动，办公室提醒他们，如果他们拒绝参加这场交易，将被征调参加强制劳动服务（service du travail obligatoire）"。

最终，因为德国的采购，尤其是在黑市里的采购导致雅玛邑烧酒价格飞涨并被大量生产，在战前，雅玛邑烧酒的产量几乎不超过 6000 百升，1943 年产量却达到了 6.7 万百升。之前"因贫困出名"的最主要的生产省热尔，在占领期间获得了"意想不到的财富"。在战争末期，我们发现，"热尔省的货币流通使每个居民能够拥有的现金数量达到了最大值"。[80] 在这种情况下，非法获利充公省委员会的任务尤其因两个原因而非常艰巨，一是需要重新质疑无数的葡萄园园主或种植者，二是应就贸易展开调查，而贸易这部分在更往南的地方——波尔多。

▶▷　波尔多，国家葡萄酒贸易的转车盘

从 1940 年夏天开始，波尔多就成了法国葡萄酒贸易真正的转车盘。在整个占领时期，这种地位一直在加强，尤其是因为在波尔多，有大量的梅多克、高梅多克、格拉夫、索泰尔纳和圣艾美浓葡萄酒的交易，而且还有好几位在葡萄种植及葡萄酒酿造业举足轻重的人物，他们在法国葡萄酒采集网络和运输中起着至关重要的作用。

其中排第一位的就是伯默斯，被任命为波尔多"葡萄酒元首"的他负责整合该地区所有为德国民众掠夺的法国葡萄酒。他是在法国的德国贸易商协会的官方代表，经常在工作中得到罗杰·德斯卡斯的协助，后者是波尔多主要的葡萄酒贸易商之一。罗杰·德斯卡斯是全国葡萄酒批发联合会主席、中央饮料供应委员会主席，作为伯默斯在大学期间的朋友，他是协助伯默斯、并且在他做任何决定时都提出自己见解的"杰出副手"。作为伯默斯主要的技

术顾问，罗杰·德斯卡斯实时通知他交易的可能性，以及能够获得最多葡萄酒的方式。平时，当伯默斯去外地执行行政任务的时候，罗杰·德斯卡斯就代替他拟所有寄给政府部门的信件，游说最顽固的人士。罗杰·德斯卡斯以机灵著称，同时他又很了解葡萄酒界，他掌握着所有战略信息，这让他总是能够获得所需的葡萄酒，有时候甚至能超出配额。因他的职位无可替代，他获得了通行证、运输许可证，还有交付券和出口券。伯默斯乐于听取他的意见，将"良好的材料"，尤其是铁、钢、铜分发给依附于他的出口贸易商。罗杰·德斯卡斯以这种方式在波尔多和整个法国给最忠诚的商行供货，其中有克鲁斯（Cruse）、爱德华·克瑞丝曼、卡尔维（Calvet）、夏佩隆（Chaperon）、弗卢什（Flouch）、格拉齐亚那（Graziana）、马孔贸易商联合会、保罗·艾蒂安（Paul Étienne）、努里塞（Nourrisset）、蒙托罗伊（Montouroy）和当格拉德（Danglade），尤其是由伯默斯和路易·埃森诺共同经营的法国高档葡萄酒公司。

1940 年起，在伯默斯的指挥下，罗杰·德斯卡斯负责聚集在法国南部的贸易商，指示他们快速执行来自德国的交易。因此，通过在波尔多的德国行政办公室，伯默斯开始了对法国南部和北非葡萄园的全面监管。1940 年之前，德国派往法国南部的官方采购员数量很少，在罗杰·德斯卡斯的协助下，伯默斯与法国南部葡萄园贸易商合作，在法德合作的框架下，确定配额的数量。以官方或者秘密的方式进行的份额之外的交易，也在合作范围内。在罗杰·德斯卡斯的推动下，伯默斯直接在法国南部贸易商行代表那里下订单，商行代表有阿尔及利亚葡萄酒进口联合会代表路易·胡可（Louis Huc），以及位于佩泽纳的朗格多克高级葡萄酒公司领导格朗德先生。直接运送给德意志国防军的葡萄酒，是蒙彼利埃的军需处部门中间人在克里毕须的指挥下采购的。所有贸易商通过大批分布在南部葡萄园里的分包商填写合同。当他们发现葡萄酒被供给部拦截时，立即通知伯默斯，后者立刻与在巴黎的MBF沟通来解决问题。

作为伯默斯信任的忠臣，罗杰·德斯卡斯对其有求必应。向党卫军提供的 10 万百升葡萄酒，其中有 2 万百升的日常消费葡萄酒和 1 万百升的雅玛邑和干邑烧酒。[81]1944 年 4 月，伯默斯通过罗杰·德斯卡斯要求法国政府，恢复其需运送的葡萄酒量，即在1943 年 8 月 19 日签署的合同上所写的 75 万百升。总供给部将回收运送的结余。伯默斯还要求罗杰·德斯卡斯负责通过国家集团清偿 5250 万法郎的部分付款，作为回报，他获得了合同权利转让。

在供给德国需求的贸易商中，那些由罗杰·德斯卡斯推荐的贸易商是最受德国买家欢迎的，例如，1941 年 5 月，一桩来自阿尔及利亚"假装目的地是瑞士"、实则售往德国的 10 万百升 22° 白葡萄酒的交易。罗杰·德斯卡斯筹备与路易·胡可商行签订合同，后者在贝济埃，与在阿尔及尔和奥兰的塞内克罗兹

（Sénéclauze）商行合股。好几个中间商，其中包括保罗·济埃、布歇尔、盖伊、赛维尼翁和巴尔利耶商行的中间商，负责葡萄酒的转运，组织葡萄酒在奥兰、阿尔及尔、塞特、尼姆、里昂、南希和梅兹之间的运输。光这一笔订单的运输就分了 5 个月进行，因为铁路每周只能运输 5000 百升。第一批运输在 1941 年 10 月 1 日到 11 月 15 日。在伯默斯和路易·胡可商行签订的合同中，任何名字都没有被提及。加斯托商行和摩纳哥的葡萄酒公司处理了账目单据，该单据记录了 6 万百升的采购，以及用来制造苦艾酒的 4 万百升高酒精白葡萄酒的补充买进。一直到酒罐船到达塞特，这笔交易都是秘密的，这是为了避免被鱼雷攻击，以及在地中海被破坏。德意志国防军的机动部队、德国军事警察确保葡萄酒安全抵达目的地。

在这些大规模的商业活动中，第三个无法绕过的人是路易·埃森诺。作为沙朗通最重要的葡萄酒贸易商之一，路易·埃森诺与伯默斯有着亲密的关系，他们私下里是朋友，而且伯默斯很欣赏他。此外，半个多世纪以来，路易·埃森诺与伯默斯家族交情颇深，他与众多德国军官关系极佳，经常在家里接待他们，这也是众所周知的事情。从第一次世界大战末开始，作为波尔多葡萄酒出口到德国的主要贸易商，"路易叔叔"与德国商行朱利亚斯·埃威斯特的领导厄恩斯特·库恩曼（Ernst Kühnemann）的关系就很近，后者是波尔多海底基地指挥官，深受纳粹德国海军的爱戴。在位于里皮修道院院长大道 93 号的家里，路易·埃森诺经常组织一些晚宴，将当地的合作主义者们聚集在一起洽谈。

除了纳粹德国采购员频繁的订单，路易·埃森诺在伯默斯掌管的法国高档葡萄酒公司持有 24% 的股份，这个公司只销售运往德国的葡萄酒。1940 年，这两个人一起经营两家著名酒庄——里斯特拉克的雷斯特城堡酒庄和苏桑的贝莱尔城堡酒庄。

在这两个人身边围绕着一大群本地葡萄酒行业的人。波尔多贸易商联合会主席爱德华·克瑞丝曼与伯默斯保持着几乎是唯一的商业关系，与他的直接业务往来超出了波尔多地区；阿尔芒·克鲁斯（Armand Cruse），明确的亲德主义者，与伯默斯有着亲密的关系，还是勃艮第官方采购员赛格尼茨的好朋友；奥德丽，利布尔讷忠诚的贸易商；普吉贝尔是一个中间人，在波尔多沙朗通的码头周边活动，直到 1943 年都是非常活跃的中间商，采集整个南部地区的葡萄酒；利布尔讷的马赛尔·博尔德里（Marcel Borderie），伯默斯亲密的朋友，直接与党卫军进行交易。作为一个谨慎的商人，他和伯默斯与罗杰·德斯卡斯在 1943 年一起去了摩纳哥。住在波尔多马克街的德洛尔提了众多销售提议，尤其是为克里毕须来满足提供给德意志国防军的份额。丹尼尔·劳顿（Daniel Lawton）是在波尔多沙朗通的码头活动的中间人，他是伯默斯在波尔多商行进行的众多采购行动中的"御用中间商"。丹尼尔·劳顿是一个活跃的中间商，在木桐·罗斯柴尔德酒庄

（Château Mouton Rothschild）和拉菲酒庄（Château Lafite）的交易中尤为活跃，他与兰德驰（Landeche）先生合作，后者是波尔多情报处的主人，通过自己的中间人和伯默斯交易。丹尼尔·劳顿还接受来自纳粹德国部长赫尔曼·戈林的订单，后者是波尔多葡萄酒的爱好者。在科利尼翁大街的中间商吉尔伯特·罗伊（Gilbert Roy），以他对纳粹德国的好感而出名，作为一个处理大量贸易的商人，他介绍了两海之间地区葡萄酒的销售；在波尔多古诺德街的弗卢什也是明确的亲德主义者，是一位给纳粹德国海军卖葡萄酒的销售专家；在梅多克大街的老卡尔维与德国人保持着积极的商业合作，从不错过任何配额和订单，竭尽全力满足德国人的需求。他与伯默斯的关系是出了名的好，只要这两个人在聚会或家中宴会上见面，他们就会聊天、交换意见。

伯奇（Berge）先生是忠实的中间人，经济事务的区域指挥官。罗杰·德斯卡斯把他介绍给了伯默斯。1943 年年末，伯奇在纪隆德省的葡萄园提出，要建立波尔多葡萄酒行业间委员会，参与这项提议的还有波尔多葡萄酒产权与贸易联盟主席费尔南德·吉娜斯，波尔多法定产区葡萄酒贸易商联合会主席莫里斯·萨勒斯，以及波尔多葡萄酒和起泡酒贸易商联合会主席爱德华·克瑞丝曼。德国采购员向伯奇表达他们的不满之处——对一些机制，以及法国采取的一些关于葡萄酒和酒精饮品法令的不满。通过中间人，伯默斯促使他在巴黎的部门与罗杰·德斯卡斯的总供给部保持联系，以便修改受争议的法令。因为纪隆德省葡萄酒获取上的困难，伯默斯好几次与伯奇先生联手来说服那些过于顽固的行业人士。最后，纪隆德中间商组织主席德·里瓦尔（De Rivoire）成为伯默斯的官方中间商。他告诉伯默斯价格的走向和葡萄园的库存情况。位于巴卢达特（Paludate）码头的珂罗蒂雅公司是给德国提供制造起泡酒的白葡萄酒的主要供货商。销售通过约瑟夫·贝克尔（Joseph Becker）和奥普费尔曼实现，他们两个人都是纳粹德国的官方代表，在宏伟酒店那里采购香槟和起泡酒。

同时，维希政府和纳粹德国合作导致的反犹主义，致使经济上的"雅利安人化"，尤其是1940年10月5日的法律，严重地打击了葡萄种植及酿造业。在波尔多，受反犹主义的影响由波亚克葡萄酒公司——菲利普·德·罗斯柴尔德的不动产——经营的世界著名酒庄——木桐·罗斯柴尔德酒庄、拉菲酒庄及其库存成了万众瞩目的焦点。在对梅多克的巴顿和朗高城堡的掠夺外，葡萄酒的交易还要满足英国的利益，交易因此扩大到了国际的范围。

在战争开始之前，创立于1933年9月14日、旨在酿造和销售各种葡萄酒与利口酒的波亚克葡萄酒公司在七个股东的控制之下：菲利普·德·罗斯柴尔德、原诉讼代理人亚尔多先生、电影制片人安德烈·威斯纳（André Wissner）、总经理爱德华·玛雅瑞（Édouard Marjary）、波亚克葡萄酒公司分部经理雅克·勒维（Jacques Lévy），代理人保罗·勒纳尔（Paul Renard）和银行家让·雷米斯（Jean Rheims）分摊了公司的全部股份。这七人同时也是另一处富有名气的不动产木桐·达玛雅克城堡（Château Mouton d'Armailhacq）的股东，他们以菲利普·德·罗斯柴尔德的名义分配份额并且行动，后者是世界上最美的葡萄园之一的唯一真正的主人。[82]1938 年 9 月 12 日，在战争和行政理事会成员调动的情况下，为了在战争期间顺畅运营和管理公司，行政理事会决定将他们的权力交给奥尔良·阿格特。[83]

　　1940 年 5 月到 6 月法国战败，反犹主义政策开始实施，1940 年 9 月 6 日颁布的法令是剥夺菲利普·德·罗斯柴尔德法国国籍的依据。在 1930 年成立的行政委员会的四位成员中，主席菲利普·德·罗斯柴尔德（Philippe de Rothschild）、安德烈·威斯纳（André Wissner）和让·雷米斯（Jean Rheims）被撤职。通过 1940 年 10 月 3 日、10 日和 23 日的法令，所有与菲利普·德·罗斯柴尔德、木桐·达玛雅克公司和波亚克葡萄酒公司相关的权利、财产和不动产都被法国政府正式查封。

　　在一次完全的清点财产之后，当地地产部门还在观望，公司业务还未被中止。尽管当时菲利普·德·罗斯柴尔德和他的法人居住在"占领区域之外，而且并没有想要回来的意向"，但是对他所有财产的没收行动从 1940 年夏天就开始了。纪隆德省波尔多市地产登记总局局长拉瓦波尔先生被任命为临时行政官。[84]曾处理过三项重大事务的奥尔良·阿格特因为在战争期间从行政委员会获得的权力，被任命为木桐·罗斯柴尔德临时开发技术主任。德斯帕尔法院则被指定为股份主管，股份是公司生命出于需要或防守而必然具有的。

但是，出人意料的是，1941 年 4 月 30 日的一条法令突然将菲利普·德·罗斯柴尔德重新加入了法国国籍。[85] 德斯柏尔法院院长发布命令要求撤销查封，重新将财产还给当事人。但是，如果地产总指挥部筹划将财产还给菲利普·德·罗斯柴尔德，这种行为明显违反了德国关于"犹太人财产"的处理方式。重新让他加入法国国籍这件事搅乱了牌局，表现出了法国行政代表和德国高层领导之间正显露出的矛盾。关于如何处理查封的问题，因德国在 1940 年 5 月 20 日第一条关于"处理在法国的犹太人事务"的指令而更加复杂，这条指令一直延长到次年的 10 月 18 日，规定所有在 1940 年 5 月 23 日之后执行的、与"犹太人财产"相关的司法行动都可能"被宣布无效"。

在这种新的背景下，菲利普·德·罗斯柴尔德和他的公司法人，"需要迅速地摆脱他们在两个公司里的职权"（波亚克葡萄酒公司和木桐·达玛雅克公司），但是这一产权转让的建议因为要"服从德国肃清犹太公司的命令"而"面临着巨大的困难"。在这期间，对于法国行政机构来说，有两种威胁，一种是被逐出葡萄种植及酿造业的可能，另一种是"被一些外国势力控制波亚克葡萄酒公司"的风险，这里指的就是德国。

　　紧急情况下，纪隆德省波尔多市地产登记总局局长拉瓦波尔，经 MBF 同意被任命为管理木桐·达玛雅克、波亚克公司的专员。这一任命在 1941 年 7 月 17 日得到犹太问题临时清算部的批准。按照 1941 年 4 月 26 日德国法令的第四条，管理专员和葡萄园园主享有同样的权利，也就是说他有权利出售公司的份额或者股份。他是最早知道"清算犹太财产"进度的人，即菲利普·德·罗斯柴尔德不在时，组织变卖其财产的进度。

　　变卖财产尚未完成，1941 年 7 月 22 日颁布的有关"犹太人的公司、财产和价值"的法律，突然要求法国的立法向德国法令看齐。这条法律在次年 8 月 26 日颁布，将"德国人对于犹太财产采取的打击措施变得常规化"，提供给总专员关于犹太问题的临时行政官员的任命权，"他们剥夺所有的公司、家产、相关的资产，只要它们的主人是犹太人，管理者是犹太人，或管理者中有犹太人"。[86] 这条法律给予行政官员的权力非常"过分"。这些权力让他们"不需要经过司法机构的允许"，就能清除全部或部分某些性质的财产。

　　在这种背景下，恰恰相反的是，这两家享有盛名的公司的价值并没有下降。作为总经理的奥尔良·阿格特执行着他的职责，通过"德国贸易代表伯默斯先生的大量采购，以及一些波尔多的贸易商"来经营公司。对于波亚克葡萄酒公司来说，1940 年财政年度"第一次提供了纯粹的可获取的利益"，尽管销售出了大量的葡萄酒，剩下的库存葡萄酒价值还是超过了 600 万法郎。在纪隆德，关于收购菲利普·德·罗斯柴尔德股份的竞争越发激烈，而且法律给予临时行政官选择销售方式和条件的全部自由。只有一条限制，那就是菲利普·德·罗斯柴尔德所持有的股份只能转让给个人买家，不能直接给国家。法国的法律中并没有规定，被取消法国国籍的人的财产要转让到公共领域。[87]

　　作为当时波亚克葡萄酒公司的地产，拉菲酒庄集中了所有人的注意力。这块地产处在波亚克镇，面积为 127 公顷 51 公亩 48 公厘，包含了 69 公顷的葡萄藤和近 55 公顷的草地、土地和树林。[88] 这块地产在 1868 年通过菲利普·德·罗斯柴尔德家族的一个成员进入了家族遗产。1940 年，拉菲酒庄的三分之一属于爱德华·德·罗斯柴尔德，三分之一属于罗伯特·德·罗斯柴尔德，六分之一属于莫里斯·德·罗斯柴尔德，另外六分之一属于居住在伦敦的英国侨民詹姆斯·德·罗斯柴尔德。

　　通过 1940 年 9 月 6 日颁布的法令，1940 年 7 月 23 日的法律执行，爱德华、罗伯特和莫里斯都被剥夺了法国国籍。这一举措使得他们的财产被充公，被变卖来救助国家。在执行 1940 年 10 月 5 日的法令时，地产行政部门被指定为"查封管理部门"，专门处理这三个被取消国籍的人的财产。最后，通过 1940 年 12 月 21 日的法令，德斯柏尔法院院长同意行政机构继续开发拉菲酒庄的地产。但是在这种名义下，这个行政机构只能处理属于他们三个的六分之五的地产。事实上，"那属于詹姆斯的六分之一的地产也在德国 1940 年 5 月 23 日—9 月 23 日针对敌人产业的命令安排之下"。居住在英国的詹姆斯·德·罗斯柴尔德被认为是德国命令的"敌人"，德国准备认命一个德国专员，通过柏林来查封财产。

1941 年 2 月 26 日，波尔多市地产登记总局局长拉瓦波尔先生在写给波尔多指挥部的信中表示，对拉菲酒庄地产的开发不能"中断"，"也不能遭受任何干涉，不然一定会对开发有所损失"。于是拉瓦波尔先生向德国高层建议，任命自己为临时行政官员，处理詹姆斯·德·罗斯柴尔德这部分财产，"来保障指令的完整和对这块地产的开发"。1941 年 3 月 12 日，德军驻波尔多指挥部接受了他的提议。由于拉菲酒庄地产对法国葡萄种植业有利，为了建立"经验与应用试验田和一所农业学校"[89]，农业部部长在 1942 年 4 月 7 日颁布了一条法令，宣布增加该地产的"公共用途"。根据这一"公共用途"法令的声明，法院院长颁布了 1942 年 7 月 23 日法令，表示"为了法国的利益剥夺这块地产的所有权"，并在 1942 年 11 月 1 日实施。剥夺地产的临时赔偿金被定为 4100 万法郎，给前三位失去国籍的财产共有人的赔偿金由地产行政部门支付；詹姆斯的份额（6833333 法郎）转到了他在法国信托局的账户。财产没收的最后补偿金"依然由评估仲裁委员会来决定"。这种操作的结果是商业葡萄酒的库存、原材料，以及附属葡萄园地产的所有动产全部出让给了法国政府。

　　拉瓦波尔分别于 1942 年 11 月 25 日和 12 月 26 日寄出两封信，告知了德国驻法军事长官这件事，这在宏伟酒店引起了极大轰动。对德国高层来说，因为拉菲酒庄地产"毗邻木桐·罗斯柴尔德地产"，法国政府此举尤为关键。木桐·罗斯柴尔德地产属于亨利·德·罗斯柴尔德，他"也被剥夺了法国国籍，现居住于葡萄牙"。出于法国政府的利益，拉菲酒庄"被地产行政部门查封，置于法国的管理范围之下"。另一块与"拉菲酒庄地产毗邻的地产"木桐·达玛雅克地产也遭到了同样的处理。在归国家所有之前，木桐·达玛雅克属于菲利普·德·罗斯柴尔德领导的公司，他拥有裁决权，且未被剥夺法国国籍，但作为"犹太教人"，他也受到了反犹主义政策的迫害。

　　面对这一问题的复杂性，1943 年 2 月 12 日，两国商议在等待威斯巴登停战委员会关于这件事的决定期间，建立一种临时协议。法国政府决定"在此期间，在未提前征求德国部门的意见之前，不再着手任何变动"。至于管理权已经交给地产行政部门的诸多企业，它们将在等待新部署期间保持现状，尤其是对于拉菲酒庄地产的处理。但是，1943 年 4 月 21 日，波尔多贸易商路易·埃森诺的朋友、德国行政长官古斯塔夫·施耐德被派来监管该地产。他的出现引起了法国行政部门对于 MBF 目的的注意。

　　1943 年 6 月 1 日，应德国高层的要求，在高级战争行政参事、波尔多代表林克先生的房间里召开了一场会议。林克站在战争行政参事、敌人财产处理专员韦伯博士身边，面对地产总指挥部行政专员罗容先生、塞纳河葡萄园地产主任雅尼科先生、纪隆德省波尔多市地产登记总局局长拉瓦波尔先生、葡萄园地产主监察和翻译员格罗斯先生。[90]法国代表就违反2月双方承诺、委派德国行政官员的行为提出抗议，让他们感到惊讶的是，"自那时起，就禁止法国银行将失去国籍者的地产，以及这些股票带来的收益移交给地产行政部门"。关于这块享有盛名的葡萄园地产，他们详述了法国政府写在1943年4月23日信中的报告，表示"查封财产的过程，作为一种公共权力行为，不能被视为一种符合德国处理敌人财产相关命令的行为"。罗容先生支持这一点，这是法国可在其领土范围内行使的"主权权力"。德国对行政官员的任命，至少构成了一种"特殊的违规"。1943年5月15日，随着德国高层要求取消法国在1942年7月发布的剥夺所有权命令，情况变得更加尖锐。在这期间，需要避免"双重行政"的发生，一边是法国政府，它有行使法国律法的权利；另一边是德国，他们要求当他们必须要"对敌对国家采取报复行动"时，需要获得"报酬"。

对于林克先生来说，任命德国行政官员的主要目的是"给法国行政部门施压，让他们在不妨碍停战委员会工作的情况下理解这个事件"。他同意限制古斯塔夫·施耐德先生的权力，因为后者不过是一个"合格的观测员"。会后，1943年7月7日，古斯塔夫·施耐德向拉瓦波尔先生确认，"经过商洽 [……] 德国军事部门长官向我确认，目前您保有葡萄酒地产的管理，我则只负责观测员的工作，并向宏伟酒店提供周期性的市场调查报告"。[91]

　　然而，MBF 的经济指挥部并没有放弃组织查封地产的行动。拉瓦波尔请求波尔多知名贸易商路易·埃森诺协助，后者与德国高层领导有着密切的关系。为了让拉瓦波尔对拉菲酒庄地产问题安心，路易·埃森诺表示，可以"帮他消除所有的困难"。对于拉瓦波尔先生来说，路易·埃森诺在这件事上"与行政部门的行动联系在一起，并且有效保护了行政部门所保管的财产"。[92] 战争结束的好几个月之后，在向这位波尔多批发商猛扑过来的司法程序的核心，行政部门的作用被提及，它对将著名葡萄酒庄地产维系在法国的管理下起到了必不可少的作用。尽管如此，对德国而言，世界争端的局势已经不再允许它参与追寻不动产，无论那些地产有多么珍贵，取而代之的是对铸币价值和外汇的追求。从1942 年开始，每个月大量的汇款，以拉菲酒庄地产"行政费用"的名义转到巴黎巴克莱银行的信托审计账户里。1944 年 2 月 17日，一封给拉菲酒庄地产技术主任兰德驰先生的信，让人知道"每个月的行政费用汇款 [……] 今后需要转到巴黎斯克里布街 3 号的空军银行，信托审计的'二号'账户里"。[93] 信里提及的，转到由赫尔曼·戈林和纳粹德国空军控制的银行机构的这些汇款，指的是在德国命令下受到处理的、属于纳粹德国敌人的财产。此外，这封信看起来是"在法国的德国军事行政部门，以通告形式发给所有任命的行政人员的，似乎不适用于拉菲酒庄地产的特殊情况"。追寻财产和葡萄园地产的时期已经过去了，现在德国人要掠夺的是迅速可动用的现金和货币。

6. 所有喝下的耻辱

1942 年，德国节节败退。穷途末路中，法国葡萄园前所未有地成为德国最终掠夺的首选目标。然而，圣杯里的酒已经喝光见底了。战后，法国经济肃清在葡萄酒贸易界引起了巨大恐慌。爱国主义原则成为狡猾贸易商的防御说辞。

▶▷ 终局，走向崩塌

对德国来说，1942年是充满痛苦的一年，战败迹象开始浮现。为了能在苏联和非洲发动激烈的战争，纳粹德国毫不吝惜地花费资金，导致其资本需求不断扩大。1942年12月15日，德国将分期支付的占领费提高了1000万德国马克，即2亿法郎，意味着法国对德国的每日直接付款额增加到了5亿法郎。这远远超过了法国的支付能力，导致维希政府不得不以牺牲本国货币为代价，来增加法国银行的预付款。1943年1月，考虑到这是"法国为欧洲整体防御做出的财政贡献"，拉瓦尔接受了这项要求。从那以后，问题变得更为切实，停战协议中极不公平的条约，以及在威斯巴登通过的初步条例都已过时。维希政府大肆鼓吹的"合作精神"扫除了一切维护国民权利的观念，加速了对占领军给予恩惠的优让机制。

在这种极其困难的背景下，法国葡萄园前所未有地成为最终掠夺的首选目标。1943—1944年的掠夺在德国当局日益增加的需求下拉开序幕。在法德协议之外，德国的新"官方"配额被确定为189万百升葡萄酒，其中包括75万百升供日常消费的葡萄酒，38.5万百升用来制造高酒精度葡萄酒的基础葡萄酒，22万百升用来制造起泡酒的基础葡萄酒，10万百升苦艾酒，20.5万百升用来制作葡萄酒醋的葡萄酒和 23 万百升的法定产区葡萄酒。香槟的份额和运送给德国军队的份额还没有确定，没人知道法国葡萄园要怎么运输这么大的份额。

为了减缓这种市场压力，通过 1943 年 6 月 29 日发布的法规汇编，法国高层规定了近 1000 个法国知名葡萄产地葡萄酒的最低价格，主要包含一些城堡和波尔多高级葡萄酒，其中就有索泰尔纳酒，以及产自圣艾美浓与波默罗的梅多克酒和格拉夫酒。[1] 在排行中，梅多克、利布尔纳、格拉夫和波尔多沿岸、索泰尔纳、卢皮亚克和圣克鲁瓦克斯 – 迪蒙占据着举足轻重的地位。在价格方面，索泰尔纳的滴金酒庄（Château d'Yquem）900 升一波尔多桶的酒的定价为 13 万法郎，在梅多克前三名的葡萄产地（拉菲、拉图和马尔戈）或者一些类似的产地，格拉夫的侯伯王庄园和木桐·罗斯柴尔德第二产地，还有圣艾美浓的两个产地欧颂和谢瓦布朗克，葡萄酒的价格达到了每桶 10 万法郎。索泰尔纳排名前十的产地，以及格拉夫的美讯酒庄（Mission Haut-Brion）葡萄酒的价格为每桶 9 万法郎。就像菲利普·鲁迪埃所说的那样，这些产地葡萄酒与其他产地的比较是有参考价值的，同时，受到德国人高度评价的白甜葡萄酒的风行则让蒙巴齐拉克的葡萄酒获益。最优质的波尔多葡萄酒与享有盛誉的勃艮第葡萄酒齐名。每桶 228 升规格的罗曼尼康提价格达到 32500 法郎，即 128290 法郎一波尔多桶。香贝坦的克罗德贝梓（clos-de-bèze）和慕西尼（musigny）

价格为 98685 法郎，梧玖和考尔通价格为 4.3 万法郎。梦拉榭葡萄酒的价格大概是 11 万法郎。[2]

在波尔多，极高的价格让梅多克、高梅多克、格拉夫、索泰尔纳和圣艾美浓葡萄酒的交易量大大上升。这迫使当地的产业开始重组，波尔多葡萄酒行业间委员会也由此诞生，该倡议最早由波尔多经济区域指挥官亨利·伯奇在 1943 年 12 月提出，然而由于营管不力，这个计划显然提出得太迟。

在 1943 年 12 月 14 日的会议上，葡萄种植及酿造业行业间及部际委员会对现状做出了总结。[3] 如果说，在战争前十年主要城市的葡萄酒的平均产量是 5500 万百升，1940—1942 年的年收成在相比之下则有"显著下降，而且一年比一年少。1942 年，主要城市的产量竟不足 3400 万百升"。然而，"1943—1944 年申报的收成总量达到了 37834447 百升"，这种结果"远远不能令人满意，尤其是当与我们与所希望的相比"。

更严重的是，在最后一次掠夺之后，我们发现农民的葡萄酒库存大大减少（仅剩 251.6 万百升，之前是 428.3 万百升），批发商手里的库存同样在减少（仅剩 683.4 万百升，之前是 797.8 万百升）。这种情形足以令当局感到震惊。年终库存从 1226.1 万百升降到了 935 万百升。更令人担忧的是白粉病的侵袭以及旱季的到来，后者阻碍了许多葡萄园里葡萄的生长。另外，地中海沿岸的葡萄藤因为德军大量的防御工事（包括建造堡垒）而被拔除，尤其是在埃罗省。

统计的最终结果显示，人们并没有获得应有的收成。收成的总数是37834447百升（其中有31490199百升的日常消费葡萄酒，5622463百升的法定产区葡萄酒，还有721785百升的发酵葡萄汁），"与战前的平均收成（主要城市为5500万百升）相比低很多"，尽管"相比1942年的33761000百升来说已经增加了很多"。

"消息灵通领域的人"则表示，最新申报的收成"没有忠实地反映现实"，有大量数据被隐瞒。另外我们注意到，"在一些部门，申报人数异常增加，这种情况表明，为了享受葡萄种植者的财政补贴，许多消费者非法侵占了葡萄种植者的成果，与此同时，他们还能免受定量配给之苦"。对葡萄园的管控变得越来越无效，尽管在前一次的掠夺运动中，有7000多份笔录。

法定产区葡萄酒的数量一直在增加，在这一年（1943年）达到了5622463百升。每次掠夺运动期间，法定产区葡萄酒的数量都在持续增加，此外，法定产区葡萄酒占葡萄酒总收成的比例也在不断上升。因此，这一年法定产区葡萄酒的申报数量占所有葡萄酒申报总量的14.8%。

新一轮掠夺需在整体收成的基础上开展，1943年略微上涨的收成仅能弥补葡萄园里库存的缩减，以及阿尔及利亚收成的缺失。年复一年，减少的量达到了74.3万百升，而出口到德国、唯一与占领军部队关联的"官方"需求达到了350万百升。这样算来，还需要将法国葡萄酒的库存降低至少 400 万百升。因此，只有大幅度征收日常饮用葡萄酒，才能满足官方需求。在这种情况下，运输到德国的官方配给并没有遇到明显障碍，直到 1944 年 6 月。

1944 年夏天，新一轮掠夺计划中的 75 万升日常消费葡萄酒，实际供应了 589752.07 百升，由以下商行提供：特雷贝的德雷赛尔提供 84379.45 百升、佩皮尼昂的马蒂提供 110339.88 百升、贝济埃的贝特利耶提供 162844 百升、伊埃雷的乌格斯提供 70243.97 百升、尼姆的泰西耶提供 91580.29 百升、佩皮尼昂的帕姆斯提供 36779.60 百升，以及塞特的杜本内提供 40584.88 的百升。用来制造高酒精度葡萄酒的 38.5 万百升基础葡萄酒，通过采购员克勒泽的采购实际达到了 353737.84 百升，由以下商行提供：默尔索的勒桦商行提供 302631.67 百升，外加之后补给的 46698.41 百升；科涅克烧酒和葡萄酒分销办公室提供的 4407.76 百升。用来制造起泡酒的基础葡萄酒份额为 22 万百升，由爱德华·巴尔特、贝克尔和奥普费尔曼采购，实际达到 144409.39 百升，由以下商行提供：皮托的香槟葡萄酒马恩公司提供 16560.04 百升，阿维尼翁的孔塔葡萄酒公司提供 60064.20 百升，波尔多的珂罗蒂雅商行提供 4100 百升，在昂布瓦斯的福尔茨商行提供 25419.49 百升，加上爱德华·巴尔特提供的 7671.23 百升以及在蒙特里沙尔的蒙穆索商行提供的 30594.43 百升。伯默斯负责采购的 10 万百升苦艾酒最终获得了 99972 百升，由贝济埃的路易·胡可商行提供。卡万负责采购的 20.5 万百升用来酿造酒醋的基础葡萄酒，由贝济埃的贝特利耶商行提供，最终支付的数量为 148254 百升。最后，由伯默斯和赛格尼茨负责采购的法定产区葡萄酒在 1944 年夏天最终交付的数量最少，只有 64861.08 百升，贝济埃的西亚坡提供了 4680.6 百升，波尔多的阿诺多尼科提供了 8645.64 百升，巴黎的可乐汤力水公司提供了 500.50 百升，在马尔芒德的索维亚克提供了 29965.08 百升，纪隆德省葡萄酒贸易商联合会提供了 7792.62 百升，以及勃艮第葡萄酒公司先后提供了 11939.77 百升和 1336.87 百升。

在 1943—1944 年的掠夺中，德意志国防军与维希政府签订了两份葡萄酒交付合同。第一份合同拟定的份额是 50 万百升，几乎完全达到，尽管过程很艰辛，交付量在 1944 年夏天达到了 480951 百升，其中 340749 百升由国家部门提供给德国军需处，25000 百升由贝济埃的路易·胡可商行售出，71000 百升直接通过供给部交给德国军需处，来满足德意志国防军的需求，还有被德国军队随机掠夺的 25802 百升葡萄酒，18400 百升用来酿造酒醋和利口酒的基础葡萄酒。

第二份合同拟定的份额为 4 万百升，最终交付了 36366.39 百升，由第戎的大酒桶商行提供 9120 百升，尼伊特圣若尔热的肖维纳提供 2280 百升，博讷的帕缇亚提供 1620 百升，尼伊特圣若尔热的杜福尔提供 6840 百升，以及波尔多贸易联合会提供的 16506.39 百升。

最后的一次掠夺，由指定的纳粹采购员马克斯·西蒙分配了两个给党卫军的份额。第一个份额是2万百升日常消费葡萄酒，由法国军需处直接出售。第二个份额是"精选葡萄酒"，总数为8万百升。回应党卫军需求的卖方有马尔戈葡萄酒公司，预计交付1.9万百升，实际交付5845百升；还有在桑特塞西莱－莱维格的维谢尔·格拉尼尔商行，预计1.5万百升，实际交付5433百升；在勃尔希的维罗姆，预计和实际交付140百升；在贝济埃的科米克高，预计交付5000百升；在波马尔的马吕斯·克莱杰，预计交付5000百升；在弗卢瓦拉克的度隆，预计交付9000百升；巴黎的高级区域葡萄酒柜台，预计3000百升；波尔多的鲁塞尔，预计交付4000百升；巴黎的葡萄酒与酒品法国公司，预计交付1500百升，上述预计交付最后因为德军逃窜没能完成。

这些数字是在1944年夏天纳粹掠夺系统崩塌时，根据已知交货量估算的。逃亡的官方采购员销毁了部分本地数据，并随身带走了那些绝密档案。当地一些专业人士或贸易商联合会人员在最后一刻决定放弃交付德方购买的葡萄酒。1944年夏天，全国阿马尼亚克和科涅克分配办公室放弃了他们承诺给德国军队的1万百升酒精饮品的订单。在波尔多和博讷的葡萄酒贸易与葡萄种植联合会表示，很多数据被"错置"或者被"意外地摧毁了"。波尔多贸易商联合会在1944年10月25日的信里写道，一些寄出的情报已被销毁或者是丢失了。在1944年12月7日的信件中，联合会意识到，他们没有办法为由解放委员会创立的调查委员会提供所需的情报。这些数字并不能表现出大量成交的香槟酒和"以香槟方式酿造"的起泡酒的数量，"这些酒由香槟行业间委员会直接提供，然后由科涅克全国办公室或阿马尼亚克全国办公室或酒品全国办公室直接交付"。当然，这些还不包括我们之后会提到的大量在葡萄园、黑市和整个法国的餐厅与酒店里采购的葡萄酒。[4]

在 1944 年的头几个月，法国葡萄酒经济渐渐屈服于德国大量采购的压力，陷入混乱的危险之中。为了掩饰德国掠夺数量之庞大，以及行业内部惊人的腐败，维希政府发起了大规模的逮捕运动。这一政治圈套在报纸里被广泛报道。1944 年 5 月 15 日，法国新闻办公室宣布，"这几周来，葡萄酒的供应不断地减少"。法国人，尤其是在城市里的法国人"遭受着严重的限制"，再供给已不可能实现。农业和供给部秘书长弗朗索瓦·沙塞涅（François Chasseigne）认为，这场危机"很大程度上归咎于轰炸造成的运输困难"，但也归因于"葡萄酒市场个别人的不正当行为"。他下令采取"强有力的措施"来控制走私者和操纵者。作为激进的合作主义者，这位部长曾经与德国大使奥托·阿贝茨（Otto Abetz）关系密切，他固执己见，认为当下的体制即将崩塌，是时候进一步强化维希政府现有的政策。作为党卫军赫尔穆特·诺钦和唯利是图的商人亨利·拉丰的朋友，他毫不担心招揽他在法国民兵部队的朋友的政策是否过度。

根据经济警察局局长马赛尔·贝纳德（Marcel Bernard）的意见，民兵部队首领约瑟夫·达尔南（Joseph Darnand）被任命为秩序维持部总秘书，在党卫军首领奥伯格的支持下，下令逮捕所有葡萄种植及酿造业的领导人，包括中心饮料供应委员会主席罗杰·德斯卡斯、查伦总督、贝特朗，中心饮料供应委员会前主任、纳博讷区葡萄酒批发贸易集团总裁塞涅斯。另外，他还拘禁了记者和技术顾问莫里斯·拉班，他同时也是知名的贸易商。政府表示"要坚决[……]地严厉打击这些负责人，无论其地位高低"。利益的纷争达到了最高点。几天之后，在巴黎，伯默斯以个人名义介入，释放了当时被软禁在布里斯托尔酒店的罗杰·德斯卡斯。

1944年7月31日，当盟军开辟出前往巴黎的道路，德意志国防军在东边防线经历了面对苏联的惨败后，纳粹总部长海门命令将法国缴纳的占领费从每天5亿法郎增加到7亿法郎。8月10日，法国部长卡泽拉（Cathala）在回应纳粹的新要求时，礼貌地提及法国经济正处于极其脆弱的状态；7600亿法郎的法德清算费用导致法国出现了严重的财政赤字，持续增加的占领费将使法国陷入恶性通货膨胀的泥潭，他不愿看到这种情况发生。鉴于上述原因，法国政府根据外交规则"请求纳粹德国政府取消这种要求，因为他们没有办法满足后者的需求"。另一个现状是，战争已经入侵到了法国领土的中心地带，而德国在所有的阵线上几乎都以战败告终。同一天，卡泽拉被传唤到宏伟酒店去为自己辩护。海门要求，截至8月21

日前应立即支付预付款。1944 年 8 月 12 日，拉瓦尔接受了即时支付的 80 亿法郎的储备金。圣杯里的酒已经被喝光见底了。

▶▷ 翻过战争的那一页：与敌人"合作"的问题

随着德国对葡萄园占领的结束，法国领土也开始逐渐被解放，这扰乱了战争期间行业人士与敌人合作慢慢建立起来的成功。如果说整个葡萄酒领域引起了人们的怀疑，那么批发交易方面则引起了最多的注意。1941 年起，关于抵抗运动的宣传主要集中在抵制"劣酒商"上，就是那些暴富的大贸易商。在两次世界大战期间，法国共产党增印了宣传小册子，上面印着农民和葡萄种植者抵抗大贸易商的主题内容。[5] 在勃艮第的尼伊特圣若尔热市，维希政府任命了亨利·卡特龙（Henri Cartron）为市长，他同时也是贸易商和酒馆老板，在一封匿名信中有人举报他是合作主义者和反爱国主义者。作为回应，卡特龙对一位疑似加入共产党的居民展开调查。共产党的主张是"在法国生产的东西就应该留在法国"，他们反对那些已与"德意志第三帝国独裁者"同流合污的人。[6]

在所有葡萄园里，和平的回归以及对繁荣的承诺，让那些在占领时期因为没有回应敌人需求而变得异常贫困的人觉得难以忍受。那些在占领时期小心谨慎、减少自己商业活动，甚至自愿放弃与德贸易的少数人和那些通过与敌人交易发家致富，达到了战前完全无法想象的地步的人相比，处境有了天壤之别。联盟的政治宣传和抵抗运动一直在表达的正义理念，激起了贸易中一些前所未有的对公平和忠诚精神的追求。

1944 年 12 月，这种追求到达了极致，来自科多尔省的一些行业人士表示，需要建立一个抵抗贸易商协会来保护其成员的利益。这个协会在博讷建立，名为葡萄酒贸易抵抗小组（GVRC），由莫里斯·达尔德（Maurice Dard）担任主席，集中了所有"在战争期间因拒绝与敌人合作而利益受损的人"，此举却便宜了与敌人合作的商行。[7]

在莫里斯·达尔德身边有六个主要的贸易商，其中有博讷和波马尔的保罗·诺丹 – 瓦罗（Paul Naudin-Varrault）、博讷的让 – 巴普蒂斯特·贝若 – 科荣（Jean-Baptiste Béjot-Coron）、绍雷莱的莫里斯·古德·德·博皮（Maurice Goud de Beaupuis）、博讷的路易·雅多（Louis Jadot）、圣罗曼的罗兰·戴维南 – 布泽罗（Roland Thévenin-Bouzereau）和博讷的皮埃尔·高蒂尔（Pierre Gauthier）。这个组织表示他们将和那些实施非法操作的同行断绝关系。

抵抗小组的规定明确表示，"只有那些在占领期间没有向德国出售过葡萄酒的贸易商才能加入组织。对于被占领军强制征调的贸易商，这种特殊情况通过办公室的检查才可以接受"。[8]

当然，建立这样的抵抗小组是新贸易政策的一部分，其宣传基于行业人士的道德和爱国品格，他们绝不会向敌人出售葡萄酒，他们对镇压反抗到底，直到迎来最后的胜利。[9]这些话自然是讲给法国和欧洲的客户听的，但同样也是讲给英国市场，以及关注已久的北美市场听的。[10]

所以从一开始，抵抗小组的行动主张就是持久不灭的抵抗精神。在那个动荡的时期，商界内充满怀疑与不信任，爱国主义成为商业活动的完美托词。于是他们决定在酒瓶上贴上标签，写着：

NOT A DROP OF WINE SOLD

TO THE GERMANS DURING THE WAR

战争期间，没有一滴（酒）卖给德国人

一些加入抵抗小组的商行信件中有类似的标签，贸易商保罗·诺丹－瓦罗还在信件和发票抬头上写着：

占领期间，我们的商行没有和"德国鬼子"合作过

保罗·诺丹－瓦罗作为抵抗小组的秘书长，公开表示了他对那些与德国人合作的贸易商的憎恶。因此，当法国葡萄酒出口委员会 1944 年 11 月 10 日在英文报纸上发表一篇名为《四年葡萄酒抵抗运动》的文章时，他很激动，并且谴责了那些伪造事实并试图占领主流言论的欺诈手段。他在给出口委员会主席让·库普里

（Jean Couprie）的信中表示：

> 我不敢相信人们可以写出这样的内容。我们目睹了在我们的葡萄酒产区里，很多商行和德国进行了大量的交易；而且我还知道，这些商行的行为不是"无意识地被操纵"，也不是像当地贸易商联合会说的那样是用来欺骗德国人的，恰恰相反。那么，为什么你们还要传达这份报纸？[11]

他在结尾时又说道：

> 可能在勃艮第之外的区域，贸易商更清楚自己的义务；但是就勃艮第而言，这绝对是不可能实现的。

这封被库普里退回的信引起了博讷贸易商联合会的注意，并引起轰动。那些最重要的贸易商被传唤参与到调查中，来证明他们的爱国主义，他们因法国政府所采取的手段感到震惊。这种对于贸易整体的怀疑不可避免地制造了一种假象，将交易者与欺诈者、贩运者和叛徒等同起来，似乎所有商人都有着不正当交易。对于联合会来说，必须严厉打击这种逻辑的蔓延，因为这种思想有可能会对勃艮第整体贸易的信誉带来致命的打击。

因此，联合会采取了两个行动来反对抵抗小组成员、同时也是其成员的保罗·诺丹－瓦罗。首先是对他采取惩戒，其次是诋毁他的信誉和名声。

因保罗·诺丹－瓦罗"严重违反职业团结"和"通过陈述谬论进行不公平竞争并诽谤贸易商联合会成员"的罪名，大家一致决定将他从联合会除名，但在此之前，他可以进行自我辩解。

但是，从一开始就非常小心的贸易商决定"目前，至少暂时不就诽谤性言论问题进行司法干预——也暂时不会介入[……]不正当竞争问题"。[12] 但是贸易商联合会还是认为，要停止"滥用"诋毁贸易信誉的"蝴蝶"（标签）：

我们进行了简短的讨论，并共同决定了对不同政见团体可能采取的各种措施，以便将"占领期间没有和德国人合作过的商行"集中成一个小团体。

不过，这个团体的成员应该不会很多。

其中一个发起者是联合会成员，他还是一个非常活跃的人，所有的场合都有他的身影，有时候甚至不合时宜地在贸易商联合会办公室里跟人吵架，来抗议自己遭受的不公正待遇，尤其是从事玻璃制造业时。

我们任凭这个急躁的人说着一些从来没有被确认的事情。

但是问题变得复杂起来，因为他在自己写的信和信封上都贴上了标签说"占领期间，我们的商行没有和'德国鬼子'

合作过"。但是你们告诉我，如果这是真的，他就有权利这样做，但其实不然。[……][13]

勃艮第贸易代表为了对保罗·诺丹－瓦罗进行回击，从贸易商联合会的档案里调出了好几份文件来证明他在1940—1941年与采购员德雷尔之间有贸易往来。在所有官方的交易中，贸易商联合会负责集中所有供给，所以他们最清楚自己成员进行的交易。保罗·诺丹－瓦罗的错误在于，他低估了这个让自己不知所措的诉讼，而联合会的领导故意混淆两种交易，前者是帝国代表的官方的、强制的交易；后者是数量更加庞大且分散的黑市交易。

在香槟，局势也很紧张。对这里的葡萄酒贸易来说，战争和占领时期代表了一种真正的"黄金时代"，以至于大多数商行在这一时期获得了前所未有的经济收益，直到1944年，交付给敌人的香槟达到了9000万瓶，起泡酒为1000万瓶。在解放调查部和研究总指挥部的详细叙述中，报告员写道："我们多么希望在被占领期间，香槟地区强大的贸易商们能够成为一个爱国主义的区域典范。从逻辑上来说，这种态度来自对法国精神的捍卫，在这种精神的激励下，当地的大人物从不吝惜他们对世界知名葡萄酒的赞誉。但与上述情况相反的是，大多数香槟商行和葡萄种植者对敌人的态度却很仁慈。"

文章中还写道："我们要特别致敬奥兰男爵，他是库克里曼香槟公司的管理委员会成员，成功躲开了盖世太保，加入北非的法国战斗部队，在阿尔萨斯的战场上光荣牺牲。"自 1943 年镇压加剧以来，葡萄园里出现了许多因为"与敌人串通"而发生的逮捕事件。加斯通·普瓦特万（Gaston Poittevin），1938—1941 年的葡萄种植者总联合会主席，在 1944 年 3 月 4 日死于布痕瓦尔德集中营；他的女婿亨利·马丁（Henri Martin）同时兼任奥特维莱尔的市长、埃佩尔奈的社会党议员和香槟葡萄酒合作联合会主席，1945 年 5 月 9 日死于毛特豪森 - 古森集中营；行业间委员会主任克罗德·富尔蒙（Claude Fourmon）被押送到布痕瓦尔德集中营，然后再到朵拉集中营；保罗·尚东 - 酩悦（Paul Chandon-Moët）被押送到奥斯维辛集中营，后被杀害；卡米尔·德·马瑞尔（Camille de Mareuil），酩悦商行的商业主任兼代理人，也被逮捕；罗伯特·德·佛格，这位解放阵线成员被盖世太保逮捕，但是，判了死刑的他在 1944 年 7 月被押送到伯根 - 贝尔森集中营之前被赦免。像历史学家克劳迪恩（Claudine）和塞尔戈·沃里克沃（Serge Wolikow）所言，他（佛格）被逮捕促使了行业间委员会执行委员的辞职，以及总联合会成员的罢工。后者曾经在镇压中受到严重的迫害，尤其是那些酒窖雇员，他们是共产主义抵抗者，其中一些人早在 1941 年就被逮捕并被处决。[14]

　　然而，谴责贸易商和种植者的帷幕正在拉开。在纳粹德国最大的供货商里，有埃佩尔奈的酩悦商行，交付了 1023225 瓶香槟，兰斯的凯歌皇牌香槟（Veuve Clicquot Ponsardin），交付了 790930 瓶，兰斯的庞梅里和格雷诺交付了 704320 瓶，兰斯的玛姆香槟（G.H. Mumm）交付了 595980 瓶，兰斯的海德西克·莫诺珀尔（Heidsieck Monopole）交付了 561850 瓶，还有在埃佩尔奈的默西尔，交付了 551250 瓶。[15]

但是，"如果我们意识到这其中涉及的人员的复杂性，我们会发现，对占领期间香槟生产及贸易的不法行为的调查是一项复杂的工作。当然，我们必须要了解其中的每一个人，并且通过合适的路径获悉相关情况。但有一个事实是确定的：法国最早的葡萄园实业家，以牺牲国家财富和荣誉的代价，获得了大量的经济利益。"1945 年 1 月开始，兰斯区域委员会的研究调查总局开始对占领时期的香槟葡萄酒进行综合性分析。

这份报告没有强调香槟地区贸易商的不爱国行为，而是反映了该地区整个行业的一致性——与敌人进行大规模合作。奥热河畔勒梅斯尼的市长是一位酿酒师，他更直接地表示了对于香槟整体情况的看法[16]："我们可以说，这种像香槟一样如此大的等级分化是在整个法国土地上展开的"。"德国人的到来促进了香槟的贸易"，那是为了满足他们的需求和维持"国际范围内的非法交易"。在这种新的环境里，"几乎所有香槟的商行都与德国人展开经济合作"。在"很多香槟商行"中，"德国代理商的存在或者与德国人的友情"已成现实。

在解放时，非法获利充公委员会揭露了"令人震惊"的利润。众多商行的会计部都暴露了他们不正当的业务。在那些生意最好的商行里，"路易·罗德尔商行获得的官方净利润达到了5150万法郎，酩悦香槟商行获得了4620万法郎，玛恩香槟商行获得了4220万法郎等。这些商行获得的利润与战前相比，净增长了20%—1000%！"

报告里还表示"我们说的是净利润，除此之外，考虑到库存、房屋设施以及储备金，这也为他们增加了数百万的资本。默西尔商行的资本为950万法郎，岚颂公司的资本为1000万法郎；罗兰百悦香槟商行的资本为250万法郎，庞梅里和格雷诺的资本为1500百万法郎，诸如此类。[……]"。

但是，尽管有一些商行"进行着良好的贸易"，但"收益却没有比1939年高出多少"。这些通常被称为"大酒瓶"的商行就是以葡萄酒质量而闻名的高级商行。相反地，那些被称为"中小酒瓶"的商行利用了战争形势，公司规模有了惊人的扩张。例如，报告里写道，奥莉·罗德尔（Orly·Roederer）女士，同名公司的商行主人，从来没有埋怨过德国人。她在1941年4月21日的报告里，提到了克里毕须，写道："我们以协商定价向德国人出售葡萄酒"；她在1942年5月22日的报告里写道："我们需要服从占领军的决定，在保持小规模贸易流通的同时，要在能力所及的范围内，尽最大努力来满足他们。"大多数"大酒瓶"商行都"与国外市场保持着联系，至少在瑞典、挪威、芬兰、丹麦、瑞士、荷兰、比利时，当然还有德国"。

根据对近 180 个香槟商行进行的总调查，确定了在"模式之外"的总收益为"十亿法郎左右"，这些是在"正常"的商业环境之外的预期收益。研究还表示，"香槟商人通过黑市出售给德国人大量葡萄酒"，获得了"无法估量的巨额利润"。同时，他们用出售给"国防军"的价格"送给了"德国人相当数量的香槟酒，来维持一种坦诚的合作。最后，所售葡萄酒质量上的欺诈行为引发了葡萄酒的两次提价。第一次是 1941 年 6 月 1 日颁布的法令规定，对于 1939 年 9 月 1 日之前出售的、价格位于 15—20 法郎的葡萄酒，每瓶定价增加 10 法郎；价格在 20—30 法郎的葡萄酒，每瓶定价增加 12 法郎；价格在 30 法郎以上的葡萄酒，每瓶价格增加 30 法郎。定价低于 15 法郎的葡萄酒也涨价至 25 法郎。第二次是 1942 年 5 月 29 日颁布的法令规定，对于 1939 年 9 月 1 日之前出售的、价格位于 15—20 法郎的葡萄酒，每瓶定价增加 22 法郎；价格在 20—30 法郎的葡萄酒，每瓶定价增加 27 法郎；价格在 30 法郎以上的葡萄酒，每瓶价格增加 32 法郎。原本定价低于 15 法郎的葡萄酒则涨价至 35 法郎。[17]

官方定价的问题比战前更加令人重视，香槟的贸易商推出了不同质量的香槟，用"丝带"或者"卡片"来表示不同的档次（白色的卡片，红色的丝带，金色的卡片等）。同一档次的酒由不同的商行来定价，就有了不同的价格或"品牌价格"。于是在占领期间，用更换标签的方式，把普通的葡萄酒以"高质量"葡萄酒价格售卖并非难事。这种操作被一些人认为是"不正义"的，但却是完全合法的，因为它没有违反从1941年起，在行业监察和政府专员的命令下，由香槟行业间委员会执行的任何规定。因此，效果立竿见影。从1940年开始，所有的低档次的香槟都消失了，只剩下"精选"的产品（金色的卡片，红色的丝带等）。在这种操作之下，潜在的"合法"利润迅速爆炸，甚至超出想象。

尽管如此，香槟行业间委员会在该地区解放之后的仅仅11天，即1944年9月11日，又有了新法规来提升香槟售卖的价格。更令人惊讶的是，"经验证明，占领时期的价格已经能让贸易商获得足够的利润。"报告里还写道，调查者不知道"用哪些论据来说服政府"。于是，合法价格立刻有了如下上调：对于1939年9月1日之前出售的、价格在15—20法郎的葡萄酒，每瓶定价增加了33法郎；价格在20—30法郎的葡萄酒，每瓶价格增加41法郎；价格在30法郎以上的葡萄酒，每瓶价格增加49法郎。定价低于15法郎的葡萄酒则涨价至45法郎。

1941年6月、1942年5月和1944年9月的法令对于1939年9月1日之前低于15法郎价格的葡萄酒，以及高于20法郎售价的葡萄酒的定价，有着显著的调整。小商行、葡萄种植者，以及大规模的批发贸易商出售的一般是价格低于15法郎的葡萄酒。然而，"大商行凭借着它们稳固的声誉，能够在恰当的时候开出证明它们 1939 出售价格的发票；小规模的葡萄种植者无法做到，在危机四伏的市场环境下，为了避免损失，一些酒被迫以 10 法郎甚至更低的价格卖出。从那时候开始，他们就无法申报 25 法郎或 35 法郎以上的最高定价了。"

在这种情况下，考虑到所有生产商的管理成本上升，葡萄种植者只能通过葡萄园小作坊里的中间人，来打开巨大的黑市以走出困境。临时政府给香槟贸易商和葡萄种植者的"恩惠"非常惊人，而且公然与解放部公务员及调查员所写的报告形成矛盾。1944 年 9 月 21 日，"在一份偶然发现的报告中"，兰斯经济控制总督查用 6 页的报告来解释"没必要提升香槟价格的原因"。人们质疑为什么这份报告没有后续，并且"是否有一股隐秘力量影响着忠诚的公务员做出客观评价"？除了其他说法外，其中一人表示，在香槟行业间委员会副会长和克罗德·富尔蒙（富尔蒙是由克里毕须组织的每周委员会的成员）二人之中，"可能有一人的亲戚在巴黎的价格部门做大领导（不予置评）"。

但是，通过研究一瓶来自最理想产地的香槟酒价格，我们得知其成本大约为 54.75 法郎，算上 10% 的净收益和 33% 的销售税，能够确定的是，"一瓶香槟的价格怎么也不可能超过 105 法郎（当然不包括运输的费用）"。然而，官方市场上的价格经常达到 130—140 法郎，有时甚至高达 170 法郎，更不用说黑市的价格了。

这就不难解释在其他地区，诸如勃艮第、波尔多、安茹等地，每桶葡萄酒卖到2万法郎，而"之前，价格从来没有超过6000法郎"。

无论如何，香槟行业间委员会在所有协商调解中起着核心作用。1945年揭露的一起案件更是增加了人们疑惑。1944年7月，在埃佩尔奈，纳粹德国官方采购员爱德华·巴尔特提交给行业间委员会62380455.70法郎来支付葡萄酒的运输费用。这是一次寻常的支付，在每次掠夺中都会进行十几次这样的支付。但是，德国在夏天突然撤军，而1944年8月30日爱德华·巴尔特在逃窜则中断了此次交付。行业间委员会第一次遇到这种情况，他们决定保留已经交付的钱款，并没有申报给负责清查敌国财产的国家部门。[18]

当时，香槟行业间委员会的权威就已经受到了质疑。自1944年秋天开始，莫里斯·多亚尔德不得不离开他的职位。韦尔蒂葡萄种植者联合会认为他是"不受欢迎的"。然而政府专员夏尔·泰隆，行业间委员会的三大巨头之一，也是马恩省非法获利充公委员会副主席，则集中了所有的权力。他解释说保存这笔钱是因为纳粹德国欠了行业间委员会一笔债，算上之前没有支付的款项，债务总数高达1300万法郎。香槟行业间委员会想要"通过使用爱德华·巴尔特的这笔存款，把多余的退还回去"。

夏尔·泰隆并不想让自己变成这件事的同谋，但是他表现出的疏忽很可疑，尤其是"那几千万是用来支付从法国民用配额中运往德国的香槟酒"。至少可以说他的态度非常奇怪。那些他"在任期与香槟实业界的人建立的关系"，似乎"本质上就是为了歪曲他在香槟沙隆地区作为间接税务部门部长的职责"。而且，"我们无不害怕地得知，夏尔·泰隆先生现在是非法收益委员会的副主席，在这个职务面前，他应该给自己介绍一些香槟地区富裕的商人"。因此，"也许我们可以指望这位公务员的爱国主义和廉洁品质，但不幸的是，国家革命[1]代表对此表示质疑"。一位间接税务部门的职员，时任香槟沙隆地区间接税务部门主任夏尔·泰隆的下属，报告了这位国家代表有过的一些不正当的行为：经常将自己的个人事务和职责混在一起，而且他本人也参与到黑市贸易中，尤其是烟草和酒品的黑市。

　　更严重的是，夏尔·泰隆在占领期间表现出了一种"对维希政府领导可疑的热忱"，同时对那些揭发他的下属加大了恐吓与制裁力度，把他们派到德国去参加劳动改造。直接税务部门的调查员证实了这位高级公务员打击同僚的沉重事实。在罗伯特·德·佛格被德国人逮捕之后，夏尔·泰隆临时代替了他的位置。调查员写道："在那时候我们看到夏尔·泰隆开始为德国香槟元首克里毕须摆宴席，并与他建立了友谊。为了满足这个德国鬼子，夏尔·泰隆先生作为香槟行业间委员会代表，征调了交付给

[1]　国家革命是由维希政权推动的官方意识形态计划，该计划于 1940 年 7 月实施，由贝当元帅领导。

德国人的香槟。"

"夏尔·泰隆先生当时作为间接税务部门的主任，对那些不提供燕麦等农作物给德国人的农民征收罚款。很多间接税务部的主任们被行政部门处以罚款，但是数额很小。然而，夏尔·泰隆先生不一样，他让农民缴纳大量罚款。"[19]

在这种情况下，经济调查研究部门代表认为任命夏尔·泰隆为香槟行业间委员会的带领人是一个"错误"，并且报告道："夏尔·泰隆的出现不仅对香槟行业委员会来说是有害的，任命他为马恩省非法获利充公委员会副主席也不妥当。"[20]

在这种全面的混乱之下，巴黎报纸《解放之夜》的内容让人感到惊讶，该报在 1944 年 10 月 21 日的刊物中展示了一幅赞美香槟葡萄酒行业间委员会的画，标题为《香槟前线在抵抗》。作者雅克琳·勒诺瓦尔（Jacqueline Lenoir）写道：

人们说德国人拿走了一切。人们说盟军阻止了生产。人们说这几年的收成是亏空的。但是大家都弄错了。香槟抵抗住了。[……]

我想问：德国在占领期间的需求是什么？

我们在 4 年内确实给他们交付了 6000 万瓶。但是在停战协议里有一条秘密条款，即大量征调香槟酒。别忘了香槟可是我们最珍贵的财产之一。

这巨大的交付量将会大幅度地降低现有库存？

不！这就是我们巨大的胜利。我们只丢了10%的国家宝藏。

但是这太棒了，如果我理解正确的话，香槟的大贸易商就像那些小的中产阶级一样，他们靠着利润活着，甚至不需要触及资金。

就是这样。香槟行业间委员会负责将德国大量的需求分配给我们150个贸易商。必须维持库存量，以便法国在战后仍有兑换货币的筹码。

经济研究与控制部门主任写下了惊人的结论："我们不知道香槟抵抗运动成员对盖世太保的监狱或前线有何感想，但是我们认为亲爱的《解放之夜》的报告员雅克琳·勒诺瓦尔在品尝葡萄酒的时候，太轻易地就被说服了。正如我们所见，香槟葡萄酒行业间委员会的一些成员是著名的合作主义者；这个委员会在行政部门的幌子下，协助着德国人的工作，但是他们故意误导政府为葡萄酒定价，在价格方面给人们制造了很多忧虑。国家公务员、马恩省沙隆的间接税务部主任、政府专员能否履行其职责呢？"

在香槟所有最令人不安的人物中，菲利克斯·亨利·贡德里（Félix Henri Gondry）被传言所淹没，人们说他是"著名的合作主义者"，就像岚颂父子商行的负责人一样。除了他与克里毕须、国防军、盖世太保领导之间的亲密关系外，他还和他的雇员达尔丹诺女士有着密切联系，后者谈到了"在德国人战败的情况下"需要采取的预防措施。她说的是数百万的房地产投资与黄金。为了保护贡德里的名声，"贡德里先生希望在他被司法部门找麻烦的时候，能利用他与后备部队指挥官西莫宁先生密切的关系做挡箭牌"。而"后者也被认为有合作主义思想"。"岚颂父子商行地窖的原主人、兰斯专区区长的表兄弟、香槟商行保罗·波尔的主人希弗先生和他关系很好，专区区长也是他的朋友。"

在这种背景下，"也许是为了宣扬他们的爱国主义，这些领导认为将他们制造的产品送给一些官方的组织是正确的；在美国人到达兰斯的时候，香槟被不限量地供给法国国内武装部队"。在1944 年秋天之后，"年终奖金——成箱成箱的香槟作为礼物，以第一军队的荣耀，免费地送给官方机构，送给法国警察、警察委员会里的人员，还有社会互助委员会的人"。[21]

在翻阅这家商行负责人的办公室文件时，经济调查部的代理人发现一封写给经理的妥协信。这封信是用德语写的，有一份法语的草稿，开头如下：

　　F.H. 贡德里先生，岚颂公司总经理至宏伟酒店，巴黎。

　　作为多年的合作主义者，并且将我的儿子们送到德国的亨克尔公司工作……

这封信的草稿写在普通的打印纸上。贡德里亲手改了好几个词。草稿的原件是在打字机上用德语打出来的，用有着岚颂父子商行抬头的纸。[22]

虽然商行的领导们在战争末期表现出了爱国之情，但这些爱国之情在德国人离开后，遭到了很多人的质疑。岚颂父子商行因而受到了大量的指控。1944 年 8 月 29 日早晨，一辆由马里尔·贝特朗（Marlier Bertrand）运输公司征调的卡车被司机蓄意弄坏，使之不能跟着德国人撤退。于是，这辆本来要驶入岚颂父子商行、装了数桶 200 升汽油的卡车被当场卸货。据称，司机收到了一箱香槟和一个信封，里面装着一定数额的钱，作为他配合的报酬。

"在岚颂父子商行旁边的房子也属于该商行，曾经被德国人占领；德国人离开之后，很多物品、家具，包括卧室里的床、桌子、六个或是八个铸铁炉都被遗留了下来。这些东西被归放在岚颂父子商行的家具储藏库的第一层和第二层，储藏库位于伦迪的断头巷子里，其中有些物品可能已经遗失，但铸铁炉应该是被放置在同一个地方。"[23]

1943 年，在墨索里尼下台、巴多格里奥元帅下令解散法西斯党后，岚颂父子商行的财产，即位于兰斯的意大利领事馆大楼也被清空。"包括好几台打字机在内的一些东西被运回岚颂父子商行。"

每年政府都会根据商行交付葡萄酒的份额发放一定比例用于

酿造葡萄酒的糖。在占领期间，"岚颂父子商行交付给德国人的香槟葡萄酒数量远超于额定的量"。为了获得这些超额交付，德国高层给这家商行供应了糖。交付的数量很难估算，但我们知道数量很大。这是一个不同寻常的现象，因为在占领期间，"出口德国的葡萄酒的糖用量从来都没有遵守过要求，这样让香槟的商行省下了很多糖"。1945 年，岚颂父子商行发现自己拥有"大量库存的糖，甚至远远超过了酿造香槟酒一年所需的糖"。在古尔兰西街的岚颂仓库里有 150 吨糖。最后，经济控制部的代理人开始经营一个"黑收银台"，通过它可以出售不受任何官方文件管制的香槟酒。1944 年，基于这些根本性问题，各种以司法肃清、行业肃清、经济肃清为名的调查行动得以展开。

根据 1944 年 6 月 26 日和 8 月 26 日的法令（后经 1944 年 9 月 14 日和 11 月 28 日的法令修改），法国开始司法肃清，由司法法庭和国民议院负责镇压合作主义。司法法庭设在首府和重要的葡萄园城镇中，分成省级的区块，由一位专业的大法官领导，四位陪审员协助，以巡回法庭的原则行事。总体来说，在检举之后，就可以开始宪兵调查，之后可以在司法法庭或者国民议院开启诉讼程序。司法法庭能够判决很重的刑罚，甚至死刑，国民议院可以取消国籍。

由于省档案馆里的文献不够翔实，有很多遗漏，所以很难去挖掘这些资料。资料显示的汇款是以很随机的方式进行的，而司法法庭和国民议院的众多活动几乎全部消失了。1944—1951 年的诉讼档案中记录了几个偷窃和神秘失踪的案件。在这种情况下，对葡萄酒专业人员案件的追踪变得非常困难。

根据 1944 年 10 月 17 日的法令（后经 1945 年 3 月 29 日的法令修改），法国政府在许多公司展开了行业肃清。以全国行业间肃清委员会为中心，各个行业建立了行业间区域委员会，这些委员会必须"肃清所有疑似怀有叛国态度的公司和个人"。[24]

这个过程涉及"从 1939 年 9 月 1 日开始，以任何名义与敌人合作的公司，或是阻挠法国作战的公司，或者是通过检举的方式阻止法国人抵抗的公司"。

肃清委员会最终的目的是避免"在这些公司中出现一些不好的因素，进而阻碍法国经济的重振"。

正如历史学家埃尔韦·若利（Hervé Joly）所说，[25]这并不是瞄准了公司的法人代表，而是所有的"无论以什么名义，参与公司事务"[26]的自然人。

从那时候起，每个区域委员会的运作都依赖于法国区域委员会任命的大法官、两位解放区域委员会的代表、五位工会组织代表和一位员工代表。与行业肃清同时进行的还有司法肃清、经济肃清。经济肃清的依据是 1944 年 10 月 18 日的法令（通过 1945 年 1 月 6 日的法令完善），这也是唯一真正的、全面的经济肃清，由解放区域委员会领导、非法获利充公委员会执行，对"所有明显获得非法利益的实业家、商人还有农民"[27] 展开追捕和财政处罚。

这项法令赋予委员会很大的权力，它可以通过公司提供的税务文件还有会计文件，来调查非法受益的性质和数额，并进行没收。[28] 目的是镇压"叛徒与黑市商贩"，打击所有"通过牺牲法国利益堆积起来的财富"。[29] 这些举措和全国抵抗委员会的方案是一致的，既满足了司法的需求，又满足了经济的需求。

从这个角度出发，1944—1946 年，非法获利充公委员会的活动给今天的历史学家提供了鲜为人知且意义非凡的资料。与税务调整的程序类似，委员会集中了调查、听证、分析会计文件、被告发言、底本和紧急法令，并提供了对所有重大行动进行细节描述的文献。

档案的总量数以万计，专门描述许多受到法律诉讼的葡萄酒贸易商和葡萄种植者。"在非法获利高级法院面前，仅仅是区域充公委员会就发起了几十次关于没收非法利润的上诉，这阻碍了区域委员执行其决策，导致他们有时候要向国务委员上诉，1951 年到 1953 年，这些起诉的结局有批准、延期审理、减刑、同意作坏账处理甚至进行税务特赦。但是，虽然这些法律和职业肃清经常以'不予起诉'，或者是以大赦迅速掩盖延迟判决，委员会执行的经济肃清却截然相反，尤其是他们对葡萄酒商实施着极为沉重的惩罚。委员会的经济肃清一再受到葡萄酒商人的谴责，并在葡萄酒贸易界引起了很大的恐慌。贸易商面对着无数的'调查'与'威吓'，另外还有持续到 1947 年的，始终挥之不去的'红色恐慌'（在法国出现的社会主义），他们用战争期间激励着他们的爱国主义原则作为防御。"因为，不论在葡萄种植区有什么样的调查程序，贸易仍在一些核心因素的支持下持续进行着。

▶▷ 合作？什么合作？

解放地区[1]对"通敌者"展开的诉讼程序揭示了调查员应承担的任务范围。对于一些标志性事件的关注让我们看到情况的复杂。

在勃艮第，马吕斯·克莱杰事件极具代表性，该事件反映出占领时期一些商行获得了令人惊讶的财富。这位波马尔的贸易商，从来就没有掩饰过他对 1940 年法国建立的新秩序的好感。20 世纪 30 年代，克莱杰领导的贸易活动经常面临困难，在这种情况下，他毫不犹豫地请求政界朋友出手相助，在占领时期的前三年，他的贸易活动取得了不寻常的成功。

1944 年夏天克莱杰被捕，随后他向狱卒透露，自己正在与某位"9 号警长"以及位于默尔索的勒桦一起负责一项秘密任务，

---

[1] 第二次世界大战中法国被德军占领的领土的解放。——译者注

他必须和勒桦一起按照命令支付 200 万法郎给当地国内武装部队 [1]。克莱杰被关进了博讷的监狱，几天后在一个同伙"马吕斯上尉"的帮助下成功越狱。当时解放区域委员会的主席克罗德·古由（Claude Guyot）在他的回忆录里写道：

> 因为当时仍然处于无政府状态，任何一个男人都可能拥有 3—4 个军衔，即使有些人的徽章是匆匆缝到袖子上的，这样的人也能行使决定权，马吕斯上尉为了 200 万支票放走了另一个"马吕斯"。这笔钱似乎应该由马吕斯团队内的人员平分。但马吕斯的同伙从来都没有看到过这 200 万法郎里的 1 分钱。在照顾他人之前，人们都会先照顾好自己……9 月 9 日，我在博讷的监狱里遇到了这个兵痞：他扮演着强人的角色，除了没有任何公共权力之外，他确实很强。[30]

1944 年 9 月 9 日越狱后，克莱杰和他的妻子开始了长期的逃亡生涯。里昂、巴黎、摩纳哥的警察都发现了他的踪迹，总情报部门发现他在那些地方有住所，不过他的警惕性很高。他对自己的"强大关系网"[31] 很有信心，其中有"一位委员会的前主席 [爱德华·赫里欧（Édouard Herriot）]"，克莱杰向当局表示，尽管很

---

[1]　FFI: 全称为 Forces françaises de l'intérieur，法国国内武装部队（第二次世界大战时法国国内的抗德民众武装）。——译者注

多人怀疑他，但他既没有在逃亡，也没有被放逐。他在 9 月 17 日的信件和报告里向解放委员会的主席解释道："在科多尔省的地方解放委员会的要求下，我作为合作主义者被捕 [……] 在检查完我 [他] 的 250 万法郎的保释金文件之后，我 [他] 被释放了 [……] 其中 50 万给了博讷爱国民兵部队的马吕斯上尉，剩下的 200 万给了第戎城内法国国内武装部队的指挥官盖伊。我很累，需要休息，于是我 [他] 离开了波马尔，但是在这之前，我 [他] 坚持要给你们 [解放委员会] 写这封信 [……]。作为 1914—1918 年的退伍军人，我 [他表示] 一直都以法国人的身份行事，我 [他] 一直在悄悄地抵抗，来服务我 [他] 的国家。"[32]

注意到克莱杰的突然"消失"，调查过后，科多尔省非法获利充公委员会在 1944 年 12 月 2 日的判决中宣布，克莱杰被没收的财产价值达到 21696174 法郎，并对其处以 86784000 法郎的罚款。虽然充公的实际总数在克莱杰代表和调查员之间引起了激烈的争论，但委员会的结论是很明确的：

[……]"臭名昭著"这个词已经不足以表达当地百姓面对这个被起诉者，在占领期间帮助德国人获益的反应。[……] 调查表示 [……]1944 年 10 月 18 日颁布的法令的第一条就是针对这位被起诉人获得的利益。[……] 他和敌人进行的贸易是无法否认的 [……]。另外，大批财产被转移到他儿子拉乌

尔·克莱杰先生（M. Raoul Clerget）的账户中，未经委员会的允许，他的账户不能进行贸易行为，所以他儿子才开了这个账户。[……] 委员会中发生的最严重的事件就是存在和敌人公开、自愿合作的人。[……] 这将导致他们被行政拘留[……]。[33]

几个月之后，科多尔省法庭以"与敌人进行交易且关系密切"的罪名，延长了 1945 年 5 月 28 日给克莱杰判定的逮捕期限，好几个受法庭委托的专家完善了充公委员会的意见，其中包括间接税务部门首席检察官吉耶曼，他表示"所有 [证人] 都同意直到1944 年年初，克莱杰先生 100% 地在为德国办事。即使 1944 年他的态度发生了逆转 [也只能证明] [……] 他发现自己迷失了方向 [他的突然转变][……] 完全不能改变任何事，也不能欺骗任何人。[……] 因为他的欺诈如此严重且多样，一方面，巴黎、马赛、里昂和其他地方的合作主义者、中间人、商人或多或少地参与了这些欺诈活动，另一方面，接下来的调查会揭示出他其他的违规行为 [……]"[34]

此外，在这位被控诉商人的经济活动领域，"调查员发现他严重违反了'抵制欺诈法'和'原产地命名控制法'。从克莱杰商行的酒窖管理员的口供中调查员发现，他们将不同品质的葡萄酒与阿尔及利亚葡萄酒混合。就是这样，在 1942—1944 年，克莱杰先生出售了 1786.23 百升产地不明的葡萄酒。因此，在每年的 1 月 1 日申报法定产区葡萄酒库存量时，1943—1945 年这三年，克莱杰商行的库存量在不断减少"。[35]

在等待更严重惩罚到来期间，克莱杰立刻开始清算自己的财产，并于 1945 年 10 月将他储存在波马尔商行内的"大量葡萄酒用卡车运走，每天运出 3—4 辆卡车。10 天之内运走的葡萄酒总价值达到了 500 万—600 万法郎，装载着葡萄酒的卡车以中止合作合同为由从波马尔商行出发，合同名单上像模像样地写着咖啡馆主、餐馆老板还有个人的名字。这些新教皇堡（Châteauneuf-du-Pape）葡萄酒被运送到塞纳 – 马恩（Saint-Gratien）的卡尔维商行，看上去真的像是运到这家商行。对克莱杰商行的最后一次财产清点预计截至上一年 9 月底，酒窖里的库存价值达到 2500 万法郎"。总情报局内调查他的人表示，"如果以现在的速度运输，15 天左右克莱杰的酒窖将完全变空。有必要的情况下，我们希望对克莱杰实施税务惩罚，那么克莱杰当前拥有的所有库存都应该被立即查封"。

"另外，现在克莱杰先生的姐夫拉尔迪先生继承了他的公司，他似乎打算跟随克莱杰的商业足迹。"[36]

然而，在 1946 年 1 月，克莱杰放弃了抵抗，决定来到博讷的轻罪法庭审判官佩雷蒂（Peretti）面前。在司法当局首次开庭的记录中，克莱杰直截了当地表达了他的爱国行为——为博讷和波马尔人民储存葡萄酒，此外他还解释了自己在索恩河畔沙隆地区指挥部的影响下，不得不将自己的家提供给"德国士兵"，作为他们储存粮食的仓库，这些粮食由"德国红十字会"管理。他并没有否认"自己和德国人在葡萄酒方面合作良多"[37]，他解释道：

当时控制这里的是占领军，你们还希望我能做什么？

在等待他第二次出庭的时候，克莱杰终于表示：

我所做的一切都是为了法国人服务，还有从德国人那里得到其他东西。这就是真相。

1946 年 6 月的听证会上，他清楚地陈述了对自己有利的证词，并且延长了最初的申请，他明确地表达了自己反对占领军的立场。因此，克莱杰的"反抗"文件长达 12 章、15 节，还有 200 多份证明，集中了十几个通行证、跨越分界线的安全通行证、犹太家庭财产保护证明、盖世太保保释出狱文件、传递给抵抗组织的消息，还有提供给游击队的物资与金钱。

在他的发言中，与敌人进行贸易的问题和他从一开始就根据既定原则展开的抵抗运动息息相关，在送交给解放委员会的辩解报告中他写道：

我从未想过和德国军需处或是纳粹买家建立贸易关系。

我的商行只给路过的军队、军人，或者经常来的德国人出售商品。

我发现不卖东西给德国人是不可能的，原因有以下三点：

1. 为了避免征调。

2. 为了让我的工作人员能生存。

3. 另外，我认为在卖给德国人的同时，钱依然留在法国，在战后，尽管数额不多，我都将悉数贡献给法国。

从 1940 年开始，我就与德国人建立了联系，这简化了我的葡萄酒贸易。

和我建立联系的有：索恩河畔沙隆地区的指挥官，我在家里接待他，他给了我很多通行证，他还能释放监狱里一些跨越分界线的人。

我在家中接待这些指挥部的军官直到 1941 年，1941 年年底后，我再也没有接待过任何军官。1943 年，出于服务的需要，我认识了第戎的指挥官，但是我从来没有在家里接待过他。[38]

至于他早就和敌人建立联系这件事，克莱杰表示，"从占领时期初，我就开始跟德国人做生意，但那时只是为了给维阿德·德·梅尔居雷（Viard de Mercurey）先生提供情报，他和秘密情报局的成员有联系"。[39]

在克莱杰的秘密活动记录册中，这位"双重间谍"表示他接近纳粹高层是为了获取有战略意义的情报。他的辩解虽然十分大胆，但也不乏支持者。抵抗运动的成员罗杰·弗朗克（Roger Franc）是一位活跃在法国南部的激进分子，他在一份声明中回忆道："1942 年年末，我（他）在尼斯第一次遇见马吕斯·克莱杰。那个时候，我（罗杰·弗朗克）在科尔迪耶（Cordier）指挥官的命令下，在南部地区建立了'马可波罗'组织。"是指挥官让克莱杰混入由爱德华·肖建立的"欧洲圈子，并给我（他）提供合作主义者的消息。"罗杰·弗朗克还表示，他知道克莱杰"能够渗入这个圈子，尽管这个圈子很封闭，因为他给我提供了一份经常在这个圈子里的法国合作主义者的名单，我把这份名单交给了我的长官，他可能把这份名单交给了伦敦。"

在勃艮第，两位安德罗梅德抵抗组织的高级负责人确认克莱杰的爱国之心不容置疑，而且他是"泰山"[40]抵抗游击队的成员，因为他是一个"有着真正的抵抗运动品质的人"。[41] 这两个人还表示，"克莱杰先生在我们（他们）的官方命令下，利用了他的商业关系，来获得宝贵的情报 [……] 克莱杰帮助抵抗运动的进行，并且差点牺牲自己的生命"。

面对大量有利的证词，其中一位认为克莱杰帮助占领军的主要证人突然转变了态度。之前，德尔索尔上尉认为，1941 年政府搜查克莱杰的波尔马商行时，他的态度"令人厌恶"，1945年上尉还觉得"面对种种事件，马吕斯·克莱杰似乎并没有参与到抵抗运动中"，但现在看来，这是一种双面策略：

> [……]现在，我和以前的态度完全不同了，因为之前我对他的态度被我和他见面的印象"影响"，即在1941年1月拆除封条的时候。[……]我现在知道他是一个抵抗运动的成员，他才会有这种态度。[42]

但许多证人的证词前后矛盾，其中包括皮利尼-蒙哈榭（Puligny-Montrachet）的市长和抵抗运动成员勒内·格林（René Guérin）。1944年9月，格林的哥哥是目睹了克莱杰和盖世太保有关人员关系亲近的见证人，所以格林确认，克莱杰在整个战争期间与"德国人进行的交易数目惊人"。他还补充道，自己当时十分担心克莱杰的情况，1944年8月，克莱杰在一位"名为马吕斯的人的陪同下来找他，马吕斯是博讷爱国民兵部队的首领"。为了让格林承认他是一位经验丰富的抵抗运动成员，克莱杰给他提供了经济上的支持，借此交换一些审判程序上的便利，"他（指克莱杰）还说，我可以随时去他家，如果他不在，我只要提供密码'GAMAY'就可以，而且我还可以获得一辆车，也许还有跟别人一样的支票。但条件是我需要说：'马吕斯·克莱杰为抵抗运动努力工作。'我表示我要考虑一下，因为我的家人都还在我家里，但是最后我没有答应他的提议"。[43]

确凿的证据很多，随着诉讼程序的推进，一个狡猾男人的形象被描绘了出来，他试图伪造出大量没有说服力的文件以证明自己曾参与抵抗运动。"他的名声家喻户晓，他与敌人交易的规模巨大，他从交易中获取了可耻的利益，他在德国人那里的信用，这一切都证实了他自愿与敌人进行经济合作。[……]"另外，如果"克莱杰先生积极有效地参与了抵抗运动，毫无疑问，省里和区里的抵抗运动领导肯定会得知。然而恰恰相反，抵抗运动的领导人员还坚信克莱杰先生或许扮演着双面间谍的角色，但是出于对金钱的追求，他肯定跟敌人进行着经济上的合作，并且当地抵抗运动成员确定，克莱杰先生从未有过任何真正的抵抗行为。[……]"最后，"从1944年开始，克莱杰的汇款数额变得庞大起来，这个时期所有人都已经明白了战争的结局。[……] 当抵抗运动越来越多的时候，克莱杰先生才取消了与武装党卫军供货商 [马克斯·西蒙] 的合作 [……]。"

总的来说，正如政府委员会在1946年开始的第一次指控里所说的，克莱杰是"那个不惜一切代价想要通过与敌人交易，赚取可观利润的人"。[44]

第一次诉讼的时候，根据1946年7月6日颁布的法令，第戎正义法庭判决了克莱杰的罪行：在波马尔或者法国其他领土上，克莱杰在 1940—1944 年的战争期间，无视禁令，直接或通过中间人与敌人交易，意图帮助各种类型的敌人的公司。[45]

马吕斯·克莱杰被判处 4 年有期徒刑，罚款 6000 法郎，完全没收他现在和未来的所有财产，并被判处 5 年禁止入境。对克莱杰的处罚成为勃艮第的处罚典范，经非法财产没收高级委员会的上诉，法院将其最初的审判处罚结果加倍。最终报告指出："克莱杰案件虽然没有引起司法上的兴趣，也是最复杂的事件之一，事实上，报告员已经写出来了。"

克莱杰先生是谁？

对于科多尔省的人来说，他是一个不知廉耻的交易商、没有原则的商人、敌人的经济合作者、偷税漏税者，是这个地区最令人不齿的新贵之一。

但是上诉内容却刻画出一个诚实的商人克莱杰，在战前就有良好的经济基础，尊重经济规则，是一名真正的抵抗运动成员，只在命令下、为了获得军事情报才会和敌人合作，是一位杰出的法国人。通过与占领军建立关系，他为众多同胞提供服务，这些人都只不过是受害者，因为他们没有办法很好地获得消息，并且受到舆论的影响，被那些毫无廉耻的公务员卷入事件中。[46]

报告员还写道：

从这份很长的研究中，我们得出了什么结论？在我看来，只有一种可能的解释：克莱杰先生从很早开始就和敌人合作，不论是出于想要为国家服务，还是只是想要扩大自己的影响力，或者是担心诉讼费用保险，他对一些个人是有用的，但是他没有真正地服务于抵抗运动；1944 年 8 月，他才开始加入抵抗运动中，他的财富、当地的人际关系网、企业家精神让他可以获得今天拥有的一些头衔。

报告员也写道："他的案例是非常经典的，克莱杰就是那些实业家和商人的代表，他们因为商业精神和敌人合作，而不是为了意识形态，到最后时刻，他们才开始改变游戏方式。在我看来，相关人士的激烈反抗和他所谓的公平性的备案没有那么严肃了。[……]"

被关在第戎看守所，陷入破产绝境的克莱杰申报自己没有办法支付罚款并承担对财产的查封，于是在 1947 年 10 月 6 日，他通过自己的律师请求减刑。[47]1948 年 2 月 3 日，总统颁布一条决定表示撤销克莱杰剩下的监禁[48]，于是他在当年的 2 月 10 日被释放，并保住了能够控制在他妻子和朋友名下财产的权利。[49] 1948 年 8 月，在克莱杰的要求下，科多尔省最高法院宣布取消对他财产的完全查封，并将他的惩罚减轻为 1 万法郎的罚金。对于他居留权的禁止，法院表示，"行政高层没有签署对罪犯的禁令，他已经回到自己的家里好几次了，而且他的出现并没有引起任何事故"。法官还表示："在这些情况下，克莱杰应该还是不太可能回到最有钱的时候，并且结清他所有的债务，我认为他依然会有居留的权利。"[50]

另外一个在全国范围内产生影响的事件发生在巴黎。1944年10月10日，巴黎和勃艮第贸易酒商皮埃尔·安德烈对"国家外部安全造成损害"事件，在塞纳最高法院开庭审判，他被指控"与敌人勾结"。笔录中记载，调查行动是在"发现了一封他在1943年9月14日写给德国人的信"后展开的，"信的目的是转达德国人的决定——禁止匹加勒街66号的莫尼可酒馆在夜里开张。在这封信中，莫尼可的老板皮埃尔·安德烈坦白了他在战前和战时与德国人的贸易关系，并且表达了对德国的支持"。[51]

皮埃尔·安德烈在解放时期于福雷纳被捕且监禁，但他表示自己没有任何支持德国的想法。他说，这封1943年9月14日写给德国人的信，"只是为了欺骗他们，并获得自己酒馆在夜间的经营权"。[52]他说自己没有受到金钱的驱使而向所处的环境低头，"因为这家酒馆一直都处在亏损状态"。对他来说，晚上关门会让他的工作人员（30多个）流失，他们很有可能去德国。碍于员工施加给他的压力，他在占领军高层那里办理了必要的手续，尽管这个操作在道德层面说不过去。[53]但是，他表示，如果他真的是合作主义者，他的请求应该会立刻得到同意，然而事实并非如此。所有的文件和证词都与皮埃尔·安德烈的解释一致。[54]

皮埃尔·安德烈还表示，他在信中使用的论据是建立在德国酒吧总代理的建议之上，他们二人在战前就有贸易往来，但后者给他的建议似乎并不合适，他还说道：

> 在言语和行动中存在着差异，这个差异在我看来从来没有消除过。跟德国人说这样的话来骗取一个法国人赖以生存的生意，在我看来并不是一个很大的罪恶。[55]

皮埃尔·安德烈还表示，在巴黎，"那些明显的合作主义者也想加入欧洲圈子里，其中有雅利安人、合作主义集团，等等。我是否需要说明，我从来没有加入过这些圈子，甚至从来没有在大皇宫吃过饭"。[56]

最后，他的商业活动很难被检控，因为有三个不同的分支（最主要的勃艮第葡萄酒、香槟葡萄酒贸易，还有巴黎的餐厅），根据1945年警方的调查，战前和德国占领期间销售的结果对比"不能表示安德烈先生在有意地搜寻德国客户，而且不能证明销售额的增长是特别来自于德国客户的"。自从1939年被收购以来，莫尼可就一直处于亏损之中，即使在1943年5月换了规定之后，"他的客户大多数仍都是法国人"。[57]

此外，为了支撑自己的论据，皮埃尔·安德烈提供了大量的资料来证明，这些是在勃艮第的"嫉妒他的竞争对手"[58]制造的谣言，用以反对他和他的酒馆。他们是主要来自巴黎的激进合作主义者，其中包括反犹主义鼓动者路易·达基耶尔·德·佩里普瓦（Louis Darquier de Pellepoix），他所说的话体现出了巴黎合作主义领域对皮埃尔·安德烈的憎恨。[59]实际上，就是在路易·达基耶尔·德·佩里普瓦的提议下，皮埃尔·安德烈在1943年9—10月合作主义的小册子上被描绘成了一个富裕的商人，没有任何牵挂，试图掩盖他的犹太人血统。为了回应这场新的"商业竞争"，皮埃尔·安德烈写了一封信给路易·达基耶尔·德·佩里普瓦，这封信在1945年诉讼的时候被揭露，其中不乏大胆之言：

> 实际上，当自己的根没有腐坏的时候，对于承认自己的祖籍，我没有任何的羞耻。如果我是犹太人，我会毫无羞愧地承认。如果我不信教，没有受洗，我可以模仿一句著名的座右铭和您说："犹太人非也，基督教不受，安德烈是也"，但是我是基督教徒，而且我毫无羞愧地承认。
>
> 您需要明白，让我感到羞耻的是，需要提供证据来证明我是雅利安人来结束一种……含糊不清的感觉，这只存在于某个精神失常的"亚瑟"或者是笨手笨脚警察的脑子里。[……]
>
> （您在信中表示）葡萄酒行业存在一种模糊不清的现象

[……] 当所有应该标一颗星的酒都不是来自西甬，而是……沙朗通，他们阿谀奉承地，在酒窖前摊开双手说："尊敬的军人们，你们想要好酒。那就走远一点吧，到安德烈商行的城堡里去吧。你们可以随意地饮用，因为安德烈这个名字只是一个幌子，将他真实的犹太人身份掩藏起来！！！"[……]

[接下来是他的公民身份和简单的家庭史。]

如果还有什么其他的，请相信我，我愿意向您证明，仅仅您一个人，我从来没有通过犹太人的礼节受洗过！[60]

塞纳最高法院的大法官在看了这些证据之后，在1945年10月20日的结论中表示，"安德烈在信中所用的言辞是值得指责的，但是他的行为和他所写的东西并不一致。他在信里说自己是合作主义者，但是他的行为并不是合作主义者的行为。如果说他和德国高层有一些大规模的贸易往来，这些接触基本上止于将份额运送给占领军，或者运送给法国部门，或者是受到德国官方采购员的命令。他没有自己去寻找德国客户。他在占领期间的销售额和平均收益，相比于战前，因为货币的贬值，并没有很明显地增加。他只是因为自己是葡萄酒贸易商，才必须要执行那些操作"。[61]

另外，从各个方面来说，皮埃尔·安德烈"都提供了杰出的情报：作为获得荣誉勋位团骑士勋位的人[62]，他在1914—1918年战争期间有着非常好的表现。很多证明表示，他从来没有发表过亲德言论，相反，他的爱国主义情怀非常深沉。通过提供给德国人他们列表上要求的内容，他的员工终于不用去德国。而且他好几次帮助受到逮捕威胁的以色列贸易代表"。[63]

"于是事件变得清晰，1943 年 9 月 14 日的信只不过是一个借口，为了保护莫尼可员工的利益。"[64]

最后，1945 年 10 月 20 日，法院决定给莫尼可事件一个比较好的判决结果。但是，更大的起诉始终在等着皮埃尔·安德烈，这个被指认的合作主义者。

从 1945 年开始，皮埃尔·安德烈开始反驳自己寻找德国客户的事，表示，"根据 1942 年 1 月 31 日德国的命令，我 [他] 不可能逃过官方采购员要求提供的份额：我 [他] 能做的只有将采购员的目光引向低级葡萄酒，以避免牺牲那些高级葡萄酒，因为他们并不在乎这些酒的质量"。[65]

皮埃尔·安德烈在给大法官的辩护词中，再次表示，那些卖给德国机构的葡萄酒，不管是给德国人民还是军人，都是以官方的名义交付的，在法国的法律、指挥和规定之下，就像所有在法国其他的葡萄酒贸易商那样。这些经常被使用的论据将所有的责任推给了法国政府，如果说他的行为被认为是有罪的，那么整个贸易行业都应该受到惩罚。

另外，皮埃尔·安德烈的商行是少有的，在 1941 年的博讷没有和纳粹德国官方代表直接进行贸易往来的商行，"同时避开了多勒给赛格尼茨的所有订单，多勒也是纳粹德国的官方代表"。在他之后的解释中，他增加了一些非常有趣的细节，展示了自己在和勃艮第的纳粹德国官方采购员合作时的犹豫：

1942 年 2 月，赛格尼茨在巴黎打电话命令我在 48 小时内到他的办公室。在此期间，我所在的博讷高级葡萄酒贸易商联合会问我应该做什么。

我需要回答没有办法满足赛格尼茨的请求，为了避免高品质的法定产区葡萄酒被征调，这些葡萄酒对法国战后出口来说非常重要，所以我最好说我有一些有品牌的葡萄酒，但是不属于法定产区葡萄酒。

当我在赛格尼茨面前出庭的时候，他言辞激烈地批评我没有交付任何葡萄酒给他的上一任，并且表示当他在任的时候，事情不能继续这样，所以现在需要补上运送给德国的份额。

还有，对我们来说幸运的是，赛格尼茨虽然拥有大量的库存，但是他却分不清法定产区葡萄酒和没有法定产区控制、却贴着浮夸的牌子的葡萄酒的区别，当他最终发现两者区别的时候，他让我们和贸易商联合会协商，不惜降低自己的利润从葡萄园那里获得法定产区葡萄酒。

当我和我的同事发现，我们不可能避开不断加重的征税时，我开始减少整体的销售。[66]

　　他的证词因此就没有显得那么大公无私了。对贸易商而言，持续地逃避纳粹德国代表和 MBF 下发的征调是非常困难的，而他们如何做到因爱国主义和参与抵抗运动而减少销量仍是一个谜。贸易商和德国官方采购员之间的捉迷藏游戏实际上掩盖了不同的贸易路线，调动着各种合法或非法的竞争市场。

　　最终，皮埃尔·安德烈表示，1942—1944 年，他给赛格尼茨提供了少于 8000 百升的葡萄酒，其中 90% 是有牌子的葡萄酒，还有 428 百升法定产区葡萄酒被送到在巴黎宏伟酒店的部门。这些数字显然和之前被指控时的数字不同，这件事完成了对皮埃尔·安德烈的证明，他说："作为外部贸易的顾问[67]，我 [他] 只有一个担忧，就是要保证高级精选葡萄酒的储量，而且还要为了法国战后经济的复苏增加它们的储量，这些产品应该作为用来交换的货币。于是，我的勃艮第高级葡萄酒库存在 1940 年 7 月大约是 32 万瓶，而现在，为了法国的利益，库存增加到 72 万瓶。"

　　于是，当辩护词说葡萄酒的贸易是建立在法国国家的规定之下时，大法官只能做出与 1945 年莫尼可事件诉讼政府委员会相同的结论，即"在检查了文件之后，安德烈在售卖他的勃艮第葡萄酒时，只是执行了他接收到的，官方采购员赛格尼茨和在宏伟酒店的德国部门的命令"。[68]

　　另一位标志性的贸易商是勒桦。在战争期间，他用自己在默尔索和科涅克的商行与德国人进行了大量的交易。1944 年 9 月，他以"经济合作"罪名被起诉，后果可能很严重，证据也很明显。就是这样，在从秋天开始的这些诉讼程序中，调查员渐渐地意识到，勒桦在战争期间逐渐发展的商贸系统，以及他采取行动的条件。他被描述为"一个头脑愚笨的人，一直在搜寻德国市场，有时他提供的葡萄酒远超过德国的需求；他似乎从来都没有因为葡萄酒的短缺或是运输不便而受到限制；价格似乎一直都被自由地讨论，在一个看得见的市场里，没有真正的竞争，秉持着完全加入德国事业的精神"。

因此事件似乎扩大了。和他本地的同行不同的是，其他人的注意力主要集中在日常消费葡萄酒和法定产区葡萄酒的贸易上，而勒桦的市场没有一个是真正地处于限制之下，或者是通过征调，因为他出售的商品从本质上来说是无法在酒窖里找到的。

另外，勒桦系统性地在他的销售中试图获得专有的合同，这些合同一方面是为了延长战前签署的合约，另一方面也是为了增加新的合同，因为他和纳粹德国官方代表克勒泽之间存在着几乎无他的合作关系。这在法国几乎是独一无二的，在整个战争时期，勒桦直接联系柏林指定的采购员，他几乎承包了所有份额。

我们可以清楚地看到，勒桦商行的销售数量非常庞大，他总是尽可能地满足德国的需求，有时候甚至可以大大超过其需求。在年度"交付合约"的基础上，1942年德法高层与他的商行最初商定的葡萄酒交付份额被提升至348986百升，但后来重新评估此轮掠夺时，实际交付数额达到了 36.5 万百升，而事实上，当时勒桦能提供的只有 334836.36 百升。在 1943—1944 年的掠夺中，勒桦改变了最初合约规定的葡萄酒数量，并且一个人交付了 350330.08 百升高酒精度葡萄酒，分两次份额交付，一次是 303631.67 百升，另一次是 46698.41 百升，而他与德国原本签订的交易量为 26.5 万百升。这些交付的量超过了最初约定的量，因此需要在法国行政机构那里获得额外的出口许可证——这在超过份额的情况下是必需的。但是，这个手续的过程非常困难，并且结局经常是被拒绝。

在大规模的贸易和遇到的困难面前，勒桦好几次生气，因为行政手续过于缓慢和繁重，他因此没有办法快速回应德国的需求。勒桦试图跨过规定系统来消除长久困扰他的问题，有几个例子可证明。1940 年和 1941 年，在分别出口了 600 百升和 200 百升的科涅克和阿马尼亚克烧酒之后，勒桦要求官方更新许可证来允许他交付 600 百升多余份额。这种对多余份额的规定，超出了德法条约的框架，于是被法国行政机构拒绝。

他很生气，于是检举法国高层和德国中间人，因为他们阻碍了他的生意。三封他写的挂号信表达了对德国运输公司德铁信可的指责，表示他们没有效率并且"潜在地怠工"。[69]

一个法国贸易商，去指责两个德国商行的行为对纳粹德国的利益存在潜在伤害，这并不是一件常见的事，同时也表现出勒桦在面对德国代表时充分享有的自由和平等，甚至还可以针对贸易问题提出自己的观点。

于是在 1941 年，占领军让勒桦参与到 1.2 万百升突尼斯葡萄酒的市场里，让他来制定交易文件，勒桦同时还要求垄断所有突尼斯葡萄酒的资源，用来交换的条件是他来处理纳粹德国需要的"多余"的 10 万—20 万百升的葡萄酒：

> 我向你确认，如果占领当局批准转给我等价的法郎，我可以立即从突尼斯征调 1.2 万百升葡萄酒。[……] 有了你们的有效承诺——全程不允许其他人参与突尼斯市场，我保证继续参与此次贸易，为你们额外寻得 10 万—20 万百升相同品质的葡萄酒。

总体来说，这个贸易商和德国高层之间和谐的关系在不断地更新。这里需要强调一下众多体现勒桦独特立场的证词，这些证词明显地质疑了在解放地区的法庭上经常被提到的统治关系。在他 1940 年 10 月 28 日的信里，仅仅是在希特勒和贝当在蒙图瓦尔会面的几天之后，勒桦写道：

> 我的意图是下周去维希，去见那些能够帮助我逼迫突尼斯政府抵抗的人。[70]

经常被提到的是，意识形态的归属和他事业的繁盛是分不开的，而他故意将他事业的繁盛与法国的繁盛联系在一起：

> 我们只看到了整顿的措施……这些政策如果没有考虑到德国市场的需求，最终可能会损害到良好的合作精神，对这种两个国家之间的合作我们以为是非常高兴的。

这种"良好的合作精神"在一封 1940 年 12 月 4 日的信中得到证实，这封信是写给纳粹德国采购员、波尔多代表的：

> 您知道的，伯默斯先生，我多想和您一起良好地合作。

几天之后，1940 年 12 月 16 日，他又写道：

> 我们一起为突尼斯的另一桩生意工作。

1941 年 2 月 8 日，他再次表现了他的个人利益和以法德合作为名的利益之间的完美契合：

> 我们其中一位同事——在 6 日星期四参与了里昂全国葡萄酒批发联合会——表示，米雅维尔（Mitjaville）先生在那

里公开地宣布，集团现在拥有 1000 辆多余的油罐车，这些车厢需要运送到德国，但是我们将它们绞尽脑汁地保存在这里。[……] 请允许我告诉您，我对这种丑闻感到心力交瘁，另外我还被认为是一个不好的法国人，因为我认为需要兑现和德国人在贸易上的承诺。

几天之后，1941 年 2 月 15 日，关于增加纳粹德国运输能力的事，他又说：

> [……] 这需要改变，而且宏伟酒店需要睁开双眼——葡萄酒收获的季节就要到来，你们还需要做出美丽的承诺来保证葡萄酒的运输。

总体来说，勒桦似乎从来没有停止通过援引合作主义来支持自己个人的事业，他利用一系列的人际关系签订与德国的葡萄酒贸易协议。[71] 他靠近合作主义权力圈，并且与一些德国高层人物保持着紧密的关系，巧妙地树立起自己的威信，时而高喊国家复兴同时与纳粹德国和睦相处（在他内心，这与激励着他的企业精神并无不同），时而竞出高价，激化德国官员与同僚之间的竞争。也就是这种机灵，让他加入了由爱德华·肖建立的欧洲圈子，后者是马赛尔·德阿特（Marcel Déat）创立的法国人民联盟的成员和维希经济圈内的密友。[72]

我们应该能明白，不管是在经济诉讼还是在司法调查中，所有辩护的言论都没有证据更有说服力，证据是很有分量的。但是，勒桦事件就是通过一次决定性的不予起诉在 1950 年得以结束。主要体现了勒桦"犯罪和预谋"的非法获利充公指导文件在 1949 年消失。[73] 更加罕见的是，记载着指控勒桦罪状论据的文件被删除，而此刻司法诉讼程序正在进行，结果就是这些材料在针对勒桦的指控中，从来都没有被使用过，尤其是最严重的和敌人勾结的罪名的证据。

除上述事件之外，非法获利充公委员会从 1944 年秋天开始，负责第一次**审查勒桦**与德国的大规模商贸往来。[74] 委员会收走了他在埃尔维亚公司 3500 万法郎的利润，并且处以 1500 万法郎的罚款。[75] 但是，第二次审查是区域间肃清委员会的贸易行职业部执行的，结果是勒桦在占领期间只在"有限的条件下"跟德国人进行贸易。贸易法庭的法官还表示，他"为社会提供了很多服务"，并且"为当地的抵抗运动做出贡献"，在 1944 年 9 月进行了大量的汇款。1944 年 12 月 16 日的最终报告结论表示，勒桦再无可指摘之处。这份区域间委员会的报告缩短了诉讼手续的流程，并于 1944 年 12 月 22 日对该文件进行"分类"，"等待着来自同时进行的司法程序的进一步资料"。

这件事在地位低微的博讷法院前显得非常严重，尤其是鉴于当地大法官摆上台的措施。这件事包括了勒桦在德国占领期间所有的活动，例如科多尔省的葡萄酒销售、工业化生产高酒精度葡萄酒、科涅克和阿马尼亚克烧酒的销售、对法国南部和突尼斯葡萄酒的收集，以及他和纳粹德国高层代表的直接关系等。在科涅克和尼姆，两个法官一次次放弃对该事件的调查，"因为事件规模的庞大 [……][而且] 勒桦展开的庞大的交易不仅在博讷，还有马赛地区和西南，[……][他们在物质上] 没有办法承担整体的指令"。[76]

博讷最高法院的主席表示"鉴于这件事的庞大程度，我 [他] 要求 [……] 在我 [他] 位置上的诉讼法官大人 [罗兰·佩雷蒂] 放弃诉讼程序并交给他在军事法庭的同事，采用 1945 年 3 月 29 日法令中的 691 条"。[77]

由于缺少后续事件的资料，对被告人的审判将开庭审诉程序延迟到了 1948 年 7 月 6 日，在新的对勒桦的指令中，他被指控为"与敌人进行贸易、串通敌人"。

勒桦有三种不同的主要论据。他表示自己和德国很早之前就有深厚的关系，在战前就和德国的同行有可观的交易。所以他的贸易活动是依赖传统路线的。[78]

第二个辩护词里的关键元素，是生存。他表示，为了公司，为了葡萄种植地区，为了法国，和德国的经济合作变得不可避免；勒桦列举了一系列当法国葡萄酒对国家利益有着很重要作用时，与外界合作的好处。除此之外，他还表示自己在德法条约合法的范围内行动。据他说，他和克勒泽垄断的关系完美地表现出了他们交易的透明度。

最后，他非常大胆地表示，他的商贸活动的开展遇到了一定的阻力，虽然很难（几乎不可能）展示出来，但却真实地存在着。

勒桦表示，自己的作用不仅仅是德国命令和法国生产者之间简单的传送带。恰恰相反，通过运用大胆的计谋，他知道如何在纳粹德国严格的要求下保住法国的葡萄酒经济，尽管他和全国代表之间相互不信任，他还说"在我们[他们]之间存在着一种不可否认的不兼容性[……][他巧妙地将其转化成]一种巧妙修辞的相互不信任"。[79]

因为一部分指控文件的遗失，勒桦得以释放，并开始逐一反驳充公委员会最初对他的指控，他表示他们的意见被一些不存在的因素所混淆，于是建议用另一种推断出来的结论来代替：

> 因为作为证据的文件如今消失了，我希望通过理论和事实本身来作为证据。

勒桦在与伯默斯的书信往来中提及了从马赛运输的 1.2 万百升突尼斯葡萄酒，勒桦试图陈述几个月来某个叫吉耶（Quié）的人向他提出的请求，通过一位共同的朋友，勒桦与吉耶得以相互认识。作为伯默斯销售的中间人，吉耶在战前就和他有贸易往来。

但是受到巴黎的维迪尔－布朗歇（Verdier-Blanchet）集团在阿尔及利亚行动的"诱惑"，这个掮客在伯默斯那里通过一个来自奥兰的、在塞内克罗兹商行工作的波尔多代表的渠道，为自己增加更多的利益。

勒桦表示自己并没有在约定的时间内交付这1.2万百升突尼斯葡萄酒，他很清楚自己会激怒德意志的代表，确实是这样。勒桦在文件中增加了一封德铁信可在1941年2月21日的信，表现出了伯默斯对那1.2万百升突尼斯葡萄酒交付的催促。但是，他表示在相同的时期内，他有可能给克勒泽交付从圣吉莱出发的25万百升高酒精度葡萄酒，因为他有一个足够大的用来停油罐车的停车场，有可能扩大到装下200辆车；这个停车场是勒桦通过德国梅特吉尔商行在日内瓦的分公司、根据雨果·K.哈伯德·曼海姆（他是伯默斯的前辈）的条约获得的。

他接着解释道，他的库存被转运到德国变成了日常消费的烧酒，仅供民众消费，没有运送给德意志国防军。因为没有任何可以证明的资料，他的论据很难被反驳。另外，勒桦还解释道，这种将酒品专门给民众饮用，为了准备高酒精度葡萄酒的行为，被德国人认为是对战争有害的。最后，他表示自己一直坚持保护法国的利益，用甜菜酿的酒来代替利口酒，提高葡萄酒的度数，让德国人对夏朗德葡萄酒的要求转到南部的葡萄酒。"总之[勒桦总结道]，我尽力和伯默斯在法国实现他的前人雨果·K.哈伯德·曼海姆先生所设想的计划，在主席爱德华·巴尔特的技术指导下，获得对我们国家非常重要的东西：糖，地中海地区的酒桶（在战前已经短缺），还有铁路运输，同时避免对1940年葡萄酒经济有害的、糖和酒桶的盈余。"

不幸的是，关于补充的诉讼程序行动和后续的调查因为上面提到的原因没能进行下去。似乎没有任何迹象显示出导致1949年或1950年不予起诉的原因。

总的来说，勒桦逃过了禁止经营和所有有损名誉的惩罚，在1950年依然身居高位——新的埃尔维亚公司，位于默尔索，被登记到博讷贸易登记簿里，具有1000万法郎的匿名资金。对贸易公司管理数据的调查和观察工作由法国银行在第戎与博讷的分支完成，证实了这家商行所拥有少量信息。[80]

至于对勒桦所拥有财产的估计，1953年11月12日的报告表示，"[不管是]默尔索的公证人维奥莱，还是银行（兴业银行和里昂银行），都没有办法提供给我们勒桦拥有的具体的个人财产，而且他个人也拒绝提供任何相关信息"。但是，报告中展示出了一份属于他的动产和不动产列表，总的价值大概达到了1400万法郎，还有其他的财产，没有办法估量价值，其中有"'日内瓦最美的酒店'之一（被当作公寓出租）[……][勒桦也在瑞士拥有]在股票和金属方面非常庞大的财产，但这些都是秘密"。因此，"关于他财产的数据一直在变化，但无论如何是非常庞大的。兴业银行保守估计，包括他在埃尔维亚公司参与的股份3.5亿法郎，这些财产预计超过5亿法郎。公证人和里昂银行对财产的估计数值超过了10亿法郎"。

无可争议的是，当葡萄酒经济因为1950年出口量的增加而开始逐渐获得真正自由的时候，一些贸易商，其中包括在法国实力最强大的几位，因此从中获利。关于这方面，原始的文档一致表示：对这些贸易的道德认同，将大多数观望主义和爱国主义贸易商与通过和纳粹德国直接或间接合作、也许是和敌人合作的贸易商区别开来。

从这个角度来看，支持与德国进行经济合作的人，在一些最知名的商行中被录用，其中有战前最出名和大胆的贸易商。对这些人来说，合作主义的原则似乎并不是一个真正的意识形态问题，只涉及个人利益。

战后的新态度和新世界的出现正逐渐淡化冲突时期。虽然贸易商的形象因向敌人妥协而黯然失色，但他们仍然处于当地经济复苏的最前沿，并与当地居民进行了良性的竞争，在这个意义上做出了许多突出的贡献。

在勃艮第，在贸易的推动下，博讷主宫医院行政部门做出了一个提案来收回几年前颁发给维希贝当元帅的葡萄园地产，并把它送给戴高乐。[81] 在最积极的几个贸易商中，（当时还被关在监狱里的）克莱杰提供了3万法郎给国家救助部门，2万法郎给儿童保护部门，1万法郎给幼儿园慈善机构，5万法郎给法国红十字会。一轮又一轮，所有当地的商行、贸易商都展示出他们最大和最一致的慷慨。总的捐款数目从1944年开始达到了11.8万法郎。[82] 最知名的贸易商组织了博讷主宫医院的大型慈善拍卖会，他们安排了戏剧性的一幕幕，行业人士精心地组织策划，表现出了令人难以置信的慷慨和对贫穷人的奉献。[83] 在这种背景下，战争的那一页似乎最终被翻了过去，但其他问题马上开始吸引了更多的注意力。

▶▷ 非法买卖与勾结

在波尔多，占领的结果是不可改变的。很大一部分当地的行业人士非常积极地参与到与敌人合作的贸易中、回应德国官方采购员的需求，其中包括伯默斯，另外他们还几乎不受阻碍地向德方运输了一些份额之外的葡萄酒。德·拉米纳（De larminat）将军是被派去支持抗争"韦尔东袋形阵地"的法国战士，1945年4月25日他坚定地表示，变富的波尔多贸易商"经常被利益蒙蔽双眼，将爱国主义抛诸脑后"。[84]

波尔多没有像罗伯特·沙隆（Robert Aron）认为的那样"被葡萄酒拯救"[85]，事实上我们可能会疲于清查相关商行的交易，这个任务有可能会变成誊写当时当地的贸易名目。

在波尔多，那些与德国政府联系密切的法国商行和酒候中，几个纪龙德省的商行、所有法国南部的葡萄园格外引人注意。比如高级葡萄酒公司埃森诺、克瑞丝曼、克鲁斯、德雷赛尔、杜本内、乌格斯、马蒂、贝特利尔、帕姆斯、泰西耶、香缇卡、德洛尔、马尔索－皮斯甘合作酒窖、德尔普瑞尔、斯科洛德－斯凯勒、泰拉苏伯尔、马勒尔－贝斯、拉朗德、欧若－贝罗、乔安娜、索维亚克。

德斯卡斯父子公司是最典型的一个商行，该公司 48% 的股权由亨利和罗杰·德斯卡斯兄弟占据，1938 年又分给了路易·埃森诺、费尔南德·吉娜斯（和罗杰·德斯卡斯一起作为董事）、皮埃尔·高尔斯、路易·贝尔、丹尼尔·拉伯德利和 M. 伊奇瑞，他们都是贸易商或者地主。在占领期间，这家商行获得了前所未有的成功，1940 年销售额超过 30838199 法郎、1941 年销售额超过 39817367 法郎、1942 年超过 48721065 法郎、1943 年超过 119196500 法郎、1944 年超过 80998301 法郎。销售额的飞涨主要是因为葡萄酒的销售价格有极大的提升，其中一部分葡萄酒被运往德国，1940 年占 8.89%、1941 年占 13.88%、1942 年占 32.66%、1943 年占 37.94%、1944 年占 30.69%。这些贸易主要是通过伯默斯的客户、德意志国防军的军需处、波尔多指挥部、巴黎的 MBF 还有波尔多的比雄与罗利克（Bichon & Rooryck）商行来实现。

在来自解放区域委员会情报的材料中，我们发现，在瑟农的拉维科尔（La Vieille Cure）商行，三分之一的销售额来自与德军的交易：1941 年，商行完成了大量运送到波尔多、巴黎军需处和比利时的军事食堂餐厅的订单。[86] 在波尔多的玛丽白沙与罗杰（Marie Brizard & Roger）商行，"80% 的订单都来自德国军队"。从 1940 年 7 月 1 日开始，德国的订单总量的价值达到了"2400 万法郎"。塔朗斯的商行 E.V. 苏谢、波尔多的供货商、菲尔博仓库和波尔多的沙特龙站台都毫无节制地增加了供给。皮埃尔·穆艾克斯，在圣艾美浓的贸易商，为波尔多的德国军队和梅多克军事餐厅提供了"很多瓶葡萄酒"，"完全满足他们的要求"。位于利布尔讷的穆艾克斯商行，以一种不寻常的节奏给在波尔多的其他国防军军队提供葡萄酒。位于马尔戈的比雄与罗利克商行由比雄先生领导，他是一个德国人，也是坚定的纳粹分子。伯默斯将这家商行推荐给了官方采购员，为了让他们的代表在收集和售卖葡萄酒给官方采购员的工作中获得民事和军事领导人的支持。巴德内斯（Les Fils de Bardinet）商行和高级葡萄酒财团位于波尔多，是军事指挥部和德国军事警察在自由区和被占领区指定的葡萄酒、利口酒、朗姆酒等酒精饮品的供应商。克里毕须采购了中间人在 1941 年和 1944 年期间收集的一部分酒精饮品和科涅克烧酒，运送到了东边的前线。

　　战后的调查与上述材料对波尔多的贸易来说是一个巨大的打击，波尔多葡萄酒贸易商联合会主席爱德华·克瑞丝曼于 1944 年 12 月 20 日向国家财政部递交了抗议书，抗议 1944 年 10 月 16 日颁布的关于非法获利充公的法令、1943 年 10 月 6 日颁布的认定当地贸易商与敌人进行贸易的文件，以及 1944 年 11 月 28 日颁布的关于镇压合作主义的法令。[87]他吸引了省里的注意，镇压似乎是无区别地针对所有卖酒给德国人的纪龙德贸易商，他还说"一种强烈的恐惧情绪萦绕着纪龙德的葡萄酒贸易，一些措施已经被实施，还有一些用来镇压曾与占领军高层有过贸易往来的纪龙德贸易商的措施正在筹划中。"

爱德华·克瑞丝曼表示，事实上，一些贸易已经正式被占领军高层代表的中间人所接受并处理。[88]因此，所有贸易都不应该被禁止。他说，"如果传统的贸易是为了重振国际市场，需要有能力回应来自各方面的需求，那么只需尽快停止对贸易的怀疑，为了现在和未来的法国经济着想，确保贸易不瘫痪是非常重要的"。他还说，"投身于葡萄酒事业的人会毫无保留地认真研究这些亟待解决的、严重的经济与专业问题。为了国家的未来，这些贸易商需要从担忧中'解放'出来 [……]，并且毫无畏惧地向前。这是国家经济重振的前提，我们希望用上我们所有的力量"。

他在抗议书上又附上了一份文件，里面重新阐述了颁布的法令和立法文件对当地贸易的影响，并期待经济活动重新开始。[89]他用贴切的方式表示，1940 年 7 月 16 日颁布的法令推翻了 1939 年 9 月 1 日颁布的关于禁止、限制与敌人往来的法令。"就是这样，和其他商人一样，葡萄酒贸易商也被允许与占领军当局进行贸易活动。"这条 7 月 16 日日颁布的法令"是对另一种情况的回应：如果贸易商不与德国人进行交易，那么他们的葡萄酒就会被列入征调行列，这种后果是十分严重的，贸易商会失去他们悉心保存的留待出口恢复时交易的精品葡萄酒。"这是贸易和经济活动代表们反复使用的一种论据。

1943 年 10 月 6 日的法令废除了 1940 年 7 月 16 日的法令，从那时起，1939 年 9 月 1 日的法令开始重新启动。但是"另外一条发布于同一天的法令规定，根据情况废除了 [……] 在占领区与敌人进行调解的报告 [……]。"对于爱德华·克瑞丝曼来说，需要通过一些不同的文本来解读 1944 年 10 月 18 日的法令，该法令写在信里，几乎能够指控法国所有的实业家和商人，随后将毁掉整个国家的经济。这也就是为什么一些部委，尤其是农业部具体地指出了两种情况的限制所在：

第一种情况：自 1939 年 9 月 1 日起，根据农业和食品管理部颁发的出口许可证定期进行的葡萄酒贸易，以及受政府机构委托展开的贸易（回应表示，对于这些贸易来说，甚至不需要声明）；

第二种情况：和敌人进行的合作，以及在某些情况下本不该与敌人进行的合作；信里写道，此类贸易合作符合上述法令条款的实施范围。

爱德华·克瑞丝曼将这种立场转达给了部委。但是，1943 年 10 月 6 日颁布的法令要求法院需评估被指控的维希政府签发的许可证是否合法，或者是否可以帮助贸易商"酌量减刑"。爱德华·克瑞丝曼说道，"所以我们需要担心的是，由于缺少部委（国家经济、财政、司法）向行政部门传达的明确指示，所有和占领军交易过的葡萄酒和起泡酒贸易商，在这种情况下，没有意识到自己正在进行的是哪种类型的交易，无一例外地成了最高法院的起诉对象"。这就是"整个葡萄酒贸易界的担忧"产生的原因，另外，"一些省份的人，一些爱国主义者，他们将因为一份文件上写着他们的名字而被控诉感到气愤"。

爱德华·克瑞丝曼建议，"为了让人们冷静下来"，"需要给当地机构迅速下达指示，告诉他们和警察局，不应该仅仅因为贸易商与敌人进行贸易往来就起诉贸易商，因为这些贸易是以官方的形式，通过占领军高层代表的中间人来实现的，而且这些贸易的责任应该完完全全地落在所谓的维希政府头上，因为后者制定了需要配送的份额，签署了可能需要的出口许可证，并且表示信任行业机构，命令他们认真完成监管任务（国家葡萄酒和起泡酒采购组、饮品供给中心委员会、法国葡萄酒出口委员会和本地贸易商联合会）"。

但"矛盾的是，人们热衷于调查波尔多行政部门完成的巨大的贸易数额。"不仅仅是"以这些贸易为由"的逮捕正在发生，而且还有很多关于这些贸易的调查，认为这些贸易是"很随意地被允许"，它们是"自愿与敌人合作的果实"。而且这些调查"通过针对一些老牌的贸易商，变得更加简单，更令人恼火，因为他们是真正的葡萄酒商行，没有任何需要掩盖的"。

对于爱德华·克瑞丝曼来说，这种灾难性前景中耗费的葡萄酒资源更加令人遗憾，因为恢复出口贸易看起来很有希望。事实上，几个星期以来，"政府呼吁恢复所有世界市场（包括德国）的传统出口贸易，准备重新在法国葡萄酒市场中，看到销售额的飞涨，而接下来，就需要特别的努力"。于是要和"当下的环境"决裂，因为后者"创造了一种忧虑会导致贸易瘫痪"。爱德华·克瑞丝曼还表示，对于贸易，"波尔多葡萄酒贸易商联合会也很担心，也为这种表现出来的敌对态度感到惊讶"，"但是他们认为储存尽可能多的高质量的葡萄酒是一个绝招，能够让之后的出口重振不受阻挠"。因此，"出口贸易的生命本身处于一种博弈之中：问题在于它是否要当场被绑住手脚，甚至是消失，成为所谓维希政府应该承受的处罚的一部分。如果是，由于葡萄酒贸易与贸易商个体息息相关，这对于法国高级葡萄酒和起泡酒的出口来说是致命的打击，甚至会伤害整个国家的经济"。他毫无保留地总结道，"葡萄酒贸易过去为国家的服务"，是"一种保证，证明通过政府的支持，贸易能够在现在和未来做出贡献"。

但是在爱德华·克瑞丝曼的叙述中，他把非法获利充公委员会的活动——即为国库收集所有在占领期间获得的利益，不管是否经过维希政府的同意——和最高法院的活动（根据 1944 年 11 月 28 日的法令辨别与敌人进行交易的贸易商）混淆了。

经济协调部的主任负责研究经济合作主义，他对此展开了一场深入的调查，"这场调查的目的在于揭开由最高法院审判的真正的罪犯，还有被传唤到充公委员会面前的谋利者的真面目"。他需要等待国家经济部"创建地区经济合作主义研究部门"，以便能够"在整个国家范围内顺利、快速地展开调查，显然调查是紧急而必要的"。

在波尔多，标志性人物是路易·埃森诺，他被称为"路易叔叔"、"沙朗通皇帝"。在占领期间，这位很大程度上向纳粹妥协的贸易商于 1944 年 9 月 1 日被捕。他和前波尔多市市长、合作主义者阿德里安·马尔克，以及维希政府前内政部部长关在一起，在 1945 年 11 月 10 日和 11 日的隔离审查之后，被判定为"与敌人勾结"，他逃不过经济审判了。[90]根据 1945 年 3 月 29 日和 3 月 31 日的法令，他所有的财产都将被查封。第一条法令是非法获利充公委员会的申请。第二条法令的依据是 1944 年 11 月 20 日颁布的关于抑制合作的法令的第 20 条。根据充公委员会 1945 年 3 月 29 日和 5 月 15 日的决定，路易·埃森诺作为法国高级葡萄酒有限责任公司经理或共同经营者，被查封的财产为 1561.6 万法郎，罚款 4680 万法郎。路易·埃森诺的公司被查封的财产为 1282 万法郎，罚款 3000 万法郎，总数加起来达到 105236000 法郎；但这还远远不及被处罚的利布尔讷贸易商马赛尔·博尔德里，他之前是女性理发师也是部长麦克斯·博纳夫斯的亲信，在 1946 年 1 月 31 日，史无前例地被罚款 1016360000 法郎，纪龙德整个省的罚款金额总和才 247254074 法郎。

另外，波尔多最高法院 1945 年 11 月 11 日的法令判处路易·埃森诺两年监禁，取消其国籍，没收所有财产。当地其他 21 个贸易商和他一样被判罪，其中有罗杰·德斯卡斯——作为官方代表和德斯卡斯父子公司的行政委员会主席被判罪。根据 1948 年 4 月 28 日颁布的法令，路易·埃森诺被没收的财产达 1 亿法郎。为了阻止财产被全部充公，埃森诺想尽一切办法。1945 年 10 月 31 日，75 岁的埃森诺结婚了。根据法定财产公有制，婚后埃诺森的财产变成了夫妻双方共同财产，他们还签订了特殊的婚姻协议，这明显是为了少缴纳罚金。按照 1947 年 3 月 21 日出台的法令的第 24 条，法院于 1947 年 6 月 18 日宣布这些特殊的婚姻协议作废。尽管如此，二人的婚姻关系仍然合法有效，但按照法定财产公有制制度，财产继承会受到一些影响。

因此，路易·埃森诺的动产变成了夫妻共有财产，尤其是路易·埃森诺的公司，这是他主要的财产，数额庞大。在埃森诺夫人的要求下，波尔多民事法院宣布在 1948 年 11 月 24 日，分割夫妻之间的财产，并且命令清算和分割夫妻共有财产。1949 年 7

月 13 日，波尔多民事法庭的法官批准了夫妻二人的财产清算与分割。地产行政部门对这个决定提出上诉，他们认为清算结束之后，路易·埃森诺将会从公共资产中分配到一定比例的财产，而国家，作为这些充公财产的共有者，应该直接以共享者的名义接收他这部分的财产；在所有共同财产分配之前，国家需要保持公正，通过用实物或现金的方式分发这些财产的大部分，数额达到了 1 亿法郎，这是充公的最高数额。波尔多法院根据 1950 年 11 月 3 日颁布的法令驳回上诉请求，并让地产行政部门支付第一次起诉的所有诉讼费，数额高达 1285297 法郎。行政机构再次上诉，要求对该法令撤销原判。最高法院还没有干涉其中。

最终，路易·埃森诺根据 1951 年 1 月 5 日法令的第 9 条，提交了赦免的要求。总检察官要求地产行政部门延缓查封财产的执行行动。由于路易·埃森诺为了阻止财产被查封做出过"努力"，他减轻非法获利税务的要求也被拒绝了。[91]

在夏朗德和热尔省，占领时期带来的影响是不可改变的。科涅克烧酒的销售量在 1941 年为 840 万瓶，1943 年销售量为 650 万瓶，1944 年为 370 万瓶，也就是将近 20 万百升的 40° 烧酒，占了运送到德国葡萄酒总量的三分之二。在这些数量之上还要加上每年 1 万—1.5 万百升高酒精度葡萄酒，其中最大的供应商是在科多尔省默尔索的勒桦，以他名下的埃尔维那公司的名义进行交付。

而阿马尼亚克烧酒的市场"从 1940 年开始就成为了黑市的典

型"。事实上，"葡萄种植者曾经用补足金的方式（现在仍然）将他们的产品出售给贸易商；贸易商再卖给掮客赚取补足金；掮客再卖给中间人赚取补足金等"。[92] 这些年，阿马尼亚克的贸易就是通过补足金来维持的，不管是采购还是出售，这让对销售量和获得利润的计算变得非常不精确，尤其是补足金累计起来的总价格有时候是官方定价的6—7倍。

我们发现，阿马尼亚克地区这种"占为己有"的战术"主要起延缓作用"，因为"诉讼结束之后，相关人士看到展示给高级委员会的陈情书，由此产生了怀疑"。每个人都在争取时间，"希望借助情势，政府机构能够更加宽容，能够同意或者重新完整地建立贸易的自由：如果不能减少总额，我们至少可以因为新的高额利润而变得自由"。

欧什商会辩解道，对于葡萄园来说，"是占领军想要以低价来窃取这个国家的主要利益，并且引发了黑市里的疯狂采购。大多数受到 [非法获利充公区域] 委员会检查的未缴纳罚金的人，并不是我们一般意义上的非法买卖者"。

和夏朗德省的情况相比，欧什商会主席担心的是严格的手续和在热尔省的标准。他认为，"需要通过比较在热尔省和科涅克制定的决定，来认识在阿马尼亚克制定价格的条件。表面上看，两个省制定价格的基础是相似的，事实上，这两个地方的贸易运作模式也是一模一样的，而且在占领军下命令之后，也制定了同样的非法获利系统"。

非法获利充公区域委员会的报告称，"很显然，[葡萄种植业公会]成员几乎一致的贸易行为被认为是非法的，而公会对此感到很愤怒。他们认为，委员会要求葡萄种植者支付的费用，是交纳一种特殊的税，但里面不应该暗含惩罚的性质。这个费用已经非常高了，葡萄种植者和个体贸易商愿意用他们的年收入支付，而不是被剥夺他们的经营权和产权"。报告还表示，鉴于非法获利的数额很大，热尔委员会减少了罚金，但是处罚金额巨大的贸易商似乎很难在规定期限内上缴罚金。在申诉面前，他们应该更加难以还款，只有任由财产被查封。

"从 1941 年开始，阿马尼亚克烧酒贸易产生的惊人收益不仅让我们看到了贸易商数量的增加，为他们工作的中间人也在不断增加。除了正规的公司，还有一些没有太多资金的人，但是他们知道如何解决自己无力缴纳罚金的问题。"在这种情况下，需要"坚定地反对那些认为可以无限玩弄行政机构的人"。

但是在实际审查过程中，同时质疑 8000 个葡萄园园主和种植者显得非常困难，"在 1 月 6 日命令结束时，他们绝大多数人都获得过非法的利益，因为他们都曾通过出售产品获得补足金，但是无法计算获利的精确值"。另外，"调查和研究显示，大多数官方掮客和灰色中间人可能不太容易被怀疑，尽管他们获得的利益相当客观；他们也应该接受调查与审判，但是直到如今，除了一些极为罕见的情况，我们很少见到这部分人接受审判"。

而且充公委员会的打击对象一点点地变成了贸易商。然而，"他们通过事后补付差额的交易方式在账目上作假 [……] 间接税务部门以无可辩驳的方式记录酒桶进出酒窖的情况，每个酒桶都是统计的基础元素"。为了达到这种目的，热尔委员会决定将一个乘数系数应用于估算葡萄酒销售的瓶数中。这是最为公正、严格的统计方法之一，当时从未在法国使用过。

事实上，委员会"在进行了各种调查后，承认贸易商出售的每瓶或每桶阿玛尼亚克烧酒获得的非法利益为 X，他们将此数字 X 不加区别地应用在对所有贸易商的调查中。这一方法是方便的，它甚至是唯一一个原则上可以采用的方法，这是可能的，甚至是很有可能的；但事实上，它会导致相当不公平的结果。委员会的决定引发强烈地批评，大部分相关人士被召集到高级委员会面前也就不那么令人惊讶了。这种情况的实际结果是最终进入国库柜台的钱其实很少。1945 年 7 月末，查封财产和罚款的总数额达到了 416940934 法郎，而实际征收到的只有 4778162 法郎，这个结果显然不能令人满意 [……]。直到现在，收集查封财产和罚款的方法都太过于单一，不够有区别性"。也就是说，对于共和国专员来说，这些方式都过于严肃。[93]

葡萄种植者要求所有行业的人都要支付相同的罚款。对贸易商菲利克斯·洛比多尔和丹尼尔·维勒托尔特（Daniel Villetorte）

的监禁，尤其是对埃查特先生的监禁被认为是"必要的"。而且，"令人怀疑的是，警察是否能够逮捕埃查特，因为这是一个抓不到的人，几年来没有一个经济检查代表能够抓到他"。

因此热尔省内的措施越来越严格。征收的总数额令人印象深刻。但是在总数为 4.47 亿法郎的罚款中，接近 2.8 亿是卡斯泰尔诺多藏的两个纳税公司所缴——一个是法国高级阿马尼亚克烧酒公司，占 2 亿法郎；另一个是埃查特商行，占 8000 万法郎。另外 20 条罚金决议的总额有 1.67 亿法郎，平均下来就是每个行业人员 800 万法郎。而税务征收通常为 300 万—600 万法郎。

在当时的恐慌中，一些行业人士的流亡显得特别惨烈。孔东的阿马尼亚克烧酒贸易领导者埃利奥特·德斯萨德，因为损害国家安全被热尔最高法院起诉。他在 1945 年 2 月 22 日急忙卖掉了价值 36 万法郎的贸易基金。然后，他试图和妻子一起逃到西班牙，但是两个人分别在 1945 年 4 月 16 日和 17 日晚上被导游杀害并盗走了他们身上所带的财物。德斯萨德因"违反经济规则、通过中间人与敌人合作"被起诉，1945 年 5 月 23 日法庭判决时，他因未能到场而被视为拒绝传唤，需要被强迫工作 20 年并被取消国籍、没收所有财产。他所获得的利润由"正规的会计处"进行评估。根据 1945 年 9 月 21 日的法令，热尔委员会决定（通过他的子女）充公其财产 1010 万法郎并处以 202 万法郎的罚款，还规定他的继承者需要对罚款承担连带责任。根据 1950 年 5 月 26 日的法令，高级委员会将充公数额减少至 700 万法郎，罚金也减少至 140 万法郎，另外取消了继承者的连带责任。[94]

但是，在执行罚款的 22 项裁决中，有 5 项裁决仅涉及财产充公，只有 3 项裁决（法国高级阿马尼亚克烧酒公司、里格尔和埃查特）的罚款数额超过充公财产数额的 100%（前两家公司为 113%，第三家公司为 400%）。其余 14 项裁决规定的罚款数额基本都低于充公财产数额的 50%。

法国高级阿马尼亚克烧酒公司是一个特例。作为一个在卡斯泰尔诺多藏的规模庞大的贸易公司，该公司由三个合伙人洛比多尔、丹尼尔·维勒托尔特和让·杜巴利（Jean Dubarry）于 1941 年 6 月 20 日成立。洛比多尔是热尔省著名的贵族。他在第一次世界大战期间是出色的飞行员、荣誉勋位团的长官、对外贸易部前顾问、勒瓦卢瓦斯的前总顾问、塞纳总参部副主席（1929—1941 年），长期以来都在前线展开他的政治与贸易活动。但是，他在 1939 年停止了所有的政治活动，尤其是拒绝了维希政府提供给他的塞纳区域委员的工作。

1945 年，在热尔非法获利充公区域委员会上，洛比多尔因"开展违反价格规则的贸易"被指控，他孤身一人出席会议，他的合作人都不见了：丹尼尔·维勒托尔特在逃亡之中，让·杜巴利在 1944 年过世了。[95] 此案件备受公众关注，因为它是本省最新的、也是最具有争议性的案例之一。法国高级阿马尼亚克烧酒公司的前身是一家老商行，属于让·杜巴利，1939 年之前的销售额从未超过 50 万法郎，因为战争和占领时期的到来，这家小商行变成了责任有限公司，让·杜巴利开始与洛比多尔和丹尼尔·维勒托尔特合伙，公司销售额也有了飞跃性的增长。1942 年和 1943 年，公司年销售额超过了 1 亿法郎。但这种不寻常的增长几乎完全归功于洛比多尔的活动。

在解放时期，法国高级阿马尼亚克烧酒公司的领导人洛比多尔因指控被关押在欧什的监狱里。但是，"此案的调查结果显示他并没有与敌人勾结或是合作，而且还为抵抗运动提供过不少物质上的支持。这些调查还是由他的对手发起的，其中有欧什警局专员布斯捷先生，无巧不成书，布斯捷先生后来成为洛比多尔最大竞争对手的合伙人"。在 75 天的监禁之后，洛比多尔被释放，但是根据市里下达的命令，他的住所依然受到监控。

洛比多尔被描述成一个"没有过多顾虑的商业酿酒商，却不断见证着卓有成效的生产活动"。而让·杜巴利则被认为是一个"平庸的人"，丹尼尔·维勒托尔特被描述成"和德国签署大多数阿马尼亚克烧酒合同的谈判人，他经常因亲德态度而遭到人们的批评，于是解放委员会下令逮捕他，但是没有成功。不过最后他还是被送到了欧什最高法院 [……] 法院决定将此案押后再审，并认为有必要对被告进行心理检查"。

因此，法国高级阿马尼亚克烧酒公司处于地产局的查封之下，

1945 年 4 月 18 日，孔东法院命令古斯托先生停止所有的活动，他是负责执行查封的地产局检察员。充公委员会对该公司被查封表示遗憾，"这次查封让这家公司和其他竞争商行 [……] 都无法参与到 1945 年的酿酒活动中，而这次酿酒活动至少能让该公司获得几千万的利润，这些利润都会直接进入国库，（如果该公司被查封）国库会因此受损"。"实施查封的公务员旁边没有一个是有能力的行政官员，这又造成了另一不幸的后果，卡斯泰尔诺多藏的 40 多名员工被辞退，税务局中 60 多名员工下岗"。而且，"这还引发了其他问题，比如商行库存中 16.5 万瓶葡萄酒的使用和监管问题，比如品牌的商业价值日渐下跌的问题，公司为提升品牌的知名度曾花大力气宣传，还将公司的一般性贸易资金抵押给了国库"。[96]

针对这些暴露出的弊端，委员会直接被一些人质询，他们是省工会和法国总工会的代表，这些人经过当地解放委员会主席的同意，在 1945 年 9 月 24 日递交给委员会一封 130 人签字的信，信中写道："法国高级阿马尼亚克烧酒公司无论是在法国市场还是外国市场都为阿马尼亚克做出了贡献。因此，阿马尼亚克摆脱了科涅克长久以来的控制，这里曾是法国最穷的一个地区，但该公司提高了当地居民的生活水平。我们认为，如果这家公司不重新开始它的活动，当地的贸易会受到严重的影响。"

而且这个公司是当时省里为数不多的几家"能够自行对葡萄酒进行蒸馏和装瓶的公司，每天的装瓶量达到 5000 瓶，在他的竞

争对手里 [……]（除了几个极个别的）很少有人能做到，大多数人都是跟当地小酿酒商联系生意，建立合作关系"。

委员会人员要求建立一个指导委员会来领导对葡萄酒的采集，但情况恰好相反，因为洛比多尔又成了贸易的领导人。不管他的动机是什么，他已经和纽约的商会进行过商谈，双方达成协议，签订了一份 1000 万瓶阿马尼亚克烧酒的合约，"这次销售分 10 年进行，每瓶的基础价格为 2 美元"。部长对此表示肯定，认为由洛比多尔开展的贸易能有一个好的结果，这违背了一群阿马尼亚克贸易商的利益，其中包括与洛比多尔竞争的杜维尼奥特和格拉斯商行（Duvigneau et Gelas），该商行由德·孟德斯鸠 – 费曾沙克（de Montesquieu-Fezensac）先生领导，他也想拿下美国这个巨大的市场，但没有成功。

政府专员用犹豫不决的方式结束了他的报告，表示这些信息的准确性还"有待确认"，但是洛比多尔应该不会对这些同行的落败"感到陌生"。[97]

在这种情况下，整个当地的葡萄酒经济都处在危险之中。在热尔还有夏朗德，大量当时成功的商业公司在各样调查中受损。政治肃清和经济肃清的矛盾一直存在，因为如果公司状况不稳定，就不会有任何出口、大型的销售，更不用说获得技术和资金。这是经济合理性的推断，它更加坚决地依赖于法国的葡萄园，认为葡萄酒酿造活动对整个国家和经济的未来都是至关重要的。

从 20 世纪 40 年代末开始，除了好几次查封之外，在赦免的命令之前，政府机构对一种宽容的态度和和解的需求变得尤为强烈。从 1951 年开始，政府没有办法终止那些正在进行的政治与经济活动。正如部委高层领导所说的，是时候"对民众进行有利于经济复苏的心理"[98] 建设了。

7. 结论

　　在这段法国历史上饱受折磨的时期，葡萄园经历了"痛苦和遗憾"，那个世界满是贪婪且恬不知耻的商人、最下流的投机主义者、谨言慎行保持中立的人，以及极少数不向利益屈服的人。这段时期鲜为人知的真相，仍在继续被披露，已有的史料向我们展示了纳粹占领期间法国不为人知的一面。

第二次世界大战后，法国葡萄园不可避免地处于物资匮乏的境地。由于缺乏人力、铜，以及葡萄种植的必要材料，葡萄园的开发变得更加困难。

但是总的来说，战后生产工具得到了优化。占领军在各处要求征调葡萄酒，他们也因此为葡萄园的开采和葡萄酒的酿造提供了昂贵的生产资料。所有高级葡萄园不仅处于生产状态，还享受着永久且周全的维护，来回应纳粹掠夺产生的大量需求。自第一次世界大战以来，法国葡萄园从来都没有经历过如此高的葡萄酒需求量。四年里（第二次世界大战），纳粹德国通过不同渠道进行采购的葡萄酒将葡萄酒的生产引向了出口。

统计的时候，得到的数字很难总结出实际交付的数量。1945年国家葡萄酒和起泡酒集团整理的数据显示，1940—1941年，以官方份额的名义运到德国的葡萄酒总量达到了930240百升，1941—1942年为1744206百升，1942—1943年为2037081百升，1943—1944为1398752百升，一共加起来是6110279百升，平均每个月大概是13万百升。整个占领时期，德铁信可——德国运输承揽公司——几乎垄断了所有运输至德国的葡萄酒，除了香槟和以酿造香槟的方式酿造的起泡酒。翻译了该公司档案后，我们发现，该公司运输总量高达5104376百升，这只是官方买家在1942年1月19日到1944年7月30日之间的采购数量，也就是说平均每月达到了17万百升。最后，在一份由乔非将军于1944年7

月 8 日签署的笔记里，总供给部的数据为 1941—1942 年、1942—1943 年及 1943—1944 年，共获 454.5 万百升，也就是每月 14 万百升。

国家饮品小组的预估数据为：1940—1941 年，交付给国防军的数量达 1509211 百升和 250000 百升，1941—1942 年为 1518106 百升和 268500 百升，1942 和 1943 年的数据是 2284454 百升和 429137 百升，1943 年和 1944 年是 1413800 百升和 563488 百升，总数为 8236696 百升，也就是每个月 171597 百升。在这些数据之上还要加上"非法采购"的数额，损失和赔偿委员会预计其数量为：1940—1941 年，453750 百升；1941—1942 年，245000 百升；1942—1943 年，33 万百升；1943—1944 年，20 万百升，也就是总数为 1228750 百升。两者加起来，被掠夺的葡萄酒数量达到了 9465446 百升，也就是每个月 197196 百升。

根据损失和赔偿委员会的计算，符合"法德协议"项目的采集数量在 1940—1941 年达到 2153950 百升，1941—1942 年，2787500 百升；1942—1943 年，3787000 百升；1943—1944 年，3104500 百升，也就是总数为 11832950 百升，每个月 246519 百升。

我们可能会感到惊讶，在不同的评估系统中，同一个数据可以每月相差 11.6 万百升，也就是 38 辆完全装满的运输火车，但毫无疑问的是所有人都低估了实际数据。被删减的数据常常不包含 1940—1941 年掠夺期间，德方即兴采购的数量，为德国经济考虑，好几种不同的评估方式将官方份额和单独交付给德军的份额分割开来，所有机构都拒绝统计第一次掠夺期间的准确数量，也拒绝统计始于1941—1942年这一次掠夺运动的、"官方份额以外"的成交量。由于性质特殊，这些数据无法被统计。最后，还有官方买家以及大量纳粹团体、组织的欺诈行为，这些人逃过了一切监管，他们直接或秘密地进行大量的采购，例如党卫军、纳粹空军部队、海军部队、托特的组织还有盖世太保，他们在庞坦、勃尔希和沙朗通拥有属于自己的运输路线和仓库，从来都没有真正地被人发现过。

　　从表面上看，当计划存在的时候，官方采购从来没有超出过计划。这是罗杰·德斯卡斯在解放时所说的。两种数据之间产生的近50万百升的差距是"四年中的一年"，在他看来可以"因为运输的缓慢被跳过"。另外，如果我们将估计的数量和赫尔曼·戈林保证的掠夺量，即每年600万—900万百升相比，那么实际的掠夺量少了很多，其中可能要考虑到潜在的抵制销售的形式。其他报告指出，1940年，德国军事高层和供给部已经决定给德国军需处每年50万百升的葡萄酒配额。这些葡萄酒由位于蒙彼利埃的供给处采购，被运送到巴黎，在进口集团收费之后进入庞坦的库存。

　　除了以上所有假设，全国饮品采购小组和损失与赔偿委员会数据，加上合法与非法运输的数据之后，1940—1944年，法国为德国占领军直接消费和出口德国提供的葡萄酒数量达到了 1500 万—1700 万百升，如此产生的差距比长期占据法国葡萄酒经济的黑市更大。

随着和平的到来以及法国融入大西洋世界，法国葡萄酒贸易和葡萄种植的所有有利条件已经到位，为自 1940 年以来一直处于德国控制之下的葡萄种植及酿造业提供了转机，法国转向西方世界新主人建立起了外部市场。但是，在为这场巨大的掠夺创造条件的同时，纳粹终结了封闭和阶级固化的法国葡萄酒世界，让它开始持续依靠外界市场。从那个时候开始，几乎所有贸易商和法国葡萄种植者都开始将目光转向不断扩张的出口，在一种不断增加新资金的逻辑中，摆脱规定的限制，跨越深刻的矛盾，一种复杂的法国葡萄种植及葡萄酒酿造图景产生了。

这段时期是法国历史上饱受折磨的时期，在此期间，法国葡萄园经历了"痛苦和遗憾"，那个世界满是贪婪且恬不知耻的商人、最下流的投机主义者、谨言慎行保持中立的人，以及极少数不向利益屈服的人。在那个时代，利益至上的法则远远超过了爱国主义。面对这一领域中只表现出英勇抵抗情形的主流声音，本书的重点则放在了令人不快的事实上。在"打碎的镜子"和还未完成的、对真相的揭露之外 [1]，纳粹占领期间葡萄酒和战争之间的关系向我们揭开了法国不为人知的一面。[2]

| 注　释 |

引言和第一章

1 . Lacroix-Riz Annie, *Les élites françaises entre 1940 et 1944.De la collaboration avec l'Allemagne à l'alliance américaine*, Paris, Armand Colin, 2016, p.496 ；

Lacroix-Riz Annie, Industriels et banquiers français sous l'Occupation, Paris, Armand Colin, 2013, p. 814.

. 2 . Rousso Henri, « Les paradoxes de Vichy et de l'Occupation. Contraintes, archaïsmes et modernités », Fridenson Patrick et Straus André [dir.], *Le capitalisme français 19e-20e siècles.blocages et dynamismes d'une croissance*, Paris, Fayard, 1987, p. 67-82.

3 . C'est l'image retenue dans Kladstrup Don et Petie, *La guerre et le vin. Comment les vignerons français ont sauvé leurs trésors des nazis*, Paris, Perrin, 2002, p.247 ；

Aron Robert, « Bordeaux sauvé par son vin », dans *Nouveaux grands dossiers de l'Histoire contemporaine*, Paris, Librairie Académique, Perrin, 1963, p. 203-224.

4 . CAEF: B 系列，注册和封锁局；D 系列，非法获利充公委员会：会议纪要和决定。

5．AN：塞纳省法院特别法庭留存的以 Z 字母开头的 Z6 号档案"葡萄酒与合作"，记录了 1944—1951 年审理的相关案件；其中大量有关罗杰·德斯卡斯的档案证明了第二次世界大战期间存在的葡萄酒贸易组织，见 AN：Z6 / 869 5805（1-2），塞纳省法院对罗杰·德斯卡斯的诉讼记录记载显示，他是一位葡萄酒商人，1927—1936 年担任波尔多葡萄酒联合会主席，1938 年起担任国家葡萄酒和烈酒进口与分销小组组长，1942 年 7 月起担任中央饮料供应委员会主席，他被指控破坏国家的外部安全。

6．但是，让我们注意到，据报道，盟军当局在华盛顿州的封锁司总司长戴维·戈登先生的指挥下广泛收集了会计文件和凭证记录。这位联邦特工为伦敦经济战部工作。相关材料已被送达美国；

CAEF：B0047490 / 1（D），巴黎财政部封锁局第一办公室的打字笔记，未注明日期。

7．Derys Gaston, *Mon docteur le vin*, préface « Hommage au vin du maréchal Pétain », aquarelles de Raoul Dufy, Paris, Draeger Frères, Éditions publicitaires Nicolas, 1935.

8．巴黎国际协定的文本，1924 年 11 月 29 日。

9．Lucand Christophe, *Le pinard des Poilus.Une histoire du vin en France durant la Grande Guerre (1914-1918)*, Dijon, Éditions Universitaires de Dijon, 2015, 172 p.

10．Derys Gaston, *Mon docteur le vin*, préface « Hommage au vin du maréchal Pétain », aquarelles de Raoul Dufy, Paris, Draeger Frères, Éditions publicitaires Nicolas, 1935.

11．Barthe Édouard, *Le combat d'un parlementaire sous Vichy.Journal des années de guerre (1940-1943)*, Introduction, notes et postface de Sagnes Jean, Gap, Éditions Singulières, 2007, p. 479.

12．Barthe Édouard, « Le vin chaud au soldat », *Bulletin de l'Office international du vin*, 12e année, octobre-novembre-décembre 1939, n°137, Paris, Librairie Félix Alcan, p.109-110.

13. *Bulletin du Syndicat national du commerce en gros des Vins*, n° 30 du 30 octobre 1939.

14. Becker René, « Bonum Vinum... », *Bulletin du Syndicat national du commerce en gros des vins*, n°30 du 30 octobre 1939, p.111-113.

15. *The Wine & Spirit Trade Review*, Londres, n°du 2 février 1940.

16. Marescalchi A., « Le vin et le thé », *Bulletin de l'Office international du vin*, 13e année, mars-avril 1940, n° 138, Paris, Presses universitaires de France, p. 94-95.

17. « La Journée du Vin du 3 mars », *Le Petit Méridional*, Montpellier, n° du 27 février.

18. « Le vin chaud du soldat », La Dépêche, Toulouse, n° du 2 mars 1940, p. 2-4.

19. *Le Vignoble Girondin*, Bordeaux, n° du 6 mars 1940, p. 2-3.

20. *Journal des Contributions Indirectes*, 28 mars 1940, p. 137-138.

21. *La Journée Vinicole*, Montpellier, 16 mars 1940, p. 1-2.

22. Ibid.

第二章

1. Copeau Jacques, *Journal, 1916-1948*, Paris, Éditions Seghers, 1991, p. 493.

2. ADCO：29U-59，第戎间接税务部门首席监察官吉耶曼（Guillemin）先生于 1945 年 7 月 9 日针对马吕斯·克莱杰（Marius Clerget）事件的报告。

3．ADCO：29U-59，朱利亚努·雷内（Giulianu René）于 1946 年 6 月 2 日的听证会纪要，他在克莱杰的商行中担任会计职务，负责统计勃艮第红葡萄酒贸易。

4．Garrier Gilbert, « Vignes et vins dans la Deuxième Guerre mondiale (1939-1945) », *Revue des Œnologues*, n° 98, p. 35-36.

5．d'Almeida Fabrice, *La vie mondaine sous le nazisme*, Paris, Perrin, 2006, p. 285-288.

6．Calvi Fabrizio et Masurovsky Marc J., *Le festin du Reich. Le pillage de la France occupée 1940-1945*, Paris, Fayard, 2006, p. 241-248.

7．AN：Z6 / 869 5805，1942 年 4 月 23 日，巴黎上诉法院特许会计师 F·马丁先生在宏伟酒店内做出的关于德斯卡斯的专家报告，1948 年 4 月 9 日，p. 76—77。

8．同上。

9．AN：Z6 / 869 5805(1)，德斯卡斯文件的补充说明，1948 年 5 月 3 日。

10．Circulaire du *Militärbefehlshaber in Frankreich* (MBF), 30 mars 1941.

11．全国葡萄酒与烈酒批发联合会的通告，1941 年 10 月 13 日。

12．*Bulletin de l'Office international du vin*, 13e année, juillet-août-septembre 1940, n° 141, Paris, Presses universitaires de France, p. 33.

13．CAEF：B-49509，调查与研究总局第二情报局，信息由加切兹·玛丽 - 弗朗索瓦（Gachez Marie-Françoise）女士提供，她居住在兰斯的嘉布遣大街 45 号，她曾是兰斯香槟分配办公室（德国组织）的打字员，1945 年 2 月 22 日。

14．CAEF：B-49509，调查与研究总局第二情报局，兰斯地区委员会在东北地区的总体监控，1945 年 1 月，情报价值：a / 1，目标：抢占香槟酒，概述。

15. CAEF：B-49509，调查与研究总局第二情报局，信息由加切兹·玛丽 - 弗朗索瓦女士提供，她曾是兰斯香槟分配办公室（德国组织）的打字员，1945 年 2 月 22 日。

16. 贸易商联合会的通告，1940 年 10 月 23 日。

17. ADCO：1205 W-67-73，与敌人进行贸易。1944 年 11 月 23 日，警方通报了勃艮第葡萄酒贸易部门的非法利润。德雷尔（Doerrer）是一位非常了解勃艮第葡萄酒的专业人士。

18. Arch. 位于博讷的皮埃尔·庞内尔（Pierre Ponnelle）商行：F. 德雷尔的通函，1940 年 11 月 18 日。

19. Arch. 位于博讷的皮埃尔·庞内尔（Pierre Ponnelle）商行：同上。

20. Arch. 勃艮第葡萄酒贸易商联合会：F·德雷尔致 F·普尚主席的信，1941 年 1 月 24 日。

21. Arch. 勃艮第葡萄酒贸易商联合会：1941 年 2 月 17 日 F·德雷尔致 F·普尚主席的信；F·普尚于 1941 年 3 月 21 日致 F·德雷尔的信，信中表示"非常希望您（德雷尔先生）找到有利于卖方利益且有利于帝国与法国葡萄园之间未来商业关系发展的解决方案。"1941 年 4 月 23 日，德雷尔致 F·普尚的协议书。

22. 这样就可以表示失败的法国和胜利的德国之间存在骗局市场，而代表法国人的亨廷格（Huntzinger）将军在勒索德斯用类似的语言描述了这一市场。

23. Aly Götz, Comment Hitler a acheté les Allemands.*Le IIIe Reich, une dictature au service du peuple*, Paris, Flammarion, 2005, p. 144-151.

24. Pierre Arnoult écrit à ce titre que les soldats allemands « *pourraient acheter la France toute entière* » ; Arnoult Pierre, *Les finances de la France et l'occupation allemande : 1940-1944*, Paris, Presses Universitaires de France,

1951, p. 33-35.

25．Lambauer Barbara, *Otto Abetz et les Français ou l'envers de la Collaboration*, Paris, Fayard, 2001, 895 p.

26．Delarue Jacques, *Trafics et crimes sous l'occupation*, Paris, Fayard, 1993 (rééd.1968), p. 19-21.

27．Arnoult Pierre, *Les finances de la France et l'occupation allemande...*, *op. cit.*, p. 11-35.

28．同上。

29．同上。

30．Arnoult Pierre, *Les finances de la France et l'occupation allemande...*, *op. cit.*, p. 121.

31．补充阅读：« Comment les Français ont financé leur propre exploitation », dans De Rochebrune Renaud et Hazera Jean-Claude, *Les patrons sous l'occupation*, Paris, Odile Jacob, p. 793-805。

32．在两次世界大战期间，受双边贸易协定约束的国家广泛使用的传统方法。清算协议由法国和德国于 1940 年 8 月 8 日签署。

33．Arnoult Pierre, *Les finances de la France et l'occupation allemande...*, *op. cit.*, p. 186-187.

34．出口税增加了 1%，以往税率为 3%—9%。

35．Kupferman Fred, *Pierre Laval*, Paris, Tallandier, 2006 (rééd.1987), p. 375-391.

36．除替代性葡萄酒的可销售部分外，所有 1943 年 1 月 6 日颁布的法令列举出来的法定产区葡萄酒，以及用于去除未取代葡萄酒的市场份额的葡萄酒。

37．AN: Z6 / 869 5805（1），法兰西共和国。政府主席。损害和赔偿咨询委员会（根据 1945 年 10 月 18 日颁布的法令成立）。敌人占领对法国造成的损害的报告。葡萄酒和烈酒专题著作。1946 年 2 月 6 日，巴黎，第 74 页。

38. *Bulletin de l'Office international du Vin*, 13e année, octobre-novembredécembre 1940, n° 142, Paris, Presses universitaires de France, p. 5-10.

39. *Alpes et Provence*, Marseille, n° du 22 décembre 1940.

40. Husson Jean-Pierre, « Le vin de Champagne à l'épreuve de l'occupation allemande (1940-1944), texte dactylographié, Paris, Institut historique allemand, 23 septembre 2005. 另请参见勃艮第和香槟葡萄酒的比较，侯森·让·皮埃尔（Husson Jean-Pierre）在马里斯·万斯（Maurice Vaisse）指导下完成的博士论文，« La Marne et les Marnais à l'épreuve de la Seconde Guerre mondiale »，兰斯大学，1993 年，第 2 卷，第 489 和 182 页。

41. CAEF：B-49509，调查与研究总局第二情报局，兰斯地区委员会在东北地区的总体监控，1945 年 1 月，情报价值：a / 1，目标：抢占香槟酒，概述。

42. Alary Éric, *La ligne de démarcation*, Paris, Perrin, 2003, p. 38-146.

43. *La journée vinicole*, Montpellier, n° du 10 septembre 1941.

44. CAEF：B-49509，调查与研究总局第二情报局，信息由加切兹·玛丽-弗朗索瓦女士提供，她居住在兰斯的嘉布遣大街 45 号，曾是兰斯香槟分配办公室（德国组织）的打字员，1945 年 2 月 22 日。

45. 1940 年 11 月 20 日颁布的法令确定设立香槟葡萄酒销售办公室，于同年 11 月 21 日刊登于法兰西共和国官方公报，第 5760—5761 页。

46. Humbert Florian, *L'INAO, de ses origines à la fin des années 1960...* *op. cit.*, p. 413-414.

47. 1941 年 1 月 5 日颁布的法令宣布将成立白兰地葡萄酒和烈酒国家办公室，于同年 1 月 8 日刊登于法兰西共和国官方公报，第 105 页；

1941年1月26日颁布的法令正式确定成立白兰地葡萄酒和烈酒国家办公室，于同年1月27日刊登于法兰西共和国官方公报，第446页。

48．1941年4月12日出台的第1656号法律，宣布将建立香槟的跨行业葡萄酒委员会。

49．1941年9月8日出台的第3616号法令，于同年9月12日刊登于法兰西共和国官方公报，第3908—3909页；1941年8月21日颁布的法令，于同年9月10日刊登于法兰西共和国官方公报，第3862页。

50．1942年5月6日出台的法令，于同年5月27日刊登于的法兰西共和国官方公报，第1886页。

51．CAEF：B-49509，调查与研究总局第二情报局，兰斯地区委员会在东北地区的总体监控，1945年1月，情报价值：a / 1，目标：抢占香槟酒，概述。

52．AN：Z6 / 869 5805（1）会计师F·马丁先生的专家报告，1949年2月3日，第76—77页。针对占领时期以出口利口酒和葡萄酒为目的的交易机制的研究，以及官方政府部门在这种情况下扮演的角色，第135页。

53．*La journée vinicole*, Montpellier, n° du 29 octobre 1941.

54．*La journée vinicole*, Montpellier, n° du 17 septembre 1941.

55．*Le Moniteur vinicole*, Paris, n° du 19 novembre 1941.

56．*Le Moniteur vinicole*, Supplément, Paris, n° du 19 novembre 1941.

57．*La Petite Gironde*, Bordeaux, n° du 29 novembre 1941.

第三章

1．AN：Z6-869-870，在德国占领期间，法国向德国经济或德意志国防军出口和销售的葡萄酒的整体情况。来自国家饮品采购小组提供的档案中的信息摘要，1947年12月3日。

2．*L'Étoile Bleue*, compte rendu moral, Riemain Frédéric, mai 1940, p. 3.

3. *Deutsche Weinzeitung*, Mayence, n° du 20 octobre 1941.

4. *Deutsche Weinzeitung*, Mayence, n° du 9 janvier 1942.

5. *Neue Weinzeitung*, Vienne, 21 décembre 1941.

6. *Bulletin de l'Office international du vin*, 15e année, mars-avril 1942, n° 150, Paris, Presses universitaires de France, p. 4-8.

7. Arch. 勃艮第葡萄酒贸易商联合会：1941 年 6 月 17 日的通告。

8. Barthe Édouard, *Le combat d'un parlementaire sous Vichy.Journal des années de guerre (1940-1943)*, Introduction, notes et postface de Sagnes Jean, Gap, Éditions Singulières, 2007, p.284.

9. *Le moniteur vinicole*, n° du 10 décembre 1941, Paris, p. 2-4.

10. *Le moniteur vinicole*, n° du 20 décembre 1941, Paris, p. 1-2.

11. *Le moniteur vinicole*, n° du 10 janvier 1942, Paris, p. 1-2.

12. 同上。

13. 同上。

14. *Le Midi vinicole*, Montpellier, n° du 17 juin 1942, p. 1.

15. *Journal des contributions indirectes*, Poitiers, numéro du 30 juillet 1942, p. 1-2.

16. *La Vie industrielle*, jeudi 2 juillet 1942, p. 2-3.

17. Barthe Édouard, *Le combat d'un parlementaire sous Vichy.Journal des années de guerre (1940-1943)*, Introduction, notes et postface de Sagnes Jean, Gap, Éditions Singulières, 2007, p. 201-202.

18. Lacroix-Riz Annie, *Les élites françaises entre 1940 et 1944..., op. cit.*; Lacroix-Riz Annie, *De Munich à Vichy..., op. cit.*; Lacroix-Riz Annie, *Industriels et banquiers français..., op. cit.*

19. Barthe Édouard, *Le combat d'un parlementaire sous Vichy.Journal des années de guerre (1940-1943)*, Introduction, notes et postface de Sagnes

Jean, Gap, Éditions Singulières, 2007, p. 185-186.

20. 同上，第 196—197。

21. 同上，第 201—202。

22. 同上，第 207—208 页和第 227 页。

23. AN：Z6-869-870，在德国占领期间，发往德国或德国国防部的葡萄酒一般进出口情况。来自国家饮品采购小组提供的档案中的信息摘要，1947 年 12 月 3 日。

24. Delarue Jacques, *Trafics et crimes sous l'Occupation..., op. cit.*, p. 19.

25. 同上，第 67 页。

26. 同上，第 78—81 页。

27. 同上，第 104 页。

28. ADCO：SM-2939，1942 年 9 月 30 日颁布的省级照会。

29. ADCO：SM-2939，1941 年 12 月 9 日颁布的省级法令。

30. ADCO：SM-2939，博讷专区区长致第戎专区区长的信，1941 年 11 月 20 日。

31. ADCO：SM-2939，科尔多省的葡萄酒批发集团与博讷市的代理人的来信，1941 年 12 月。

32. ADCO：SM-2939，博讷专区区长致第戎专区区长的信，1941 年 12 月 8 日。

33. 1943 年 6 月 29 日在 *Bulletin Officiel du Service des Prix* 颁布的第 6726 号和第 6857 号法令，1943 年 7 月 2 日。

34. ADCO：29U-59- 29U-105，盖斯韦勒 - 克莱盖特（Geisweiler-Clerget）的生意。

35. ADCO：SM-2939，博讷地区价格控制局。葡萄酒行业专家，间接税务部门高级总监沙萨尼（Chassagny）关于葡萄酒市场经济状况的报告，1944 年 4 月。

36. ADCO：1 Pa-2 Pb-1939-1944，直接和间接征税底册。

37. *Le Midi Vinicole*, Montpellier, n° du 1er décembre 1943.

38. *La Feuille vinicole*, Bordeaux, n° du 28 février 1942.

39. *La Revue des boissons*, Paris, n° du 2 avril 1943.

40. 同上。

41. Humbert Florian, *L'INAO, de ses origines à la fin des années 1960...* *op. cit.*, p. 530-543.

42. *Bulletin de l'Office international du vin*, 17e année, janvier-février 1944, n° 161, Paris, Presses universitaires de France.

43. Humbert Florian, *L'INAO, de ses origines à la fin des années 1960...* *op. cit.*

44. Registre n° 1, Délibérations de la Sous-commission financière permanente, p. 120-121.

45. Humbert Florian, *L'INAO, de ses origines à la fin des années 1960, op. cit.*, p. 312-313.

46. AN，F / 10/5362，亨利·佩斯特尔（Henri Pestel）给农业部秘书长露斯·普劳特（Luce Prault）的信，1942 年 12 月 7 日。

47. AN，F / 10/5363，巨头罗伊写给农业和粮食供应部部长的信，1942 年 12 月 15 日。

48. Lucand Christophe, « Négoce des vins et propriété viticole en Bourgogne durant la Seconde Guerre mondiale », *Ruralia, Revue de l'Association des ruralistes français*, n° 16-17, 2005, p. 201-232.

第四章

1. ADCO：2P（W），纳税人名册。征收直接税。Pommard（1939-1946）的看法。

2．按照更正后的数字（1938 年，单位：法郎），克莱杰的营业额从 1400804 法郎增加到 33300000 法郎，利润从 191301 法郎增加到 1332 万法郎。

3．ADCO：29U-59，第戎间接税务部门首席监察官吉耶曼（Guillemin）先生于 1945 年 7 月 9 日针对马吕斯·克莱杰（Marius Clerget）事件的报告。

4．ADCO：29U-59，诉讼卷宗。科特迪瓦法院。专家报告，1945—1946 年。

5．同上。

6．ADCO：29U-59，调查委员会于 1946 年 6 月 13 日对梅斯葡萄酒商亨内金·埃米尔（Hennequin Émile）的听证会记录；调查委员会于 1946 年 6 月 14 日对梅斯葡萄酒批发商联盟主席萨勒林·雷内（Sallerin René）的听证会记录；1945 年 6 月 22 日，罗纳 – 阿尔卑斯大区代表的信件。

7．ADCO：29U-59，1945 年 7 月 18 日，里昂商人穆塞特·路易（Mousset Louis）先生的证词。

8．AN：Z6 / 869 文件 5805（1-2），德斯卡斯的报告。1940—1944 年提供和交付的配额摘要。

9．ADCO：29U-59，内务部。国家警察总局。司法警察局局长安德烈·珍特（André Jeantet）致分区专员，第戎司法警察局局长（经济警察局 / 部门第五科室）的信函，1946 年 9 月 23 日。

10．同上。

11．ADCO：29U-59，搜查记录，财政部部长亨利·查萨格尼（Chassagny Henri），1941 年 1 月 15 日。

12．ADCO：29U-59，博讷宪兵队队长德尔索尔·卡米尔（Delsol Camille）先生的证词，1945 年 7 月 2 日。

13．ADCO：29U-59，第戎上诉法院总检察长，博讷地区的"共和国"检察官的笔记，1941 年 9 月 9 日。

14．今后葡萄酒的交付须经省咨询委员会审查是否为非综合性法定产区葡萄酒，最终结论须得到省长批准；贸易商联合会任命的贸易商路易·拉图（Louis Latour）和莫里斯·杜弗内（Maurice Duverne）正式代表这个新机构的贸易。

15．请记住，该税收在国内市场上是有效的，但出口价格仍处于自由定价状态。ADCO：SM-4937，区政府经济事务总督勒沙尔捷（Lechartier）先生的会议记录，1943 年 5 月 24 日。

16．ADCO：SM-4949，1942 年 4 月 14 日颁布的省级法令，1942 年 6 月 30 日颁布的法令是对此法令的完善。

17．ADCO：SM-4949，根据 1942 年 4 月 14 日颁布的省级法令撰写的征用声明。

18．贝尔西的加贝特公司（Gabet & Cie）；ADCO：29U-59，内务部。国家警察局总局下属情报局的调查员马里利耶（Marilier）和巴尔雷（Barret），这两位同时也是情报局特别首席专员，他们于 1944 年 9 月 28 日向州政府申请调查马吕斯·克莱杰，1945 年 10 月 20 日。

19．ADCO：29U-59，杜弗内·莫里斯（Duverne Maurice）的笔录，1945 年 12 月 10 日。

20．ADCO：SM-4949，1942 年 7 月 9 日的照会。

21．Arch. 勃艮第葡萄酒贸易商联合会，信函，马吕斯·克莱杰案件，1942-1943；ADCO：SM-4949，1943 年 6 月 20 日下达的判决书。贸易商联合会被要求要向克莱杰支付 75600 法郎和 2500 法郎的赔偿。

22．Lacroix-Riz Annie, *Industriels et banquiers sous l'occupation. La collaboration économique avec le Reich et Vichy*, Paris, A. Colin, 1999, p. 438-439.

23．Le Boterf Hervé, *La vie parisienne sous l'occupation*, Paris, France-Empire, 1997, p. 340.

24．在勃艮第，他的家庭成员之一马克·克莱杰参与了法国志愿军；ADCO：40M-466，合作者名单。第戎省长，共和国特派员，1945—1946 年。

25．ADCO：29U-59，警察局的报告，司法警察局，1944 年 11 月 18 日。

26．CAEF：B49509 / 5（D），巴黎军事政府情况说明书，总参谋部第五办公室，克莱杰·马吕斯；ADCO：29U-59，同上，1945 年 8 月 9 日。

27．ADCO：29U-59，内务部。国家警察总局。国家警察局总局下属情报局的调查员马里利耶和巴尔雷，这两位同时也是情报局特别首席专员，他们于 1944 年 9 月 28 日向州政府申请调查克莱杰·马吕斯，1945 年 10 月 20 日。

28．同上。

29．列日世博会于 1939 年 5 月至 9 月举行。关于展览的进展，请参见 *L'Exposition internationale de la technique de l'eau – Liège 1939 – Rapport général*，政府总务委员会，1941 年和勒琼·维维亚内（Lejeune Viviane），马克·摩西（Moisse Marc）共同编写的 *L'Exposition de l'Eau.Liège - 1939*，Andenne, Éditions du Molinay, 1999, n.p.

30．维克托·克里奇香槟商行成立于 1894 年，并于 1929 年进行扩建，于 1969 年由皮埃尔·安德烈（Pierre André）出售。该品牌如今已经消失。

31．对皮埃尔·安德烈（Pierre André）来说，列日世博会是真正的“扑克射击”。必须设置一个法国贸易展台来展示波尔多、香槟和阿尔萨斯葡萄酒。皮埃尔·安德烈（PierreAndré）决定购买维克多·克里奇这个香槟品牌，这保证了该品牌在展台上拥有一席之地。

32．AN：Z6 / NL 501，皮埃尔·安德烈于 1943 年 10 月 29 日的来信。

33．AN：Z6 / NL 501，耶德市（Ydes）市长提供的证明，1940 年 7 月 25 日；工业生产部的使任务命令，1940 年 7 月 26 日。

34．此外，他在兰斯市的房屋被德国航空军队的炸弹炸毁，8000 瓶酒遭抢劫，总价值为 100 万法郎。

35．1940 年 8 月 13 日在博讷检察院内提出的投诉；1941 年 2 月 13 日，科尔戈罗宁宪兵的笔录。

36．AN：Z6 / NL 501，"关于德国占领法国后给我带来的灾难声明"，未注明日期。

37．我们对此事知之甚少。雅克·杰曼（Jacques Germain）认为通过吸引竞争对手顾客的做法可以恢复他的个人财产，但这同时也会损害皮埃尔·安德烈的财产。

38．ADCO：2P（W），纳税人名册。征收直接税。乔里在 1939-1946 年缴纳的赋税。

39．AN：Z6 / NL 501，塞纳河法院，情报和情况介绍，1945 年 10 月 20 日。

40．全球总额，不包括价格指数修正后的数据。

41．AN：Z6 / NL 501，塞纳河法院，情报和情况介绍，1945 年 10 月 20 日。

42．Arch. 位于尼伊特圣若尔热的卢佩 - 乔莱特公司：LC1，本公司与位于查图的代理人谢勒的商业往来信函，1940—1944 年。为首都的一流餐厅送货；Arch. 位于尼伊特圣若尔热的卢佩 – 乔莱特公司：LC1，本公司与位于查图的代理人谢勒的商业往来信函，1940—1944 年。争夺首都大饭店市场的竞争。

43．在一些类似的负有盛名的餐厅中，侍酒师会利用自己的职务之便在交易的过程中收取提成。参见 Arch. 位于尼伊特圣若尔热的卢佩 – 乔莱特公司与位于查图的代理人谢勒的商业往来信函，1940 年 2 月 16 日。"大餐厅中的侍酒师，比如香榭丽舍大街上福格餐厅的侍酒师，他是我的同胞，虽然他要求收 5% 的提成，但他仍然帮了我一个大忙，我不会拒绝他的这个要求。"

44．Lacroix-Riz Annie, *Industriels et banquiers sous l'occupation.La collaboration économique avec le Reich et Vichy*, Paris, A. Colin, 1999, p. 438-439.

45．1933 年，银塔餐厅荣获著名的米其林星 3 星，法国著名的美食指南也创立于这一年。

46．1942 年，安德烈·特雷里尔（André Terrail）获准使用酒窖存放他的勃艮第优质葡萄酒；ADCO：U-16，博讷商业法院。申请开业授权，1942 年 6 月 26 日。

47．赫尔曼·戈林元帅曾于 1940 年 6 月 28 日在这家饭店用餐。

48．最初举办这场歌舞表演是出于促销目的，用于在蒙马特推广维克多·克里奇这一葡萄酒品牌。

49．AN：Z6 / NL 501，巴黎上诉法院首席检察官办公室，经济部，葡萄酒与合作档案，1949 年 4 月 12 日。

50．我们不知道他是否是迪特里希·埃卡特（Detrich Eckart）的亲戚，他是第三帝国的象征人物，与希特勒关系密切，也是"希特勒上流社会网"的组建人。见 Almeida Fabrice, *La vie mondaine sous le nazisme*, Paris, Perrin, 2006, p. 32—35.

51．AN：Z6 / NL 501，1943 年 9 月 14 日的信函。

52．Liogier D'Ardhuy Eliane et Gabriel, Pierre André, op. cit.

53．Rolland Jean, *Monseigneur Maillet et les Petits chanteurs à la Croix de bois*, Paris, Cerf, 2001, p150 .

54．1941 年，训练教区儿童唱经班的学校前往拉丁美洲旅游。1942 年，他们在委内瑞拉和马提尼克岛举办了一系列音乐会，学生们在那里见到了 12 月刚被纳粹占领的法国大都会。

55．这些人物中还有反对布尔什维克主义的法国志愿者同盟会的牧师，该牧师后来成为党卫军的随军神甫。"查理曼大帝"，让·德·马约尔·德·卢佩主教（Mgr Jean de Mayol de Lupé），他与苏哈德主教（Mgr Suhard）和卢佩 – 乔莱特公司领导人的兄弟关系密切。他在尼伊特圣若尔

热订购的葡萄酒帮助他在整个战争时期维持强大的关系网。参见 Arch. 位
于尼伊特圣若尔热的卢佩－乔莱特公司：LC23，商务信函，信函副本。寄
给巴黎马约尔·德·卢佩主教的订单，1942—1944 年。

56．AN：Z6 / NL 501，1943 年 9 月 14 日的信函。

57．AN：Z6 / NL 501，1943 年 9 月 14 日的信函。巴黎上诉法院法官
R·查尔斯批准的会计师约瑟夫·布思贡蒂尔（Joseph Boisgonthier）做出
的关于安德烈案的报告，1944 年 11 月 4 日。

58．同上。

59．同上。

60．Delarue Jacques 在他的著作 *Trafics et crimes sous l'occupation* 中
描绘了盖世太保（Gestapo）如何操纵黑手党控制巴黎的贸易。

61．AN：Z6 / NL 501，辩护报告，未注明日期。

62．ADCO：U7Cf-106，勒桦档案。预审和调查报告，1945-1949 年。

63．同上。

64．同上。

65．Arch. 勃艮第葡萄酒贸易商联合会：德雷尔针对数名葡萄酒商人
的诉讼声明副本，法国领事馆，1945；ADCO：U7-Cf-107，博讷检察院罗
兰·佩雷蒂法官（Roland Peretti）向第戎上诉法院总检察长提交的报告，
1948 年 12 月 6 日。

66．省非法获利充公委员会的重新评估结果为 1274332 百升。

67．ADCO：U7Cf-106，勒桦档案。巴黎上诉法院财务科。葡萄酒与
合作档案，1950 年 1 月 17 日。

68．ADCO：U7Cf-106，勒桦档案。诉讼记录和调查报告，1945—
1949 年。

69．ADCO：U7-Cf-107，博讷检察院罗兰·佩雷蒂法官（Roland
Peretti）向第戎上诉法院总检察长提交的报告，1948 年 12 月 6 日。

70．ADCO：U-7-Cf-109，高丁·德·维兰和克林案件（罗曼尼康提酒庄），1944—1951年。对于酒庄而言十分重要的一点是法国葡萄藤（罗曼尼康帝和里奇堡）。1945年，只有法国葡萄藤能够抵抗根瘤蚜病菌，这种病菌需要非常特殊且昂贵的处理方法。正是因为拥有这种抵抗根瘤蚜病菌的葡萄藤，罗曼尼康提酒庄才得以享誉世界。

71．就我们所知，该举措是唯一经地方行政长官批准的违背价格法规的特殊案例；ADCO：SM-4937，区政府经济事务总督勒沙尔捷（Lechartier）先生的会议记录，1943年5月24日。

72．这里我们不会提及第二次世界大战期间通常用于汽车等运输工具的燃气发动机，其性能仍然存在很大的限制。格雷韦特·让–弗朗索瓦（Grevet Jean-François），"从20世纪20年代到占领时期，法国的公路运输或气化炉工作使用的'国家'燃料"，CNRS的2539研究小组（GDR）的第四次专题讨论会，法国运输（1940—1945），2005年3月17日，星期四。

73．INAO：全国委员会会议报告，1941年4月10日。

74．INAO：全国委员会会议报告，1941年6月10日。

75．这些"秘密武器"有助于戈培尔的宣传，使德国公众相信纳粹政府仍然可以扭转战争局势。

76．AN：Z6 / 869 5805（1），供给部秘密记录了巴黎上诉法院的特批专家F·马丁先生做出的关于德斯卡斯的专家报告，1948年4月9日，第78-82页。

77．ADCO：U7Cf-107，针对勒桦的诉讼案卷，博讷法院，1944—1949年。

78．ADCO：U7Cf-106，勒桦档案，辩护打字笔记，1945年。

79．同上。

80．ADCO：SRPJ档案，关于阿尔萨斯–洛林地区的葡萄酒贸易的说明，1944-1945，未标明日期文件。

81. CAEF：B33931，《对外贸易和国际经济关系》，财政监察长布洛特先生（M.Blot）针对葡萄酒和烈酒贸易的各种偷税漏税现象做出的补充报告，1944 年 4 月 15 日。

82. CAEF：B33931，《关于和摩纳哥公国的贸易以及金融关系的税收服务报告》，1944—1945 年。

83. 对于饮品的各种间接税，法国存在一种立法同化公约制度，该制度根据 1912 年 4 月 10 日出台的协定的第 211 条制定，后又根据 1932 年 7 月 9 日出台的附加条款修订。但是，该制度的实际应用，以及将理论上由公国征收的税款结转至法国财政部仍然是法国税务局面临的许多挑战的根源。

84. 特别是自从颁布了 1942 年 8 月 14 日的法令以来，摩纳哥发放的许可证在整个法国领土上均具有法律效益。但法国政府在摩纳哥领土内颁发的许可并非如此。

85. 摩纳哥注册管理局衡量的是本国领土上股份责任有限公司（SA）申报数量的增长情况，1939 年 26 起，1940 年的 15 起，1941 年的 81 起，1942 年的 135 起。

86. Bernasconi Jean-Charles, « Lettre ouverte aux membres du Conseil national et aux Monégasques, 9 décembre 1944 », *La vie politique à Monaco*, Imprimerie spéciale.

87. CAEF：B33931，摩纳哥公国注册局首席检查员安德烈·奥诺拉特（André Honorat）的报告，1944 年 1 月 3 日。

88. CAEF：B33931，法国与摩纳哥公国之间的财务报告，财政部致外交部长的信，1942 年 4 月。

89. CAEF：B33931，法国 – 摩纳哥报告，法国驻摩纳哥副领事德劳先生（M. Deleau) 写给政府首脑、负责外交事务的国务卿皮埃尔·拉瓦尔（Pierre Laval）的信，1944 年 2 月 3 日。

90．CAEF：B33931，注册总检查员递交给摩纳哥国务委员兼税务局局长的报告，1944 年 1 月 3 日。

91．CAEF：B33931，法国 – 摩纳哥报告，摩纳哥国务委员兼税务局局长亨利·拉菲哈克（Henri Rafailhac）致国务大臣的信，1945 年 1 月 10 日。

92．CAEF：B33931，财政监察长布洛特先生的报告，"关于葡萄酒和烈酒贸易中逃税漏税的事件摘录"，1944 年 1 月 21 日；补充与附加报告，1944 年 4 月 15 日。

93．CAEF：B0047494 / 1，摩纳哥的葡萄酒商人档案，这些商人打算在摩纳哥成立"控股"公司，这不利于国民经济，1940–1944 年。

94．CAEF：B33931，财政局监察长布洛特先生的报告，"关于葡萄酒和烈酒贸易中逃税漏税的事件摘录"，1944 年 1 月 21 日，第 9 页。

95．CAEF：B33931，同上，第 6 页。

96．CAEF：B33931，关于和摩纳哥公国的贸易以及金融关系的税收服务报告。法国与摩纳哥之间的往来，以及葡萄酒和酒精贸易的地位（1942—1944 年）。

97．CAEF：B33931，财政局监察长布洛特先生的报告，"关于葡萄酒和烈酒贸易中逃税漏税的事件摘录"，1944 年 1 月 21 日，第 5 页。

98．ADCO：1205 W-67，SRPJ 文件，第 DI-53827 号。阿尔弗雷德（Alfred）、爱德蒙与安德烈（Edmond et André），布瓦索·埃斯蒂万特（André Boisseaux-Estivant），他们是博讷和默尔桑热地区的贸易商（Patriarche Père & Fils），1945—1951 年。司法警察局局长 A. 珍妮特（A. Jeantet）的报告，1949 年 4 月 13 日。勒佩尔父子高级葡萄酒公司在战争期间通过摩纳哥贸易商行的中间人（勒佩尔 – 摩纳哥大型葡萄酒公司）与梅斯的哈特维格与雷特尔（位于德国首都的阿尔萨斯人的商行）进行了大量葡萄酒贸易。

99．ADCO：1205 W-67-73，与敌人进行贸易。布瓦索·埃斯蒂万特、阿尔弗雷德事件，博讷和默尔桑热地区的爱德蒙与安德烈。通过摩纳哥中间人进行销售。巴黎上诉法院总检察长的报告，1949 年 3 月 18 日。于 1943 年成为摩纳哥大型葡萄酒公司（la Société des Grands Vins de Monaco）的摩纳哥勒佩尔公司（la société Repaire de Monaco）是位于博讷的由安德烈·宝树管理的勒佩尔父子高级葡萄酒公司与位于梅斯的哈特维格与雷特尔公司间进行大型葡萄酒交易的中介。

100．ADCO：SRPJ 档案，尼斯初审法院致博讷检察官的信。与摩纳哥进行葡萄酒贸易，1949 年 5 月 5 日。在摩纳哥大酒桶公司的供应商之中，我们发现了位于伏尔耐地区的巴奇·亨利（Bachey Henri）和位于博讷地区的福图尔·扬（Fortoul Jeune），未注明日期。

101．CAEF：B33931，间接税总局的财政检查员布洛特先生根据财务管理协调处和阿尔萨斯 - 洛林规则处提供的信息做出的财政部的报告，通讯摘要，1944 年 9 月 21 日。

第五章

1．Rapport à la commission interprofessionnelle et interministérielle de la viticulture, séance du 19 décembre 1942, par M. Appert, directeur général des contributions indirectes, *Bulletin de l'Office international du vin*, 16e année, janvier-février 1943, n° 155, Paris, Presses universitaires de France, p. 3-7.

2．Durand Sébastien, « Pétain, maréchal vigneron ? », Koscielniak Jean-Pierre et Souleau Philippe [dir.], *Vichy en Aquitaine*, Préf.Denis Peschanski, Paris, Les éditions de l'Atelier, 2011, p. 176-195.

3．Arch. 位于尼伊特圣若尔热的卢佩 - 乔莱特公司：LC23-59，商务信函，信函副本。通过博讷贸易商联合会赠送给国家元首贝当元帅六瓶"格里斯城堡葡萄酒"，1942 年 6 月 8 日。

4．Arch. 勃艮第葡萄酒贸易商联合会：《勃艮第葡萄酒贸易商联合会公报》，1942 年 9 月 2 日，第 42 期，第 1 页。

5．Arch. 位于尼伊特圣若尔热的卢佩 - 乔莱特公司：LC22-19，尼伊特圣若尔热市长和贸易商亨利·卡特隆（Henri Cartron）的往来信函，1942 年 1 月 26 日。

6．罗杰·达奇特（Roger Duchet）和莫里斯·杜鲁安（Maurice Drouhin）分别是养老管理委员会（Commission administrative des Hospices）的主席和副主席。

7．Vigreux Jean, *Le clos du maréchal Pétain*, Paris, Puf, 2012, p161.

8．在这个悲剧故事中，天使和魔鬼分别代表善与恶，他们对一个非常富有的商人的灵魂提出了质疑，这个富商生活得很富足，同时做一些慈善帮助穷人。

9．Copeau Jacques, *Journal*, 1916-1948, Paris, Éditions Seghers, 1991, pp. 672-673.

10．请参阅：1943 年 7 月 29 日，第 102 期《新时代周刊》中的《博讷，葡萄酒之都》。

11．1943 年 12 月 8 日，《博讷杂志》。

12．按 1938 年的法郎币值换算，1943 年的销售总额为 4633344 法郎，而 1928 年为 2711188 法郎。

13．《政府公报》，1943 年 1 月 8 日。

14．Arch. 勃艮第葡萄酒贸易商联合会：1943 年 1 月 20 日的第 55 号通知。

15．CCIB：会议记录，1943 年 3 月。

16．《政府公报》，1943 年 1 月 27 日。

17．将未被纳入 1942 年收成的法定产区葡萄酒的清单和价格信息完全封锁，1943 年 8 月 24 日。

18．INAO：督导委员会的报告登记簿，1942—1943 年。

19．同上。

20．INAO：关于亨利·古热的档案和督导委员会的报告，1942—1943。

21．INAO：关于亨利·古热的档案，第 3—4 号档案（关于勃艮第法定产区）和督导委员会的报告，1942—1943。

22．Arch. 博讷商会：关于博讷地区经济状况的打字记录，1943 年 5 月 4 日。

23．Arch. 博讷商会：1943 年 12 月 28 日，亚历克斯·莫宁（Alex Moingeon）主席的报告。

24．同上。

25．同上。

26．同上。

27．没有获得任何许可，也没有获得任何行政管理。

28．1944 年 3 月 4 日政府机关颁布的决议；《政府公报》，1944 年 3 月 10 日。

29．ADCO：SM-2939，博讷地区价格控制局。夏莎尼小镇（Chassagny）的报告，1944 年 4 月。

30．ADCO：W 24011，位于尼伊特圣若尔热的盖斯韦勒 (Geisweiler) 案。查尔斯·罗西涅（Charles Rossigneux）写给古格斯的信使亨利·古热意识到进行贸易的必要性，1943 年 11 月 2 日。

31．CCIB：副主席莫里斯·马里恩（Maurice Marion）关于葡萄酒状况的报告，1944 年 5 月 16 日。

32．同上。

33．CCIB：关于勃艮第葡萄酒状况的报告，1944 年 5 月。

34．Arch. 勃艮第葡萄酒贸易商联合会：区政府经济事务总督勒沙尔捷（Lechartier）先生的打字记录，1942 年 12 月 14 日。

35．1935 年 9 月 28 日颁布的建立夏隆委员会的法令已打算制定法定产区葡萄酒的共同价格政策、质量政策，确定哪些葡萄酒满足法定产区葡萄酒的标准，并为这些法定产区葡萄酒制定最低价格。

36．1940 年 11 月 20 日颁布的法令；1941 年 9 月 8 颁布的法令；1941 年 9 月 12 日印发的第 254 期《政府公报》，第 3908 页。

37．Arch. 勃艮第葡萄酒贸易商联合会：区政府经济事务总督勒沙尔捷（Lechartier）先生的打字记录，1942 年 12 月 14 日。

38．ADCO：SM-4937，B. 德沃格（B. de Voguë）对他的勃艮第同胞的致辞。1942 年 7 月 2 日，马孔会议记录。

39．ADCO：SM-4937，打字的文本。1941—1942 年的报道。

40．同上。

41．“对跨行业委员会的考虑”，勃艮第人的自由论坛——《饮料杂志》，第 408 期，1943 年 5 月 21 日。

42．1942 年 12 月 17 日颁布的第 3805 号法令，刊载于 1942 年 12 月 22 日的《政府公报》，第 4178—4180 页。

43．Arch. 勃艮第葡萄酒贸易商联合会：1942 年 12 月 22 日的摘录。

44．INAO：关于亨利·古热的档案。博讷葡萄酒贸易商联合会于 1942 年 12 月 30 日发布的第 53 号通告的手稿。

45．1942 年 12 月 17 日颁布的第 3805 号法令，刊载于 1942 年 12 月 22 日的《政府公报》，第 4178—4180 页。

46．Arch. 勃艮第葡萄酒贸易商联合会：打字记录，未注明日期。

47．ADCO：SM-4937，地区行政长官致国家供给部部长的信，1942 年 8 月 22 日。

48．ADCO：SM-4937，该地区的行政长官给贸易商路易斯·格里沃（Louis Grivot）的照会，1942 年 9 月 23 日。

49．科特迪瓦葡萄酒协会主席。

50．ADCO：SM-4937，地区经济事务总监莱查蒂尔（Lechartier）先生的会议记录，1943 年 5 月 24 日。

51．INAO：关于亨利·古热的档案。亨利·古热给勒桦的手写便条，1943 年 1 月 17 日。

52．勃艮第列特级葡萄酒地区联合会主席。

53．INAO：1942 年 12 月 20 日，全国原产地命名控制委员会会议。

54．同上。

55．同上。

56．同上。

57．同上。

58．INAO：亨利·古热的信件，1942 年 12 月 26 日亨利·古热写给全国原产地命名控制委员会秘书长的信。

59．INAO：1943 年 1 月 28 日，全国原产地命名控制委员会会议。

60．INAO：1943 年 2 月 26 日，全国原产地命名控制委员会会议。

61．同上。

62．同上。

63．INAO：亨利·古热致全国原产地命名控制委员会的主席约瑟夫·卡布斯的信，1944 年 6 月 10 日。在这封信中，他呼吁禁止出版一期法国葡萄酒杂志，该杂志的报道是"对勃艮第优质葡萄酒的过度抨击"，这封信体现了他的影响力。

64．INAO：亨利·古热的信件，1943 年 6 月 4 日亨利·古热写给全国原产地命名控制委员会的秘书长佩斯特尔先生的信。

65．ADCO：SM-4937，区政府经济事务总督勒沙尔捷（Lechartier）先生的会议记录，1943 年 5 月 24 日。

66．Arch.勃艮第葡萄酒贸易商联合会：1943 年 11 月 26 日的大会报告。

67．Arch. 勃艮第葡萄酒贸易商联合会：查尔斯·罗西涅（Charles Rossigneux），《出口状况报告》，1943 年，第 7 页。（打字记录）。

68．"对跨行业委员会的考虑"，勃艮第人的自由论坛——《饮料杂志》，第 408 期，第 1—2 页，1943 年 5 月 21 日。

69．Arch. 勃艮第葡萄酒贸易商联合会：弗朗索瓦·布沙尔（François Bouchard）在 1944 年 1 月 22 日的大会上的致辞，刊登在第 73 期《勃艮第葡萄酒商会公报》的第 1 页，1944 年 1 月 29 日。

70．Arch. 勃艮第葡萄酒贸易商联合会：弗朗索瓦·布沙尔（François Bouchard）的演讲，1944 年 1 月 22 日。

71．1943 年 4 月 2 日颁布的第 200 号法令规定，建立由天然甜酒和法定产区利口酒组成的跨种类葡萄酒委员会，《法兰西共和国政府公报》，第 953—955 页。

72．1943 年 11 月 16 日颁布的关于组建天然甜酒和法定产区利口酒委员会的第 2778 号法令，于 11 月 19 日刊印在《政府公报》的第 2976—2977 页；1943 年 11 月 18 日颁布的法令，任命天然甜酒和法定产区利口酒委员会的成员，于 12 月 1 日刊印在《法兰西共和国政府公报》第 3094—3095 页。

73．Humbert Florian, L'INAO, de ses origines à la fin des années 1960… op. cit., p. 446-452.

74．CAEF：B-49509，调查与研究总局的档案附件记载显示，占领时期的香槟葡萄酒，由埃佩尔奈的普卢姆特·米格尼 - 瓦瑟尔（Plumet Migny & Vasseur）公司负责寄送，由瓦瑟尔先生管理，1945 年 3 月 7 日。

75．CAEF：30D-873，夏朗德省和热尔省非法获利充公委员会的活动报告，1945 年 3 月 15 日和 1945 年 10 月 4 日。

76．CAEF：30D-873-874，热尔省非法获利充公委员会的活动报告，提交给财政部部长的补充意见，1945 年 11 月。

77．CAEF：30D-873，夏朗德省和热尔省非法获利充公委员会的活动报告，1945 年 3 月 15 日和 1945 年 10 月 4 日。

78．CAEF：30D-873，非法获利充公委员会没收的阿马尼亚克烧酒，奥克商会会长的报告，1945 年 4 月 15 日。

79．《真正的干邑白兰地》，干邑，1943 年 4 月号，第 1—2 页。

80．CAEF：30D-873，夏朗德省和热尔省非法获利充公委员会的活动报告，1945 年 3 月 15 日和 1945 年 10 月 4 日。

81．AN：Z6-869-870，农业部和供给部部长皮埃尔·卡塔拉（Pierre Cathala）在信中确认政府首脑于 1943 年 10 月 4 日给全国贸易联合会主席、中央饮料供应委员会会长、国家葡萄酒和烈酒进口与分销小组组长罗杰·德斯卡斯下达的命令，1944 年 3 月 17 日。

82．CAEF：B-60180，纪龙德省地产登记总局局长，塞纳河地区地产登记局主任，1941 年 9 月 27 日。

83．CAEF：B-60180，波雅克（Pauillac）的葡萄酒公司于 1939 年 8 月 22 日召开的董事会会议。

84．CAEF：B-60180，临时行政长官监督处任命犹太事务总专员的任命书，1941 年 7 月 17 日。

85．1941 年 5 月 4 日的《政府公报》。

86．1941 年 8 月 26 日的《政府公报》。

87．CAEF：B-60180，德国驻法国军事行政首长米歇尔博士（Docteur Michel）致巴黎供给部部长的信，1941 年 9 月 29 日。

88．CAEF：B-60180，地产登记总局致拉菲酒庄的通知，1942 年。

89．《政府公报》，1942 年 4 月 9 日，第 1353 页。

90．B-60180- 格罗斯先生（Monsieur Gross）于 1943 年 6 月 1 日在波尔多克雷伯大街 16 号——战争管理高级顾问林克先生（Monsieur Rinke）办公室里写的报告。

91．B-60180-1943 年 7 月 7 日，古斯塔夫·施耐德（Gustav Schneider）——位于雅尔纳克（夏朗德）的夏巴纳城堡的主人——致波尔多地产登记局局长拉瓦波尔先生的信。

92．B-60180 – direction générale de l'enregistrement à Monsieur le directeur général (cabinet), extrême urgence, à faire de Rothschild, comparution de Monsieur Eschenauer, négociant à Bordeaux, 6 novembre 1945.

93．B-60180，波尔多地产登记总局，地产登记总局局长，1944 年 2 月 24 日。

第六章

1．将未被纳入 1942 年收成的法定产区葡萄酒的清单和价格信息完全封锁，1943 年 6 月 29 日。

2．Roudié Philippe, Vignobles et vignerons du Bordelais…, op. cit., p. 288.

3．*Bulletin de l'Office international du vin*, 16e année, novembre-décembre 1943, n° 160, Paris, Presses universitaires de France, p. 3-8.

4．AN: Z6-869-870，在德国占领期间，法国向德国经济或德意志国防军出口和销售的葡萄酒的整体情况。来自国家饮品采购小组提供的档案中的信息摘要，1947 年 12 月 3 日。

5．ADCO：U-7-Cf-76，关于尼伊特圣若尔热的贸易商卡特隆的案件。

6．ADCO：U7-Cf-32-33，"不得向纳粹德国交付任何产品——法国生产的东西必须留在法国"，共产主义宣传专栏（SFIC）致法国农民的信，1944 年。

7．葡萄酒贸易抵抗小组的章程，1944 年 12 月 29 日。这篇文章由莫里斯·达尔德（Maurice Dard）的儿子伊夫·达尔德（Yves Dard）撰写。

8．葡萄酒贸易抵抗小组章程的第二条，1944 年 12 月 29 日。

9．CAEF：B0047490/1(D)，博讷贸易商莫里斯·达尔德撰写的题为"葡萄酒贸易抵抗小组——GVRC，在占领期间商业抵抗敌人的葡萄酒交易商协会，位于科多尔省博讷市"的文章吸引了位于巴黎的财政部官员兼封锁局第一办事处主任吉奥宁先生（Monsieur Guionin）的注意，1945 年 10 月 16 日。

10．Arch. 勃艮第葡萄酒贸易商联合会：法国葡萄酒出口委员会的机密说明，1944 年 11 月 10 日。

11．Arch. 勃艮第葡萄酒贸易商联合会：诺丹 - 瓦罗的档案，诺丹 - 瓦罗于 1944 年 12 月 19 日写给让·库普里的信，后被转寄给博讷贸易商联合会。

12．Arch. 勃艮第葡萄酒贸易商联合会：诺丹 - 瓦罗的档案，1945 年 2 月 9 日的信；莱诺布尔先生（Me Lenoble）写给诺丹 – 瓦罗的信，1945 年 2 月 11 日。

13．Arch. 勃艮第葡萄酒贸易商联合会：诺丹 - 瓦罗的档案，1945 年 2 月 8 日写给莱诺布尔先生的信。

14．Wolikow Claudine et Wolikow Serge, *Champagne !Histoire inattendue*, Condé-sur-Noireau, Éditions de l'Atelier, 2012, p.187-198.

15．CAEF：B-49509，调查与研究总局第二情报局，兰斯地区委员会在东北地区的总体监控，1945 年 1 月，情报价值：a / 1，目标：抢占香槟酒，概述。

16．CAEF：B-49509，调查和研究总局局长，奥热河畔的勒梅斯尼市（马恩）市长针对香槟的一般情况发表的讲话，1945 年 2 月 27 日。

17．CAEF：B-49509，兰斯市经济管理报告，日期为 1944 年 9 月 21 日，《占领时期的香槟酒：香槟酒的价格》，反间谍经济情报。

18．CAEF：B-49509，调查与研究总局，《关于香槟酒的补充说明》，第三部分，1945 年 3 月 7 日。

19．CAEF：B-49509，关于马恩河畔沙隆市夏尔·泰隆先生的调查报告，1944 年 11 月。

20．CAEF：B-4950，调查与研究总局第二情报局，于 1945 年 2 月记载的有关马恩河畔沙隆市间接税务部主任夏尔·泰隆先生的其他信息和反间谍经济情报，1945 年 3 月 9 日。

21．CAEF：B-49509，法兰西共和国临时政府，调查与研究总局第二情报局，兰斯地区委员会在东北地区的总体监控，1945 年 3 月 13 日获得的情报，情报价值：a / 1，主题：关于贡德里案的补充信息。

22．CAEF：B-49509，调查与研究总局，贡德里案，1945 年 1 月。

23．CAEF：B-49509，法兰西共和国临时政府，调查与研究总局第二情报局，兰斯地区委员会在东北地区的总体监控，1945 年 3 月 13 日获得的情报，情报价值：a / 1，主题：关于贡德里案的补充信息。

24．ADCO：W21537，行业肃清，程序说明，立法，1944-1945 年。

25．Joly Hervé, « Les archives de l'épuration professionnelle... », op. cit., p. 147-185.

26.《政府公报》，1945 年 3 月 30 日，第 1712 页。

27．ADCO：W21476，财务整顿，立法。

28．Bergere Marc, « Les archives de l'épuration financière : les comités de confiscation des profits illicites », Joly Hervé [dir.], *Faire l'histoire des entreprises sous l'occupation*... op. cit., p.187—192.

29．同上。

30．Guyot Claude, *Historique du Comité départemental de Libération*, Dijon, S.E., 1962, p.206—209.

31．Guyot Claude, *Historique*..., op. cit.

32．ADCU, 29U-59，马昌斯·克莱杰写给科多尔解放委员会主席的信，1944 年 9 月 17 日；关于克莱杰与占领者的关系以及向法国和抵抗军提供服务的报告，1944 年 9 月 17 日。

33．同上。

34．ADCO：29U-59，第戎间接税务部门首席监察员吉耶曼先生于 1945 年 7 月 9 日针对马吕斯·克莱杰事件的报告。

35．同上．

36．ADCO：29U-59（A），第八区军事法庭主席任命的首席警察专员，1945 年 11 月 2 日；内政部。国家警察总局。特别专员马里利尔和巴雷特根据省长在 1944 年 9 月 28 日下达的要求，调查马吕斯·克莱杰，1945 年 10 月 20 日。

37．ADCO：29 U-59，马吕斯·克莱杰首次出庭的会议纪要，1946 年 1 月 20 日。

38．ADCO：29U-59，马吕斯·克莱杰写给科多尔解放委员会主席的信，1944 年 9 月 17 日；关于克莱杰与占领者的关系以及向法国和抵抗军提供服务的报告，1944 年 9 月 17 日。

39．ADCO：29 U-59，对马吕斯·克莱杰审讯的纪要，第戎法院，1946 年 6 月 12 日；著名的抵抗分子，贸易商莫里斯·维亚德（Maurice Viard）消失前曾在 1941 年 10 月 7 日被德国人驱逐出境。他的兄弟让·维亚德（Jean Viard）于 1944 年 8 月 23 日被德国人杀死。因此，克莱杰很可能试图摆脱这个英勇的家族在葡萄园中留下的记忆。

40．ADCO：29 U-59，贝尼·让（Beny Jean）的听证会记录，1946 年 5 月 21 日。

41．ADCO：29U-59，拉夫特（Laporte）中校的听证会纪要，拉法尔组织的前负责人，荣誉军团官员，1946 年 5 月 19 日。

42．ADCO：29U-59，宪兵队长德尔索的听证会纪要，1946 年 5 月 27 日。

43．ADCO：29U-59，皮利尼蒙特拉谢市长盖林·勒内（Guérin

René）的陈述，1944 年 10 月 3 日。

44．ADCO：29U-59，最终意见书，1946 年 1 月 23 日。

45．ADCO：29U-59，第戎上诉法院对马吕斯·克莱杰一案的判决，1946 年 7 月 6 日。

46．CAEF：30 D-162 / 5101R- 马吕斯·克莱杰，非法获利充公委员会，1944-1946; ADCO：29U-59，充公委员会的报告，1944—1945。

47．ADCO：29U-59，申请无罪，1947 年 10 月 6 日；第戎监狱监狱长的报告，1947 年 10 月 2 日。

48．ADCO：29U-59，第戎上诉法院。总检察长。授予马吕斯·克莱杰的赦免通知，1948 年 2 月 10 日。

49．ADCO：29U-59，内务部。国家警察总局。司法警察局局长安德烈·让埃特（André Jeantet）致第戎司法警察局区域司司长（经济警察局第五科）的信，1948 年 9 月。

50．ADCO：29U-59，科多尔省法院的裁决，1948 年 8 月 5 日。

51．AN：Z6/NL-501，塞纳河法院检察院。信息与报告，1945 年 10 月 20 日。

52．AN：Z6/NL-501，辩护报告，未注明日期。

53．AN：Z6/NL-501，工作人员的请愿书和支持信，1945 年 1 月。

54．AN：Z6/NL-501，塞纳河法院检察院。信息与报告，1945 年 10 月 20 日。

55．同上。

56．AN：Z6/NL-501，皮埃尔·安德烈（Pierre André），"关于我在 1943 年 9 月 14 日写的信的分析"，未注明日期。

57．AN：Z6/NL-501，塞纳河法院检察院。信息与报告，1945 年 10 月 20 日。

58．AN：Z6/NL-501，关于卡巴雷特·勒莫尼科（Cabaret Le Monico）

的开发报告，未注明日期。

59．法国反犹太联盟创始人，1942 年 5 月维希政府任命了处理犹太事务的专员。

60．AN：Z6/NL-501，皮埃尔·安德烈（PierreAndré）给犹太问题总专员佩里普瓦的信，1943 年 10 月 29 日。

61．同上。

62．Arch.皮埃尔·安德烈商行，阿洛克斯－考尔通：阿洛克斯－考尔通城堡，皮埃尔·安德烈（PierreAndré）被授予荣誉勋位团骑士勋位称号，1938 年 10 月 31 日。

63．AN：Z6 / NL 501，辩护报告，未注明日期。各种证明和援助证词（保护许多犹太教徒，帮助拒绝去德国服劳役的法国人，帮助穿越分界线）。

64．同上。

65．AN：Z6/NL-501，安德烈的审讯报告和附录，1945 年 1 月 23 日。

66．AN：Z6/NL-501，辩护笔记，向德国政府机关交付葡萄酒，未注明日期。

67．Arch.皮埃尔·安德烈商行，阿洛克斯－考尔通：安德烈－考尔通城堡，法国国家对外贸易顾问委员会现任会员，1938 年 6 月 10 日。

68．AN：Z6/NL-501，塞纳河法院检察官办公室，政府专员，1949 年 4 月 11 日。莫尼可酒馆于 1950 年 10 月 19 日获得解除封锁的起运许可证。

69．ADCO：U7Cf-106，勒桦档案。诉讼记录和调查报告，1945—1949 年。

70.ADCO：U7Cf-107，巴焦特（Bajotet）法官引用了勒桦在 1940 年 10 月 28 日写给伯默斯信中的一段话。

71．AN：Z6/869-5805（1），从 1940 年到 1944 年向德国出口葡萄酒的一般状态。

72．ADCO：U7Cf-106，勒桦档案。诉讼记录和调查报告，1945—1949年。

73．ADCO：U7Cf-107，博讷法官罗兰·佩雷蒂（Roland Peretti）的笔记，1949年8月。80页纸的材料于1949年2月22日被转移。

74．ADCO：W-23980，抢劫勃艮第酒，1944—1954。

75．ADCO：U7Cf-106，勒桦档案。诉讼记录和调查报告，1945—1949年。

76．ADCO：U7Cf-107，1949年7月19日至10月18日的信件。

77．ADCO：U7Cf-106，勒桦档案。诉讼记录和调查报告，1945—1949年。

78．ADCO：U7-107，调查委托书，1949年10月6日。

79．ADCO：U7Cf-106，勒桦档案。未注明日期的证词草稿。

80．ADCO：4 ETP-27，法国法兰西银行分行档案馆。勒桦档案，1949—1953年。

81．Arch. 博讷收容所：II L 19，会议记录（1943-1953）。

82．AMB：G.P., Cahier n° 2, 7 octobre 1944, non coté.

83．Arch. 博讷收容所：II L 19，会议记录（1943—1953）; II L 20，会议记录（1953—1960）; XP 46-55，葡萄酒销售：规格，购买者清单（1942—1949）。

84．Cité par Roudié Philippe, *Vignobles et vignerons du Bordelais...*, *op. cit.*, p.290.

85．Aron Robert, « Bordeaux sauvé par son vin »…, *op. cit.*

86．CAEF：B-49509，国家档案馆的信息公告，关于宏伟酒店的材料，一捆共68份档案，66/70档案。

87．CAEF：B-49509，爱德华·克瑞丝曼（Édouard Kressmann），波尔多和吉伦特省葡萄酒和烈酒贸易商联合会主席，国民经济部长，1944年

12 月 20 日。

88．CAEF：B-49509，经济协作研究处，经济协调研究处主任先生的笔记，1945 年 3 月 5 日。

89．CAEF：K9509，克瑞丝曼简要说明了司法部、国民经济部、财政部、供给部和外交部与占领当局 (1940—1944 年) 进行精品葡萄酒的交易。

90．CAEF：30D-873，波尔多非法获利充公委员会要求移交葡萄酒贸易商、埃舍纳·路易斯有限责任公司的前董事长埃舍纳·路易斯，1951 年 9 月 27 日。

91．CAEF：30D-873，预算部，地产登记总局第四局，306 号文件第364 段，1952 年 3 月 5 日，关于埃舍纳·路易斯案的说明 (吉隆德第 5001 号档案)。

92．CAEF：30D-873，充公委员会没收的阿马尼亚克烧酒，奥克商会会长的报告，1945 年 4 月 15 日。

93．CAEF：30D-873，热尔省非法获利充公区域委员会的活动报告，1945 年 10 月 4 日。

94．CAEF：30D-873，要求移交由部长决定的案件。税务总局对此案的报告，1952 年 6 月 12 日。

95．CAEF：30D-873，税务总局要求交由菲力克斯·洛比多尔先生决定，他是热尔省卡斯泰尔诺多藏的法国高级阿马尼亚克烧酒公司的领导人。

96．CAEF：30D-873，政府专员关于法国高级阿马尼亚克烧酒公司的特殊情况的报告，1945 年 10 月 15 日。

97．同上。

98．CAEF：B49509 / 5（D），国民经济部的经济管理员打字笔记，1944 年 12 月 21 日。

结论

1．Rousso Henry, *Le syndrome de Vichy*, Paris, Seuil, 1987, p.148-149.

2．Bory Jean-Louis, « Les arrière-boutiques de la France », dans *Le Nouvel Observateur*, 19 avril 1971.

参考文献

原始档案

经济财政部档案 – 经济财政档案中心 (CAEF)

贸易往来与经济合作

B 33931: Commerce extérieur et relations économiques internationales.

B0047494/1: Dossiers Négociants en vins à Monaco.

B0047490/1: Ministère des Finances, Direction du Blocus, 1er Bureau, Paris, 23 juillet 1945.

B-0049475/1: Service de collaboration économique, organisation et rôle auniveau national et régional: textes, correspondance avec le ministre du Ravitaillement; réunions des secrétaires généraux: procès-verbaux; statistiques; liaisons entre les ministères: correspondance, circulaires; commissariats régionaux, recherches de crimes de guerre: rapport de police, résultats d'enquêtes régionales sur la collaboration économique – 1944-1947.

B-0049476/1: Collaboration économique, profits illicites: textes, enquêtes, affaires particulières – 1944-1945.

B-0049476/2: Marché noir allemand: correspondance avec le président du comité d'histoire de la guerre, notes, comptes rendus sur les suites données aux affaires de trafic, liste d'individus protégés par les Allemands – 1944-1947.

B-0049477/1: Commerce avec l'ennemi, hausses illicites: liste des coupables, relevés de procédures – 1944-1945.

B-0049478/1: Collaboration économique, agriculture et ravitaillement, livraisons et réquisitions: correspondance avec le président MICHEL et le secretariat d'État à l'Agriculture, notes et comptes rendus de réunions avec l'occupant – 1941-1944.

B-0049478/2: Collaboration économique, autorisations accordées à la suite d'inf luences allemandes: correspondance des commissaires de la République au ministre – 1944-1945.

B-0049478/4: Collaboration économique, recherches de preuves en Allemagne, mission à Berlin: correspondance avec l'Administration militaire française en Allemagne, notamment documents dits du Majestic – 1945-1946.

B-0049479/1: Collaboration économique, entreprises coupables et montant des marchés passés avec l'ennemi: listes de la préfecture, états des recherches – 1944-1946.

B-0049479/2: Collaboration économique, suites judiciaires: liste des collaborateurs économiques – 1944-1946.

B-0049480/1 à B-0049485/1: Collaboration économique sous l'occupation allemande: répertoire des enquêtes – 1944-1945.

个人、企业、公司档案

B-0049486/1 à B-0049497/1 – 1936-1947.

按省归类档案

B-0049498/1 à B-0049504/1 – 1941-1945.

按活动领域归类档案

B-0049509/5: Vins et spiritueux, vins de champagne: dossiers de sociétés – 1940-1946.

按省归类违纪人档案

B-0049619/1 à B-0049653/1 – 1942-1948.

B-0049712/1: Marché noir, commerce avec l'ennemi, profits illicites en Algérie et en Tunisie: dossiers des contrevenants – 1942-1948.

B-0049713/1: Marché noir, commerce avec l'ennemi, profits illicites: états récapitulatifs des contrevenants de chaque département – 1943-1946.

B-0049714/1: Marché noir, commerce avec l'ennemi, profits illicites, fichier général économique, élaboration – 1941-1943.

B-0049715/1: Marché noir, commerce avec l'ennemi, profits illicites, fichier mécanographique: pièces annexes – 1943-1947.

征税——非法获利充公高级委员会

恢复与减轻：部委的决定（按省归类）

30D-0000871/1 à 30D-0000875/1 – 1948-1963.

征税、地产、因政治原因查封

B-0060180/4: Déchéance de la nationalité française, séquestre Philippe de Rothschild, état des biens (1940-1943); Société vinicole de Pauillac (1933-1945); domaine de Château Lafite (1943-1944) – 1933-1945.

酒精饮品部门

B-0055754/1: Alcool industriel: monographie – 1945.

法国银行档案

1370200008/206 – Vins et alcools

– informations générales: presse, avr. 1942-mars 1944.

– législation générale: JO, mars 1940-mars 1944.

– marché mondial: presse, oct. 1936-mars 1941.

– situation du marché des vins de Bourgogne: exposé, s.d..

– prix des vins: presse, oct. 1942-oct. 1943.

– comité interprofessionnel du vin de champagne: JO, presse, avr. 1941-juin. 1944.

– autres comités interprofessionnels: presse, JO, août 1942-nov. 1943.

– bureaux nationaux, bureaux de répartition et comités consultatifs pour différents vins et eaux-de-vie: JO, nov. 1940-oct. 1942.

– assainissement du marché des vins marocains: presse, texte officiel, fév. 1936-avr. 1939.

– vins algériens: presse, texte officiel, déc. 1922-sept. 1942.

Rapports économiques du directeur des succursales de Bordeaux, Cognac, Montpellier, Beaune, Dijon, Reims, Châlons-en-Champagne.

国际葡萄园与葡萄酒组织档案 (OIV)

Fonds Congrès internationaux, Rapports et documents annexes – 1908-1939.

Dossier Congrès international de Bad-Kreuznach – août 1939.

Bulletins et sources imprimées:

Bulletin de l'Office international du vin, 12e année, octobre-novembre-décembre 1939,

n° 137, Paris, Librairie Félix Alcan à 17e année, mai-décembre 1944,

n° 163-164, Paris, Presses universitaires de France.

产地与质量国家研究所档案 (INOQ – INAO)

Registres des délibérations du Comité national.

Registre n° 1-6: Comité national – 1939-1946.

Registre n° 1-6: Comité directeur – 1939-1946.

Rapports trimestriels régionaux des ingénieurs conseillers techniques – 1935-1946.

印制公报与资料

1. Association viticole champenoise de la Champagne délimitée, *Assemblées générales annuelles, comptes rendus, année* 1942, Épernay, 1943.

2. *Bulletin du Comité national des appellations d'origine des vins et eaux-de-vie*, 1937-1947.

3. *Bulletin du Centre d'études économiques et techniques de l'alimentation*, n° 17, décembre 1938.

4. *Rapport fait au nom de la Commission chargée de procéder à l'enquête sur la situation de la production, du transport et du commerce des vins et de proposer les mesures à prendre en vue de remédier à la situation critique de la viticulture, par M. Cazeaux-Cazalet, député*, Chambre des députés, Paris, Imprimerie de la Chambre des députés, 1909.

5. *Rapport de la Commission d'enquête parlementaire. Enquête sur la situation de la viticulture de France et d'Algérie. Rapport fait au nom de la Commission des boissons par M. Édouard Barthe*, Chambre des députés, Paris, Imprimerie de la Chambre des députés, 1931.

6. *Rapport de la Commission d'enquête parlementaire. Enquête sur la situation de la viticulture de France et d'Algérie. Rapport fait au nom de la Commission des boissons par M. Édouard Barthe*, Chambre des députés, Paris, Imprimerie de la Chambre des députés, 1933. (additif)

7. Direction des Services sanitaires et scientifiques et de la répression des fraudes. Protection des appellations d'origine, *État des délimitations régionales*, Paris Imprimerie nationale, 1930-1939.

国家档案

AJ40: Archives du *Militärbefehlshaber in Frankreich* (MBF), dites

Archives du Majestic.

Vol. 600: Biens ennemis et juifs, aryanisations, dont biens Rothschild.

Vol. 779: Matières premières, contribution de l'économie française au Reich, commandes.

Vol. 796: Livraisons françaises à l'Allemagne. Achats de marchandises et lutte contre le marché noir.

Vol. 813: Participations allemandes dans les entreprises françaises.

Vol. 820: Dossiers secrets.

Vol. 825: Rapports sur la situation économique établis d'après les renseignements fournis par les commissaires administrateurs des banques enemies en France: région de Monte-Carlo.

Vol. 879: Commandement de la Place de Paris.

Vol. 923: Place de Bordeaux.

Vol. 1106-1172: Caisse de crédit du Reich (Reichskredit-Kasse): virements entre l'armée allemande et la Banque de France, relevés de comptes allemands auprès de la Banque de France, correspondance relative à des chèques à payer en France, aux lettres de crédit, aux lettres de change, aux transferts de fonds vers l'Allemagne, etc.

Vol. 1354-1356: Convention d'armistice, interventions des autorités allemandes dans la justice française, frais d'occupation, dommages de guerre.

BB18: Archives du ministère de la Justice.

Vol. 7108-7221: Collaboration économique, 1944-1957.

BB30: Archives du ministère de la Justice.

Vol. 1730: Épuration.

Vol. 1756-1759: Épuration, Dossiers François de Menthon (1945).

F1a: Objets généraux, occupation allemande (1940-1944).

Vol. 3663: Rapports avec les autorités militaires de l'hôtel Majestic.

Vol. 3777: Service du travail obligatoire (STO).

Vol. 3787: Dommages subis par la France et l'Union française du fait de la guerre et de l'occupation allemande – 1943.

Vol. 3878: Gironde.

F10: Agriculture.

Vol. 2173: Agriculture: vins d'appellations contrôlées (1925-1938).

Vol. 5286: Viticulture, organisation et correspondance (1940-1944).

Vol. 5287: Viticulture, organisation et correspondance (1943-1945).

Vol. 5362: Rapport sur l'activité du Comité national au cours des années 1940-1941, mars 1942.

Vol. 5558: Statistiques de production (1926-1957).

Vol. 5559: Statistiques des exportations (1926-1957).

F12: Commission nationale interprofessionnelle d'épuration (CVNIE).

Vol. 9557: Dossiers divers, Banquets de la Table-Ronde.

Vol. 9559: Banquets de la Table-Ronde.

Vol. 9561: Comité national interprofessionnel d'épuration: dossiers généraux et dossiers des affaires traitées. Condamnation pour indignité nationale (1945-1951).

Vol. 9619: Comité national interprofessionnel d'épuration: dossiers généraux et dossiers des affaires traitées – Entreprises et commerces d'alimentation.

Épuration, contrôle et surveillance (1945-1950).

F37: Délégation générale aux relations économiques franco-allemandes, Fonds Barnaud.

Vol. 3-4: Comptes rendus de réunions au Majestic et d'entretiens franco-allemands: agriculture.

Vol. 10: Correspondance, notes et rapports sur l'activité de l'organisme Ostland (1941-1942). Conférences et accords.

Vol. 17: Échanges économiques et projets. Installation des Commissaires allemands au commerce extérieur.

Vol. 16: Commandes allemandes.

Vol. 29: Carburants.

Vol. 42: Livraisons de vins et d'alcools (1941-1943).

Z5: Chambres civiques de la Cour de justice de la Seine.

Vol. 1 à 333: Dossiers des affaires jugées: pièces de procédure. Fichier alphabétique des inculpés.

Vol. 312: Arrêts des Chambres civiques de la Cour de justice de la Seine permettant la réinscription sur les listes électorales. Versements non cotés: non-lieux, recours en grâce, pourvois en cassation, demandes d'amnistie.

Z6: Cour de justice du département de la Seine. Dossiers des affaires non classées. Série non inventoriée.

Dossiers de procédure à l'encontre de:

M. Couprie, Secrétaire général de la Commission d'exportation des vins de France de 1940 à 1944.

M. Cruse, Directeur du «Comité 12» intitulé « Comité d'organisation des commerces de gros des vins d'appellation contrôlées, des eaux-de-vie, aperitifs liqueurs, champagne et mousseux » à Paris de 1941 à 1944.

Z6/869-870 dossier 5805 (1-2): Roger Descas, Président du Syndicat national du commerce en gros des vins, cidres et spiritueux de 1940 à 1944.

Philippe Bertrand, Directeur du Groupement d'achat d'importation et d'exportation des vins et spiritueux de 1940 à 1944.

Marius Clerget, négociant en vins à Pommard (Côte-d'Or). Z6/NL dossier

501: Pierre André, négociant en vins à Paris et à Aloxe-Corton (Côte-d'Or).

Henri Leroy, négociant en vins à Auxey-Duresses et à Cognac et à Meursault (Côte-d'Or).

Adolph Segnitz, Délégué officiel du Reich pour les achats de vins en Bourgogne et pour les Côtes-du-Rhône de 1942 à 1944.

Gabriel Verdier, Directeur du « Comité 12bis » chargé à Paris du commerce de gros des vins de consommation courante et des cidres, de 1941 à 1944.

省级档案: 夏朗德、夏朗德滨海省、科多尔、热尔、纪龙德、埃罗、马恩

Série U: Justice, juridictions.

Tribunaux de première instance. Procédures correctionnelles. Audiences. Jugements.

Série W (Ex-SM): Fonds contemporains / de la Seconde Guerre mondiale.

Relations avec les préfets, ravitaillement et économie, collaboration, séquestres,

Justice, affaires générales.

勃艮第葡萄酒贸易商联合会档案

Notes et circulaires allemandes: 1940-1944.

Notes et circulaires du Syndicat: 1940-1944.

Directives du ministère à l'Économie nationale et aux Finances: 1940-1944.

Réunions, assemblées et rapports d'activités: 1939-1945.

Dossier: « affaires allemandes ».

印制公报与资料

Bulletins du Syndicat national du commerce en gros des vins, spiritueux, cidreet eaux-de-vie de France, 1939-1945.

Bulletins du Syndicat du commerce en gros des vins et spiritueux de l'arrondissement de Beaune, 1939-1944.

贸易行档案

Fonds des maisons Albert Bichot, Lupé-Cholet, Louis Latour, Seguin-Manuel, Doudet Naudin, Pierre André, Pierre Ponnelle, Bouchard Aîné & Fils, Bouchard Père & Fils, Capitain-Gagnerot, Champy Père & Cie.

出版资料

Barthe Édouard, *Le combat d'un parlementaire sous Vichy. Journal des années de guerre* (1940-1943), Introduction, notes et postface de Jean Sagnes, Gap, Éditions Singulières, 2007, 479 p.

Barthe Édouard, Rapport de la Commission d'enquête parlementaire. Enquête sur la situation de la viticulture de France et d'Algérie. Rapport fait au nom de la Commission des boissons, Chambre des députés, Paris, Imprimerie de la Chambre des députés, 1931.

Garçon Maurice, *Journal, 1939-1945*, Introduction et notes de Fouché Pascal et Froment Pascale, Paris, Les Belles Lettres – Fayard, 2015, 702 p.

Jünger Ernst, *Jardins et routes, Journal, 1939-1940*, Titres 173, Lonrai, 295 p.

Jünger Ernst, *Premier et second journaux parisiens, 1941-1945*, Titres 174, Lonrai, 775 p.

Jünger Ernst, *La cabane dans la vigne, Journal, 1945-1948*, Titres 175,

Lonrai, 504 p.

Procès du maréchal Pétain, *Compte rendu in extenso des audiences transmis par le Secrétariat général de la Haute Cour de Justice*, Mise en perspective du Procès Pétain (23 juillet-15 août 1945) par Annie Lacroix-Riz, Paris, Imprimerie des Journaux officiels, Les Balustres – Musée de la Résistance nationale, 2015, 422 p.

Canard Enchaîné (Le), n° 1235, 28 février 1940, « La journée du vin chaud sera suivie de beaucoup d'autres ».

Excelsior, n° 10711, 13 avril 1940, « Neuf millions pour le vin chaud des soldats ».

Figaro (Le), n° 80, 20 mars 1940, « La farine et le vin du soldat », par Robinet Gabriel.

OEuvre (L'), n° 8979, 3 mai 1940, « Le litre de vin aux armées », par De Pierrefeu Jean.

Paris Soir, n° 72, 1er septembre 1940, « Le ravitaillement en vin à Bercy ».

Petit Journal (Le), n° 6 mars 1940, « Le vin de France ».

Petit Parisien, Sixième dernière (Le), n° 22970, 20 janvier 1940, « 35 millions de litres de vin donnés à titre gracieux aux soldats du front ».

Petit Parisien, Sixième dernière (Le), n° 23000, 19 février 1940, « Le vin chaud du soldat », par Barthe Édouard.

Petit Parisien, Sixième dernière (Le), n° 23014, 4 mars 1940, « On a quêté pour le vin chaud du soldat ».

Avenir du plateau central (L'), n° 17827, 21 octobre 1941, « La récolte du vin est déficitaire ».

Illustration (L'), n° 5138, 30 août 1941, « Du vinisme à la disette de vin », par Rozet.

Matin (Le), n° 20908, 4 juillet 1941, « Guerre aux stocks de vin – Des commissions vont rechercher dans les caves le vin qui s'y cache ».

Matin (Le), n° 20917, 15 juillet 1941, « Cinq fois plus de vin d'Algérie en France si on le voulait bien – Le moût », par André Du Bief.

Matin (Le), n° 20932, 1er août 1941, « La vente du vin est enfin réglementée dans la Seine ».

Matin (Le), n° 20934, 3 août 1941, « Les doléances justifiées des marchands de vin ».

Matin (Le), n° 20944, 15 août 1941, « Du vin pour tous ! ».

Matin (Le), n° 20979, 25 septembre 1941, « Au début octobre, le vin nouveau est arrivé à Paris ».

Matin (Le), n° 20997, 16 octobre 1941, « Nous n'aurons pas de cartes de vin », par André Du Bief.

Paris Soir, n° 280, 29 mars 1941, « Fervent disciple de Bacchus, il avait vendu ses cartes d'alimentation pour un pichet de vin ».

Paris Soir, n° 283, 1er avril 1941, « Carte de vin – Ah mais non – Ah mais oui – M. Moreau, régisseur d'un vignoble bordelais et son maître de chai, deux artistes m'ont juré que la vigne de France est toujours digne de son grand renom », par Jean Alloucherie.

Paris Soir, n° 339, 3 juin 1941, « Le vin est cher, le vin est rare ».

Paris Soir, n° 385, 24 juillet 1941, « Du vin il y en a, mais on n'a pas su prévoir, affirme M. Barthe ».

Paris Soir, n° 392, 1er août 1941, « À partir de demain, nouvelle réglementation de la vente du vin, deux litres par semaine ».

Paris Soir, n° 430, 15 septembre 1941, « De nouvelles mesures pour assurer le ravitaillement du pays en vin et en pomme… ».

Paris Soir, n° 442, 29 septembre 1941, « Un supplément de vin pour les travailleurs de force ».

Paris Soir, n° 443, 2 octobre 1941, « Les trains de raisin ».

Paris Soir, n° 450, 8 octobre 1941, « Pour parer au manque de vin, voici de la piquette ».

Petit Parisien (Le), n° 1er juillet 1941, « Le vin ».

Petit Parisien (Le), n° 14 octobre 1941, « Au pays du vin », par Montarron.

Petit Parisien (Le), n° 23486, 11 juillet 1941, « Du vin pour les moissonneurs », par Léon Groc.

Petit Parisien (Le), n° 23524, 25 août 1941, « Un litre de vin par semaine ».

Petit Parisien (Le), n° 23572, 20 octobre 1941, « Voyage au pays du vin ».

Petit Parisien (Le), n° 23575, 23 octobre 1941, « Voyage au pays du vin… suite ».

Petit Parisien édition de Paris (Le), n° 23574, 22 octobre 1941, « Au pays du vin », par Marcel Montarron.

Petit Parisien édition de Paris (Le), n° 23580, 29 octobre 1941, « Le prix du vin subira une légère augmentation ».

Amis de l'Agriculture de l'Île de France (Les), n° 51, 30 mai 1942, « Attribution de vin pour les grands travaux ».

Avenir du plateau central (L'), n° 18022, 13 juin 1942, « Pour faciliter la vente du vin par les récoltants ».

Avenir du plateau central (L'), n° 18026, 18 juin 1942, « Les stocks de vin des commerces en gros, de détail et du ravitaillement général sont débloqués ».

Avenir du plateau central (L'), n° 18037, 1er juillet 1942, « Les viticulteurs pourront expédier du vin à leurs parents ».

Avenir du plateau central (L'), n° 18159, 23 novembre 1942, « Échange du cuivre, contre du vin ».

    Candide, n° 944, 22 avril 1942, « Le pain et le vin », par Ch. Maurras.

    Chronique du Libournais (La), n° 7730, 29 mai 1942, « Le mystère du vin ».

    Journal de Bergerac, n° 9963, 31 janvier 1942, « Déclarations de récoltes de vin ».

    Journal de Bergerac, n° 9966, 21 février 1942, « Le rationnement du vin ».

    Matin (Le), n° 21101, 17 février 1942, « On manque de vin, mais il faut détruire des vignes ».

    Petit Courrier (Le), n° 74, 30 mars 1942, « Un exposé de Caziot, sur le vin ».

    Petit Parisien édition de Paris (Le), n° 23759, 29 mai 1942, « Un supplément de vin sera distribué aux ouvriers agricoles pendant la durée des grands travaux ».

    Petit Parisien édition de Paris (Le), n° 23782, 25 juin 1942, « Les ouvriers agricoles auront droit à un demi-litre de vin ».

    Petit Parisien édition de Paris 5 heures (Le), n° 23781, 24 juin 1942, « M. Bonnafous veut apporter des solutions réalistes au problème du vin ».

    Petit Parisien édition de Paris 5 heures (Le), n° 23795, 10 juillet 1942, « Une revalorisation des prix est envisagée pour le lait d'hiver, le vin de la prochaine récolte, le porc et le veau », par Louis Noblet.

    Petit Parisien édition de Paris 5 heures (Le), n° 23829, 20 août 1942, « Parisiens, voici comment vous pourrez obtenir des bons de vin contre du cuivre ».

    Petit Parisien édition de Paris 5 heures (Le), n° 23829, 20 août 1942, « Ventre de Paris 1942: marché noir et dessous de table », par Léon Groc.

    Petit Parisien édition de Paris 5 heures (Le), n° 23840, 2 septembre 1942, « Sur les coteaux du Loir, au pays du bon vin anonyme », par Roger Degroote.

    Petit Parisien édition de Paris 5 heures (Le), n° 23840, 2 septembre 1942,

« Ventre de Paris 1942 – Suite », par Léon Groc.

Petit Parisien édition de Paris 5 heures (Le), n° 23871, 8 octobre 1942, « Un entrepreneur de transport trafiquait sur le vin ».

Petit Parisien édition de Paris 5 heures (Le), n° 23871, 8 octobre 1942, « Nous n'avons plus de tonneaux », par Albert Soulillou.

Petit Parisien édition de Paris 5 heures (Le), n° 23879, 17 octobre 1942, « Le pain, la viande, le vin, M. Max Bonnafous nous donne quelques précisions sur ce que sera le ravitaillement dans les mois à venir », par Léon Groc.

Petit Parisien édition de Paris 5 heures (Le), n° 23903, 14 novembre 1942, « 3 millions de quintaux de blé et 6 millions d'hectolitres de vin », par Marcel Montarron.

Petite Gironde (La), n° 25532, 2 septembre 1942, « Pour le ravitaillement en vin ».

Sarthe (La), n° 129, 24 juin 1942, « Une déclaration de M. Bonnafous sur la question du vin ».

Action Française (L'), n° 121, 22 mai 1943, « Les problèmes du pain et du vin », par Max Bonnafous.

Chronique du Libournais (La), n° 7762, 22 janvier 1943, « Le scandale du vin ».

Goéland (Le), n° 69, 1er octobre 1943, « Le vin mordu », par Luc Bérimont.

Matin (Le), n° 21631, 4 novembre 1943, « Esprit du vin, où es-tu? », par Miquel.

Matin (Le), n° 21670, 20 décembre 1943, « Le trafic de vin en Gironde ».

Moniteur (Le), n° 228, 28 septembre 1943, « Chaque jour la police traque et poursuit les trafiquants du marché noir ».

Moniteur (Le), n° 228, 28 septembre 1943, « Un enfant noyé dans un foudre rempli de vin ».

Moniteur (Le), n° 249, 22 octobre 1943, « Plus de vin d'appellation contrôlée dans la ration mensuelle ».

Montagne (La), n° 8417, 20 mars 1943, « Des mesures pour tenter de résoudre le problème de la soudure du vin ».

Montagne (La), n° 8454, 2 mai 1943, « Un incendie détruit 23 000 litres de vin ».

Montagne (La), n° 8457, 6 mai 1943, « Des amendes aux viticulteurs qui n'auront pas livré leur vin ».

Montagne (La), n° 8494, 24 juin 1943, « La répression du marché noir: ils gardaient les voies, mais buvaient le vin des petits Parisiens dans la Creuse ».

Montagne (La), n° 8529, 6 août 1943, « La ration de vin et les vacances ».

Montagne (La), n° 8534, 13 août 1943, « Le ravitaillement en vin des cantines d'usines ».

Nouvelliste (Le), n° 278, 26 novembre 1943, « Un litre de vin supplémentaire serait attribué à l'occasion des fêtes de fin d'année ».

Nouvelliste (Le), n° 290, 10 décembre 1943, « À la ration habituelle de vin s'ajoutera une bouteille de vin d'appellation contrôlée pour les vacances de Noël ».

Nouvelliste (Le), n° 299, 21 décembre 1943, « Attribution spéciale de vin d'appellation contrôlée à l'occasion de Noël ».

Paris Soir dernière édition, n° 1128, 16 décembre 1943, « Pour améliorer le ravitaillement de la région parisienne, la création d'un vin national assurerait toute l'année aux consommateurs la ration minimum indispensable », par Jean Conedera.

Paysan de Touraine (Le), n° 21, 15 novembre 1943, « Vin nouveau –

Actualité viticole – Le rendement des vins à appellation contrôlée – La qualité des vins 1943 », par Jean Barat.

Petit Courrier (Le), n° 120, 22 mai 1943, « Le vin et Max Bonnafous ».

Petit Parisien édition de Paris 5 heures (Le), n° 24078, 10 juin 1943, « Blé, viande, légumes, vin et graisse, M. Bonnafous a dressé à l'hôtel de ville de Paris un bilan complet de notre ravitaillement », par Jean Benedetti.

Tribune Républicaine (La), n° 255, 29 octobre 1943, « Aurons-nous bientôt 52 litres de vin par an ? ».

Humanité clandestine (L'), n° 301, 3 juin 1944, « Les boches pillent la France ! ».

Nouvelliste (Le), n° 61, 11 mars 1944, « La consommation familiale des producteurs de vin pour la campagne 43-44 ».

Petit Parisien (Le), n° 25365, 15 mai 1944, « M. Joseph Darnand prend de sévères sanctions contre des personnalités du marché du vin ».

Sciences et Voyages, n° 96, 1er janvier 1944, « Le vin », par Deville.

参考文献

Abramovici Pierre, *Monaco sous l'Occupation*, préface d'Albert II de Monaco, Paris, Nouveau Monde éditions, 2015, 359 p.

Abramovici Pierre, *Szkolnikoff, le plus grand trafiquant de l'Occupation,* Paris, Nouveau Monde éditions, 2014, 353 p.

Abramovici Pierre, *Un Rocher bien occupé. Monaco pendant la guerre 1939-1945*, Paris, Seuil, coll. « L'Épreuve des Faits », 2001, 361 p.

Alary Éric, Vergez-Chaignon et Chauvin Gilles, *Les Français au quotidien. 1939-1949*, Paris, Perrin, 2007, 851 p.

Alary Éric, *La ligne de démarcation*, Paris, Perrin, 2003, 429 p.

Arnoult Pierre, *Les Finances de la France et l'Occupation allemande: 1940-1944*, Paris, PUF, 1951, 410 p.

Azéma Jean-Pierre et Wieviorka Olivier, *Vichy. 1940-1944*, Paris, Perrin, 2000, 374 p.

Azéma Jean-Pierre et Bédarida François [dir.], *La France des années noires*, Paris, Seuil, 2000 (rééd. 1993), 2 vol., 736 p.

Barral Pierre, *Les agrariens français de Méline à Pisani*, Paris, Armand Colin, 1968, 388 p.

Bergère Marc [dir.], *L'épuration économique en France à la Libération*, Rennes, Presses Universitaires de Rennes, 2008, 343 p.

Bernard Gilles, *Le Cognac à la conquête du monde*, Bordeaux, Presses Universitaires de Bordeaux, coll. « Grappes et Millésimes », 2011, 412 p.

Boussard Isabel, « Les corporatistes français du premier vingtième siècle: leurs doctrines, leurs jugements », dans *Revue d'Histoire Moderne et Contemporaine*, 40 (4), 1993, p. 643-665.

Boussard Isabel, *La corporation paysanne: une étape dans l'histoire du syndicalisme agricole français*, Publications de l'AUDIR, Paris, Hachette, 1973.

Boussard Isabel, *Cent ans de ministère de l'Agriculture*, Paris, BTI, 1982.

Boussard Isabel, « Les négociations franco-allemandes sur les prélèvements.

agricoles: l'exemple du Champagne », *Revue d'Histoire de la Deuxième Guerre mondiale*, n° 95, juillet 1974, p. 3-24.

Burrin Philippe, *La France à l'heure allemande*, Paris, Gallimard, coll. « Folio histoire », 1995, 559 p.

Calvi Fabrizio et Masurovsky Marc J., *Le festin du Reich. Le pillage de la France occupée 1940-1945*, Paris, Fayard, 2006, 719 p.

D'almeida Fabrice, *La vie mondaine sous le nazisme*, Paris, Perrin, 2006, 418 p.

Delarue Jacques, *Trafics et crimes sous l'Occupation*, Paris, Fayard, 1993 (rééd. 1968), 505 p.

De Rochebrune Renaud et Hazera Jean-Claude, *Les patrons sous l'Occupation*, Odile Jacob, Paris, 1995, 874 p.

Durand Sébastien, « Pétain, maréchal vigneron? », dans Koscielniak Jean-Pierre et Souleau Philippe [dir.], *Vichy en Aquitaine*, préface de Denis Peschanski, Paris, Éditions de l'Atelier, 2011, p. 176-195.

Durand Sébastien, « Vichy, la Révolution nationale et la viticulture en Gironde: réception, intégration, dissociation », dans Hinnewinkel Jean-Claude [dir.], *Faire vivre le terroir. AOC, terroirs et territoires du vin. Hommage au professeur Philippe Roudié*, Bordeaux, Presse universitaire de Bordeaux, 2010, p. 129-148.

Garrier Gilbert, « Vignes et vins dans la Deuxième Guerre mondiale (1939-1945) », *Revue des OEnologues*, n° 98, p. 35-36.

Grenard Fabrice, « La soulte, une pratique généralisée pour contourner le blocage des prix », dans Effosse Sabine, De Ferrière Le Vayer Marc, Joly Hervé [dir.], *Les entreprises de biens de consommation sous l'Occupation*, Condé-sur-Noireau, Presses universitaires François Rabelais, coll. « Perspectives historiques », 2010, p. 29-43.

Grenard Fabrice, *La France du marché noir (1940-1949)*, Paris, Payot, 2008, 352 p.

Humbert Florian, *L'INAO, de ses origines à la fin des années 1960. Genèse et évolutions du système des vins d'AOC*, thèse de doctorat d'Histoire, sous la direction de Serge Wolikow, Université de Bourgogne, 2011, 2 vol., 1255 p.

Husson Jean-Pierre, « Le vin de Champagne à l'épreuve de l'Occupation allemande, 1940-1944 », dans Desbois-Thibault Claire, Paravicini Werner et Poussou Jean-Pierre [dir.], *Le champagne. Une histoire franco-allemande*, Paris, Presses Universitaires de Paris-Sorbonne, 2011, p. 325-347.

Husson Jean-Pierre, *La Marne et les Marnais à l'épreuve de la Seconde Guerre mondiale*, Presses Universitaires de Reims, 2 vol., Reims, 1998, 489-182 p.

Jackson Julian, *La France sous l'occupation*, 1940-1944, Paris, Flammarion, 2004, 853 p.

Joly Hervé, « L'économie française sous l'Occupation (1940-1944). Tentative de bilan », Université de Genève, 25 novembre 2014, en ligne: https://www.unige.ch/sciences-societe/inhec/files/4514/1650/5991/Joly_2014.pdf.

Joly Hervé [dir.], *L'Économie de la zone non occupée. 1940-1942*, Éditions du Comité des travaux historiques et scientifiques, Condé-sur-Noireau, CTHS, 2007, 378 p.

Joly Hervé [dir.], *Faire l'histoire des entreprises sous l'Occupation. Les acteurs économiques et leurs archives*, Comité des travaux historiques et scientifiques, Bonchamp-lès-Laval, 2004, 371 p.

Kladstrup Don et Kladstrup Petie, *La guerre et le vin. Comment les vignerons français ont sauvé leurs trésors des nazis*, Paris, Perrin, 247 p.

Lacroix-Riz Annie, *Les élites françaises entre 1940 et 1944. De la collaboration avec l'Allemagne à l'alliance américaine*, Paris, Armand Colin, 2016, 496 p.

Lacroix-Riz Annie, *Industriels et banquiers français sous l'Occupation*, préface d'Alexandre Jardin, Paris, Armand Colin, 2013, 815 p.

Lambauer Barbara, *Otto Abetz et les Français ou l'envers de la Collaboration*, Paris, Fayard, 2001, 895 p.

Le Bras Stéphane, *Négoce et négociants en vins dans l'Hérault: pratiques, influences, trajectoires (1900-1970)*, thèse de doctorat d'Histoire, sous la direction de Geneviève Gavignaud-Fontaine, Université de Montpellier III, 3 vol., 1279 p.

Lucand Christophe, « Les paradoxes de Vichy et de l'Occupation. L'INAO entre contradictions et singularité (1940-1944) » dans Wolikow Serge et Humbert Florian [dir.], *Une histoire des vins et des produits d'AOC. L'INAO, de 1935 à nos jours*, Dijon, Éditions Universitaires de Dijon, 2015, p. 59-67.

Lucand Christophe, *Le pinard des Poilus. Une histoire du vin durant la Grande Guerre (1914-1918)*, préface de Jean Vigreux, Dijon, Éditions Universitaires de Dijon, coll. « Histoire », 2015, 172 p.

Lucand Christophe, « La Champagne et la Bourgogne à l'épreuve de la Seconde Guerre mondiale. Deux itinéraires comparés de territoires vitivinicoles durant l'Occupation (1940-1944) », dans Wolikow Serge [dir.], *La construction des territoires du Champagne (1811-1911-2011)*, Dijon, Éditions Universitaires de Dijon, 2013, p. 185-195.

Lucand Christophe, Humbert Florian et Jacquet Olivier, « Jeux d'échelles, luttes et pouvoirs dans la genèse d'une interprofession bourguignonne », *Territoires du vin* [en ligne], 2010 – Privé et public ou l'enchevêtrement des pouvoirs dans le vignoble, 16 septembre 2009. Disponible sur Internet: http://revuesshs.u-bourgogne.fr/territoiresduvin.

Lucand Christophe, *Les négociants en vins de Bourgogne. De la fin du XIXe siècle à nos jours*, préface de Serge Wolikow, Bordeaux, Éditions Féret, 2011, 522 p.

Lucand Christophe, « Le vin de Champagne sous l'Occupation (1940-1944) » dans *Champagne ! De la vigne au vin. Trois siècles d'histoire*, Paris, Éditions

Hazan, 2011, p. 129-135.

Lucand Christophe et Vigreux Jean, « Viticulture et commerce du vin durant la Seconde Guerre mondiale: l'exemple de la Côte bourguignonne », dans Effosse Sabine, De Ferrière Le Vayer Marc et Joly Hervé, *Les entreprises de biens de consommation sous l'Occupation*, Condé-sur-Noireau, Presses universitaires François Rabelais, coll. « Perspectives historiques », 2010, p. 145-160.

Lucand Christophe, « Négoce des vins et propriété viticole en Bourgogne durant la Seconde Guerre mondiale », *Ruralia, Revue de l'Association des ruralistes français*, n° 16-17, 2005, p. 201-232.

Mayaud Jean-Luc, *Gens de la terre. La France rurale* (1880-1940), Paris, Éditions du Chêne, 2003, 311 p.

Mayaud Jean-Luc, *Gens de l'agriculture. La France rurale* (1940-2005), Paris, Éditions du Chêne, 2005, 311 p.

Noiriel Gérard, *Les origines républicaines de Vichy*, Paris, Hachette, 1999, 335 p.

Ory Pascal, *La France allemande (1933-1945)*, Paris, Gallimard, coll. « Folio histoire », 1995, 371 p.

Parzych Cynthia et Tuner John, avec la collaboration de Edwards Michael, *Pol Roger & Cie*, Épernay, Grande-Bretagne, Cynthia Parzych Publishing et Pol Roger & Cie, 2000, 172 p.

Paxton Robert, *Le temps des chemises vertes. Révoltes paysannes et fascisme rural (1929-1939)*, Paris, Seuil, 1996, 312 p.

Pellerin-Drion Sylvie, *De la « goutte » au Calvados. Le singulier parcours d'un produit d'appellation*, Rouen, Presses universitaires de Rouen et du Havre, 2015, 260 p.

Peschanski Denis, *Vichy, 1940-1944*, Paris, Éditions Complexe, 1997, 208 p.

Ronsin Francis, *La guerre et l'oseille. Une lecture de la presse financière française (1938-1945)*, Éditions Syllepse, 2003, 281 p.

Roudié Philippe, *Vignobles et vignerons du Bordelais: 1850-1980*, Bordeaux, Féret, 2014 (rééd. 1994), 526 p.

Rousso Henry, *Les années noires: vivre sous l'Occupation*, Paris, Gallimard, coll. « La découverte », Paris, 1992.

Rousso Henry, « Les paradoxes de Vichy et de l'Occupation. Contraintes, archaïsmes et modernités », dans Fridenson Patrick et Straus André [dir.], *Le capitalisme français XIXe-XXe siècle. Blocages et dynamismes d'une croissance*, Paris, Fayard, 1987, 67-82 p.

Souleau Philippe, *La ligne de démarcation en Gironde: 1940-1944. Occupation, résistance et société*, Bordeaux, 2003, 362 p.

Vigreux Jean, *Le clos du maréchal Pétain*, Paris, Presses universitaires de France, 2012 (rééd. 2005), 161 p.

Vigreux Jean et Wolikow Serge [dir.], « Vignes, vins et pouvoirs », *Territoires contemporains, Cahiers de l'IHC*, n° 6, 2001, 153 p.

Wolikow Claudine et Wolikow Serge, *Champagne! Histoire inattendue*, Paris, Éditions de l'Atelier, 2012, 287 p.